A LIBRARY OF
DOCTORAL
DISSERTATIONS
IN SOCIAL SCIENCES IN CHINA

中国社会科学博士论文文库

# 约翰·伍兹谬误思想研究

On the Fallacy Theory of John Woods

史天彪 著

导师 翟锦程

中国社会科学出版社

# 图书在版编目（CIP）数据

约翰·伍兹谬误思想研究／史天彪著．—北京：中国社会科学出版社，2022.1
（中国社会科学博士论文文库）
ISBN 978-7-5203-9696-7

Ⅰ.①约⋯　Ⅱ.①史⋯　Ⅲ.①谬误—研究　Ⅳ.①B812.5

中国版本图书馆 CIP 数据核字（2022）第 022605 号

| | |
|---|---|
| 出 版 人 | 赵剑英 |
| 责任编辑 | 郝玉明 |
| 责任校对 | 刘亚楠 |
| 责任印制 | 李寡寡 |
| 出　　版 | 中国社会科学出版社 |
| 社　　址 | 北京鼓楼西大街甲 158 号 |
| 邮　　编 | 100720 |
| 网　　址 | http://www.csspw.cn |
| 发 行 部 | 010-84083685 |
| 门 市 部 | 010-84029450 |
| 经　　销 | 新华书店及其他书店 |
| 印　　刷 | 北京明恒达印务有限公司 |
| 装　　订 | 廊坊市广阳区广增装订厂 |
| 版　　次 | 2022 年 1 月第 1 版 |
| 印　　次 | 2022 年 1 月第 1 次印刷 |
| 开　　本 | 710×1000　1/16 |
| 印　　张 | 20 |
| 字　　数 | 339 千字 |
| 定　　价 | 98.00 元 |

凡购买中国社会科学出版社图书，如有质量问题请与本社营销中心联系调换
电话：010-84083683
版权所有　侵权必究

# 《中国社会科学博士论文文库》
# 编辑委员会

主　　任：李铁映
副 主 任：汝　信　江蓝生　陈佳贵
委　　员：（按姓氏笔画为序）
　　　　　王洛林　王家福　王辑思
　　　　　冯广裕　任继愈　江蓝生
　　　　　汝　信　刘庆柱　刘树成
　　　　　李茂生　李铁映　杨　义
　　　　　何秉孟　邹东涛　余永定
　　　　　沈家煊　张树相　陈佳贵
　　　　　陈祖武　武　寅　郝时远
　　　　　信春鹰　黄宝生　黄浩涛
总 编 辑：赵剑英
学术秘书：冯广裕

# 总　　序

在胡绳同志倡导和主持下，中国社会科学院组成编委会，从全国每年毕业并通过答辩的社会科学博士论文中遴选优秀者纳入《中国社会科学博士论文文库》，由中国社会科学出版社正式出版，这项工作已持续了12年。这12年所出版的论文，代表了这一时期中国社会科学各学科博士学位论文水平，较好地实现了本文库编辑出版的初衷。

编辑出版博士文库，既是培养社会科学各学科学术带头人的有效举措，又是一种重要的文化积累，很有意义。在到中国社会科学院之前，我就曾饶有兴趣地看过文库中的部分论文，到社科院以后，也一直关注和支持文库的出版。新旧世纪之交，原编委会主任胡绳同志仙逝，社科院希望我主持文库编委会的工作，我同意了。社会科学博士都是青年社会科学研究人员，青年是国家的未来，青年社科学者是我们社会科学的未来，我们有责任支持他们更快地成长。

每一个时代总有属于它们自己的问题，"问题就是时代的声音"（马克思语）。坚持理论联系实际，注意研究带全局性的战略问题，是我们党的优良传统。我希望包括博士在内的青年社会科学工作者继承和发扬这一优良传统，密切关注、深入研究21世纪初中国面临的重大时代问题。离开了时代性，脱离了社会潮流，社会科学研究的价值就要受到影响。我是鼓励青年人成名成家的，这是党的需要，国家的需要，人民的需要。但问题在于，什么是名呢？名，就是他的价值得到了社会的承认。如果没有得到社会、人民的承认，他的价值又表现在哪里呢？所以说，价值就在于对社会重大问题的回答和解决。一旦回答了时代性的重大问题，就必然会对社会产生巨大而深刻的影响，你也因此而实现了你的价值。在这方面年轻的博士有很大的优势：精力旺盛，思想敏捷，勤于学习，勇于创新。但青年学者要多向老一辈学者学习，博士尤其要很好地向导师学习，在导师的指导下，发挥自己的优势，研究重大问题，就有可能出好的成果，实现自己的价值。过去12年入选文库的论文，也说明了这一点。

什么是当前时代的重大问题呢？纵观当今世界，无外乎两种社会制度，一种是资本主义制度，一种是社会主义制度。所有的世界观问题、政治问题、理论问题都离不开对这两大制度的基本看法。对于社会主义，马克思主义者和资本主义世界的学者都有很多的研究和论述；对于资本主义，马克思主义者和资本主义世界的学者也有过很多研究和论述。面对这些众说纷纭的思潮和学说，我们应该如何认识？从基本倾向看，资本主义国家的学者、政治家论证的是资本主义的合理性和长期存在的"必然性"；中国的马克思主义者，中国的社会科学工作者，当然要向世界、向社会讲清楚，中国坚持走自己的路一定能实现现代化，中华民族一定能通过社会主义来实现全面的振兴。中国的问题只能由中国人用自己的理论来解决，让外国人来解决中国的问题，是行不通的。也许有的同志会说，马克思主义也是外来的。但是，要知道，马克思主义只是在中国化了以后才解决中国的问题的。如果没有马克思主义的普遍原理与中国革命和建设的实际相结合而形成的毛泽东思想、邓小平理论，马克思主义同样不能解决中国的问题。教条主义是不行的，东教条不行，西教条也不行，什么教条都不行。把学问、理论当教条，本身就是反科学的。

在21世纪，人类所面对的最重大的问题仍然是两大制度问题：这两大制度的前途、命运如何？资本主义会如何变化？社会主义怎么发展？中国特色的社会主义怎么发展？中国学者无论是研究资本主义，还是研究社会主义，最终总是要落脚到解决中国的现实与未来问题。我看中国的未来就是如何保持长期的稳定和发展。只要能长期稳定，就能长期发展；只要能长期发展，中国的社会主义现代化就能实现。

什么是21世纪的重大理论问题？我看还是马克思主义的发展问

题。我们的理论是为中国的发展服务的,绝不是相反。解决中国问题的关键,取决于我们能否更好地坚持和发展马克思主义,特别是发展马克思主义。不能发展马克思主义也就不能坚持马克思主义。一切不发展的、僵化的东西都是坚持不住的,也不可能坚持住。坚持马克思主义,就是要随着实践,随着社会、经济各方面的发展,不断地发展马克思主义。马克思主义没有穷尽真理,也没有包揽一切答案。它所提供给我们的,更多的是认识世界、改造世界的世界观、方法论、价值观,是立场,是方法。我们必须学会运用科学的世界观来认识社会的发展,在实践中不断地丰富和发展马克思主义,只有发展马克思主义才能真正坚持马克思主义。我们年轻的社会科学博士们要以坚持和发展马克思主义为己任,在这方面多出精品力作。我们将优先出版这种成果。

2001 年 8 月 8 日于北戴河

# 摘　　要

　　谬误研究有着源远流长的治学传统，因而在逻辑学学科中占据重要地位。亚里士多德的《工具论》(*Organon*)是逻辑学的原始"孵化器"，凭借其中的《前分析篇》(*Prior Analytics*)和《辩谬篇》(*On Sophistical Fefutations*)，逻辑学衍生出两条基本的研究进路：其一是"求真"的形式理论；其二是"辨假"的谬误理论。然而，二者的发展命运却大相径庭。经由"三段论"至"命题逻辑"，再到崛起于20世纪初的"数理逻辑"，形式理论已然成为现代逻辑学科的佼佼者。反观谬误理论，它将两千多年前的传统治学方法及观念一直沿用至今，从而在理论创新层面鲜有质的飞跃。在这种情况下，加拿大学者约翰·伍兹对谬误理论进行了颠覆性研究，进而使这一垂死的研究领域重获新生。伍兹给谬误研究领域带来了两次重大突破：第一次，伍兹与沃尔顿运用现代逻辑的形式方法对传统谬误问题进行刻画与分析；第二次，伍兹形成了独立的基于"认知经济"的新型谬误观，并以此为基础构建了基于当代心理学与认知科学的自然化逻辑。自然化逻辑为最新的逻辑学"自然转向"提供了理论基础。

　　基于上述情况，本书的创新点有四点。首先，伍兹的谬误研究生涯已延续了四十余年，这就意味着其谬误思想体系异常庞大。通过将这一思想体系分为前、近两个时期进而将其完整且逻辑地呈现出来。其次，以"经验发生学"为工具分析了伍兹由"前期思想"向"近期思想"转变的深层原因，并通过与伍兹通信探讨从而证实了文章的观点。再次，将伍兹的思想置于整个西方谬误理论史中考察，并按照古代、近代、现代和当代的次序对史上具有代表性的谬误理论进行了梳理与分期。最后，着重论述了伍兹近期的自然化逻辑理论，对其阐发的"自然转向"观点给予历史性剖析。以此为基础,提出了逻辑学研究的"主体回归"趋势。

**关键词** 谬误理论;自然化逻辑;自然转向;应用逻辑

# Abstract

The subject of this dissertation is the fallacy theories of John Woods, a Canadian logician. It has several features: firstly, Woods' theories are closely linked with western history of fallacy research; secondly, his academic career last a long time, and can be chronologically divided into two periods; thirdly, the theories itself has a strong critical and anti – traditional nature, therefore it is the frontier subject of contemporary logic research. According to this, and follow the objective historical development of Woods' theories to explore the main problems in its different stages. This historical method, which runs through the whole research process, makes this dissertation named "On John Woods' History of Study for Fallacy Theories".

The basic characteristics of Woods' theory presuppose the research method, and the research method decides the overall structure of the dissertation. In addition to "introduction", this paper is divided into five research modules with historical succession. First, the classic fallacy theories and their influence on Woods. Second, look back upon the Formal Method in the early and its Pluralistic Methodology. Third, the latest development of naturalized logic and the naturalistic turn in logic. Fourth, draw several conclusions to Woods' fallacy theories. Fifth, the cross study of woods' fallacy theory and its future prospect. On this basis, the research goal or technical route can be formulated as follows: comb through diachronic level along with the synchronic problem analysis, aimed at comprehensive and in – depth investigate Woods' theories, and then make innovative research.

The main innovation points of the dissertation are as follows. First, Woods' research career has lasted more than 40 years, which means that his theoretical ideology is so vast. By separating the theory system into the preceding and the last two periods, it will be presented in a complete and logical way. Second, the "empirical embryology" as the tool analyzes the deep reasons of the Woods' idea transformation from "early thought" to "recent thought", and through the communication and discusses with Woods to confirmed the views of the paper. Third, set the ideas of the Woods into the whole history of western fallacy theory, and according to the order of the ancient, modern, late modern and contemporary, to study the representative fallacy theories in the history. Fourth, this paper focuses on Woods' recent naturalized logic theory, and gives a historical analysis of his viewpoint of "naturalistic turn in logic". Based on this, the trend of "subject regression" is put forward.

**Keywords**: fallacy theory; naturalized logic; naturalistic turn in logic; applied logic

# 目　　录

**第一章　导论** ………………………………………………………（1）
　第一节　选题的背景及意义 …………………………………………（3）
　　一　选题背景 ………………………………………………………（3）
　　二　选题意义 ………………………………………………………（5）
　第二节　国内外研究综述 ……………………………………………（7）
　　一　国外研究综述 …………………………………………………（7）
　　二　国内研究综述 …………………………………………………（19）
　第三节　所采用的研究方法 …………………………………………（26）
　　一　历史坐标定位法 ………………………………………………（26）
　　二　文献分类研读法 ………………………………………………（27）
　　三　理论实时探究法 ………………………………………………（27）
　第四节　研究的创新及难点 …………………………………………（28）
　　一　研究创新 ………………………………………………………（28）
　　二　研究难点 ………………………………………………………（30）

**第二章　思想渊源：西方经典谬误研究史及其影响** ………………（32）
　第一节　亚里士多德的谬误思想 ……………………………………（32）
　　一　亚里士多德谬误思想概要 ……………………………………（33）
　　二　亚里士多德对伍兹的影响 ……………………………………（37）
　第二节　近代西方的谬误思想 ………………………………………（38）
　　一　近代西方谬误思想概要 ………………………………………（38）
　　二　近代西方谬误思想对伍兹的影响 ……………………………（53）
　第三节　汉布林的谬误思想 …………………………………………（68）
　　一　汉布林谬误思想概要 …………………………………………（69）

二　汉布林谬误思想对伍兹的影响 …………………………（81）

**第三章　前期谬误思想：伍兹形式化方法的早期回溯** ………（92）
　第一节　前期谬误思想的缘起背景 ……………………………（95）
　　一　前期谬误思想产生的历史背景 ……………………………（96）
　　二　前期谬误思想产生的理论背景 ……………………………（106）
　第二节　前期谬误思想的核心内容 ……………………………（118）
　　一　作为研究对象的非形式谬误 ………………………………（119）
　　二　作为研究工具的形式方法 …………………………………（129）
　第三节　前期谬误思想的学界回声 ……………………………（137）
　　一　谬误分析之形式主义评论 …………………………………（138）
　　二　谬误分析之多元主义评论 …………………………………（145）

**第四章　近期谬误思想：伍兹自然化逻辑的最新发展** ………（149）
　第一节　自然化逻辑的理论底基 ………………………………（150）
　　一　实践逻辑与实践推理 ………………………………………（150）
　　二　推理主体与认知经济 ………………………………………（157）
　　三　传统谬误的崭新视角 ………………………………………（165）
　第二节　自然化逻辑的理论形态 ………………………………（172）
　　一　自然化逻辑的发展简史 ……………………………………（173）
　　二　自然化逻辑的综合论述 ……………………………………（183）
　　三　自然化逻辑的前沿动态 ……………………………………（190）
　第三节　逻辑的自然转向及意义 ………………………………（200）
　　一　从数学转向到实践转向 ……………………………………（201）
　　二　逻辑的自然转向新趋势 ……………………………………（207）
　　三　自然转向彰显全新意义 ……………………………………（213）

**第五章　全面总结：伍兹谬误思想研究的再深入** ……………（220）
　第一节　伍兹谬误思想的全方位讨论 …………………………（220）
　　一　理论的深化及理论史的分期 ………………………………（221）
　　二　理论的相互融通与彼此借鉴 ………………………………（227）
　　三　关照主体原则下的逻辑转向 ………………………………（233）

第二节 伍兹谬误思想的深层次追问 …………………………（240）
　一 与伍兹的通信情况及其内容 …………………………（240）
　二 前期谬误思想与近期谬误思想的过渡之谜 …………（246）
　三 近期思想的发生学解读 ………………………………（251）
第三节 伍兹与中国古代的谬误思想 …………………………（256）
　一 中国古代谬误论理的核心内容 ………………………（257）
　二 伍兹谬误思想与中古谬误理论的契合 ………………（262）
　三 伍兹于中国逻辑研究的意义 …………………………（269）

**第六章 历史概括：伍兹谬误思想的发展时间线** ……………（274）
　第一节 伍兹谬误思想的历史意义与价值 …………………（274）
　第二节 伍兹谬误思想的当代研究与突破 …………………（275）
　第三节 伍兹谬误思想的未来发展与走向 …………………（277）

**参考文献** ………………………………………………………（279）

**索　引** …………………………………………………………（293）

**后　记** …………………………………………………………（299）

# Contents

**Chapter One　Introduction** ················································ (1)
  Section 1　Research background and significance ············ (3)
    1　Background ···················································· (3)
    2　Significance ···················································· (5)
  Section 2　Domestic and abroad research summary ············ (7)
    1　Abroad ························································· (7)
    2　Domestic ······················································ (19)
  Section 3　The application of research method ···················· (26)
    1　Historical coordinate ········································ (26)
    2　Taxonomic reference ········································ (27)
    3　Timely discuss ················································ (27)
  Section 4　Research innovation and difficulty ····················· (28)
    1　Innovation ····················································· (28)
    2　Difficulty ······················································· (30)

**Chapter Two　Ideological origins: The classic fallacy theories and their influence on Woods** ················································ (32)
  Section 1　Aristotle's fallacy theory ································ (32)
    1　Essentials of Aristotle's theory ····························· (33)
    2　Aristotle's influence on Woods ····························· (37)
  Section 2　Modern western fallacy theory ························· (38)
    1　Essentials of modern western theory ······················ (38)
    2　Western theory's influence on Woods ····················· (53)
  Section 3　Charles Hamblin's fallacy theory ······················ (68)
    1　Essentials of Hamblin's theory ······························ (69)

  2 Hamblin's influence on Woods ……………………………（81）

**Chapter Three Previous thought: Look back upon the early Formal Method of Woods** ……………………………（92）
 Section 1 The major background of previous thought ………（95）
  1 Previous thought's historical background ………………（96）
  2 Previous thought's theoretical background …………（106）
 Section 2 The important contents of previous thought ………（118）
  1 Informal fallacies as research objects …………………（119）
  2 Formal methods as research methods …………………（129）
 Section 3 The academic feedback of previous thought ……（137）
  1 Feedback on Formal Method's formalism ……………（138）
  2 Feedback on Formal Method's plusalism ……………（145）

**Chapter Four Present thought: The latest development of Naturalized Logic of Woods** ……………………………（149）
 Section 1 The theoretical foundation of Naturalized Logic …（150）
  1 Practical logic and practical reasoning ………………（150）
  2 Reasoning agent and cognitve economy ………………（157）
  3 New perspective of old fallacy theory …………………（165）
 Section 2 The theoretical framework of Naturalized Logic …（172）
  1 Naturalied Logic's brief recent history ………………（173）
  2 Naturalied Logic's synthetic discussion ………………（183）
  3 Naturalied Logic's frontier development ……………（190）
 Section 3 Naturalistic turn in logic and its significance ……（200）
  1 From mathematical turn to pratical turn ………………（201）
  2 Naturalistic turn in logic as a new trend ……………（207）
  3 The theoretical value of naturalistic turn ……………（213）

**Chapter Five Overall review: The conclusions draw from the fallacy theory of Woods** ……………………………（220）
 Section 1 Comprehensive summary of Woods' theory ………（220）
  1 Theory deepen and periodization research ……………（221）
  2 Theory integration and reference to others …………（227）

3　Logic turn base on Agent – Embrace Principle ……………（233）
　Section 2　Questioned further about Woods' theory …………（240）
　　1　Send mail to Woods and his letter of reply …………………（240）
　　2　Transition from previous to present thought …………………（246）
　　3　Genetic approach to Woods' present thought …………………（251）
　Section 3　Woods and ancient Chinese fallacy theory …………（256）
　　1　The main content of Chinese fallacy theory …………………（257）
　　2　Similarity in Woods and Chinese fallacy theory ……………（262）
　　3　The value of Woods to Chinese fallacy theory ………………（269）

**Chapter Six　Historical summary: The developmental timeline of the fallacy theory of Woods** ……………………（274）
　Section 1　The significance and value of Woods' theory ………（274）
　Section 2　The studies and innovation of Woods' theory ………（275）
　Section 3　The trend and development of Woods' theory ………（277）

**References** ……………………………………………………（279）

**Index** ……………………………………………………………（293）

**Postscript** ………………………………………………………（299）

# 第一章

# 导　　论

约翰·海登·伍兹（John Hayden Woods，1937—　）（以下书中简称约翰·伍兹或伍兹）是当代西方谬误研究界的著名学者，其思想在学界占有重要位置。约翰·伍兹1937年生于加拿大安大略省的巴里市，1954年进入多伦多大学接受高等教育并先后取得了学士和硕士学位。此后，他出于对哲学和逻辑学的强烈兴趣，遂前往密歇根大学继续攻读博士学位，师从美国数学家亚瑟·伯克斯（Arthur Burks）。约翰·伍兹于1965年凭借《制约（衍推）和严格蕴含悖论》(Entailment and the Paradoxes of Strict Implication)[①]一文获得博士学位。毕业之后，曾任教于多伦多大学（University of Toronto）、维多利亚大学（University of Victoria）、卡尔加里大学（University of Calgary）以及莱斯布里奇大学。现阶段，他是不列颠哥伦比亚大学（University of British Columbia）溯因系统小组的主要负责人，同时任职于伦敦国王学院（King's College London）信息科学系的逻辑、信息与计算小组。由于伍兹在过去几十年里围绕"谬误"这一主题进行不懈的探究并取得了丰硕成果，故他的学生和同事将其称为加拿大最重要的"谬误"思想家。

作为谬误研究领域的著名学者，伍兹的谬误思想可谓"源远流长"。所谓"源远"，是指其谬误思想与西方古代、近代以及当代的谬误思想有明显的传承性和关联性。例如，古希腊时期对伍兹影响最大的是亚里士多德的谬误思想；在近代，培根（Francis Bacon）、穆勒（John Stuart Mill）、洛克（John Locke）、怀特莱（Richard Whately）等人也不同程度地影响了伍兹谬误思想的形成；而在当代，汉布林发起的对谬误研究之

---

[①]　此文是约翰·伍兹的博士学位论文，密歇根大学出版社于1965年将其装订出版。书名与论文名称保持一致，即 Entailment and the Paradoxes of Strict Implication，全文共313页。

标准方法的批判是激发伍兹投身谬误领域的直接原因。毫不夸张地说，伍兹之所以踏入谬误研究领域并在其中取得较大成就，与汉布林有很大关系。

所谓"流长"，指约翰·伍兹的谬误研究活动持续时间长，从 20 世纪 70 年代初至今从未间断，历时近五十年。准确地说，伍兹阐发其谬误思想的起点是 1972 年与道格拉斯·沃尔顿（Douglas Walton）合作完成的《论谬误》（"On Fallacies"）一文，可以将此文看作其涉足谬误研究的起点。自此之后，他与沃尔顿合作发表了一系列谬误研究的专著和论文，具有代表性的有 1982 年的教科书《论证：谬误的逻辑》（*Arguments：The Logic of Fallacies*）以及 1989 年的论文集《谬误：文选 1972—1982》（*Fallacies：Selected Papers 1972 - 1982*，书稿后面再出现该书名时，以下简称"文选"）。这一时期的谬误思想主要表现为运用现代数理逻辑的公理系统和形式方法对非形式谬误进行分析。这种分析策略被学界称作"伍兹—沃尔顿方法"（Woods-Walton Approach），该方法呈现出明显的"形式主义"和"多元主义"特征。将 20 世纪 70 年代初至 80 年代末这段时期内伍兹所倡导的谬误之形式分析法划归为"伍兹的前期谬误思想"。

《文选》出版后不久，伍兹与沃尔顿便做出了学术分手。自此以后，"伍兹—沃尔顿方法"的发展放缓，部分原因是在过去的若干年里，该方法已被建构得较为完善，继续前进的空间不大；而主要原因则在于，此时的逻辑学界正在经受着非形式逻辑之兴起以及逻辑研究之实践转向的震荡和激励。以此为契机，伍兹的谬误思想开始进入新的发展阶段，即基于实践（主体）推理和认知经济的谬误观转向，并于最近形成了关于谬误推理的自然化逻辑思想。20 世纪 90 年代中后期至今是其酝酿、构建并发展其谬误新思想的黄金期，此时，其思想无论在理论观念上，还是在研究方法上都与前期大相径庭，为了与"伍兹的前期谬误思想"相区别，遂将其划入"伍兹的近期谬误思想"。"伍兹的近期谬误思想"的表达载体是他与德福·嘉贝（Dov Gabbay）共同撰写的谬误研究系列专著《认知系统中的实践逻辑》（*A Practical Logic of Cognitive Systems*）。截至 2013 年，该系列已出版至第三卷，分别是 2003 年的《行事相关性：形式语用学研究》（*Agenda Relevance A Study in Formal Pragmatics*），2005 年的《关于溯因推理之洞察和试验的讲授》

(*The Teach of Abduction Insight and Trial*) 以及 2013 年的《推理的错误：将推论逻辑自然化》(*Errors of Reasoning：Naturalizing the Logic of Inference*)。纵观约翰·伍兹的前、近期谬误思想，可以极简地理解为对两种谬误观的区分，即语言的谬误观和智能体（agency）的谬误观。从一般意义上看，前期的谬误思想预设了一种语言的谬误观，认为谬误和以语言为表述载体的论证紧密相关，前期思想就是对隐匿于日常语言论证中的非形式谬误进行形式化的解析；而其新近思想则推崇智能体（主体）的谬误观，将谬误与主体的实践推理相联系，主张从现实主体的认知角度考察谬误。与前期思想不同，伍兹的近期谬误思想主要是围绕智能体的谬误观展开的，它带有明显的"心理主义""认知主义"以及"自然化的认识论"的特征。

通过上面的论述，本书的主体结构事实上已经清晰可见。要以历史分期的形式对伍兹的谬误思想进行研究。除此以外，重点考察伍兹谬误思想的总体特征、理论源流，以及前、近期谬误思想的主要区别与联系。与此同时，对伍兹的整体谬误理论给予全面、系统的总结。

## 第一节　选题的背景及意义

### 一　选题背景

本书讨论的主题是约翰·伍兹的谬误思想。谬误思想形成的时代背景和历史条件是本书的研究基础。下面就简要回顾西方谬误研究的概况，将其作为伍兹谬误思想得以形成和发展的历史背景。

谬误的早期研究可以追溯至古希腊的亚里士多德，他在《辩谬篇》中对谬误给予了较为详细的论述和归类。中世纪的学者大多依循亚里士多德的谬误传统，只是对其进行解释或小范围的修改。与中世纪的谬误研究不同，近代的培根、穆勒、洛克对亚氏谬误理论的态度则是批评大于继承，在某种程度上更新、发展了谬误理论。随后，怀特莱在 1826 年发表了《逻辑要义》(*Element of Logic*)，标志着谬误理论研究取得了长足发展。该书认为，自亚里士多德以降，关于谬误的分类和定义的研究缺乏清晰的原则，主张以逻辑为工具处理谬误："那种能够将谬误划分为逻辑的和非逻辑的原则是很重要的，以此原则为基础，谬误研究中的所有混乱将得到澄清。"① 随后，怀特莱的这种思想逐渐成为谬误研究界的主流，并被当代学者称为谬误分析的"标准方法"(standard treatment)。柯比、科恩、布莱克、希柏等学者将该方法广泛用于逻辑教科书中的谬误案例分析。柯比在《逻辑导论》(Introduction to Logic)中阐发的谬误理论，被认为是当代"标准谬误论"的代表。然而，自谬误研究以这种标准方法（古典逻辑）为基本套路之后，它在很短的一段时间内就呈现出颓势。

直到20世纪70年代初，汉布林发起了对标准方法的批判，他1970年的《谬误》(Fallacies)一书，如同牛虻般重重叮咬了处于标准方法统治下的西方谬误研究界。该书主张以现代逻辑为工具对谬误进行研究，通过回访谬误史以及对传统谬误理论的批判，进而给出自己的谬误分析方法，即形式论辩术(formal dialectic)。至此，汉布林开启了当代谬误理论研究的新阶段。事实上，人类对谬误的研究几乎与逻辑研究是同步的，都已经有了几千年的历史。然而，一直以来逻辑学家没有给谬误以足够的重视，导致汉布林之前的谬误理论发展得毫无生气。自19世纪后半叶的数理逻辑转向以来，传统逻辑受到了严重挑战，导致了以其为基础的谬误理论也风光不再。在大学的逻辑学教科书中，关于谬误的内容逐渐萎缩，失去了其本该拥有的理论位置。汉布林声称，既然逻辑学家使谬误研究沦落到了如此不堪的境地，那么他们就有责任再将事情弄好。汉布林的批评是卓有成效的，为20世纪70年代以后非形式逻辑、谬误理论的兴起打开了局面。

以汉布林为拐点，随后发生了若干标志性事件，预示着20世纪70年代以后的谬误研究将发生巨大改变。第一是约翰·伍兹和沃尔顿合著的《谬误：文选1972—1982》以及《论证：谬误的逻辑》的出版。第二是1987年《论辩》(Argumentation)杂志第1卷第3期的谬误理论专刊发行，伍兹为专刊特约编辑。第三是1989年至1990年荷兰人文及社科高级研究所(NIAS)创建的名为"违反论辩性语境规则的谬误"的研究小组。该机构发表了与谬误研究相关的若干重要论文，成果丰硕。第四是1995年由汉斯·汉森(Hans Hansen)和罗伯特·平托(Robert Pinto)主

---

① Richard Whately, *Elements of Logic*, Replica of 1875 ed. by Longmans, London: green and co., 2005, p. 174.

编的《谬误：古典与当代读物》（*Fallacies*：*Classical and Contemporary Readings*）。当下，谬误研究领域呈现出崭新的气象，各种新理论、新观念、新方法层出不穷，蔚为大观。具有代表性的理论包括谬误的认识论理论、谬误的形式辩证法理论、谬误的修辞学理论、谬误的语用—辩证理论、谬误的批评理论、"伍兹—沃尔顿方法"，以及伍兹近期形成的基于认知经济与第三类推理的自然化逻辑理论。此外，德福·嘉贝也加入了谬误研究的队伍中，并与伍兹合作出版了关于谬误的新著。这不但说明谬误理论是具有魅力的，而且也预示着它已经走在了理论复兴的道路上。

此外，伍兹的谬误思想也与非形式逻辑息息相关。非形式逻辑的核心部分，即论证理论在很大程度上就是一种谬误分析。因为某种妥当的论证理论必须有能力解决好谬误问题。论证学家认为，评价一种论证理论是否规范，是根据其能否恰当地对谬误进行分析来判断的。非形式逻辑与形式逻辑的差别很大，前者以日常生活中的论证为研究对象，日常生活中的论证蕴含着大量需要处理的非形式谬误。而伍兹前期关于谬误的形式分析法以及后期的基于实践主体和认知经济的谬误理论，都以日常生活中的非形式谬误为研究对象。所以说，非形式逻辑在20世纪70年代的兴起，应该对伍兹谬误思想的形成、发展以及转向起到了辅助与促进作用。

以上就是伍兹谬误思想的时代背景和历史条件，对其进行了解有助于深入把握伍兹谬误思想的来龙去脉。

### 二 选题意义

本书所选主题的研究意义分为"理论"和"现实"两个层面，首先来看理论层面。

第一，有利于改善国内伍兹谬误思想的研究状况。目前，伍兹的最新理论已然成为西方谬误研究界的显学。然而，如此重要的一门理论体系在国内的受关注程度却并不令人乐观。事实上，国内的谬误研究是随着20世纪80年代末、90年代初西方非形式逻辑理论的传入而萌发的。到目前为止，虽然形成了一定规模，也取得了阶段性成就，但总体上还是以理论的宏观介绍为主。在这种情况下，就更不用说深入且详细地研究某个学者的具体理论学说了。由此而论，及时且详细地将伍兹的谬误思想体系介绍到国内,并持续不断地对其展开前沿性研究就成为一项必要工作。这对于改善国内伍兹谬误思想研究的贫瘠现状具有促进作用。

第二,有利于促进国内非形式逻辑的创新与发展。西方非形式逻辑(informal logic)产生的三大动力源包括佩雷尔曼(Chaim Perelman)的修辞理论、图尔敏(Stephen Toulmin)的论证理论,以及汉布林的谬误理论。因此,谬误理论是非形式逻辑的重要理论阵地之一。同样地,当非形式逻辑发展到今天,约翰·伍兹的谬误理论体系业已成为该学科中较具代表性和前沿性的一个分支,其关于谬误的认知经济学和自然化逻辑甚至可以说是对非形式逻辑的创造性拓展。由此而论,如果国内的非形式逻辑研究想要与时俱进,从而紧随当下国外的研究前沿,那么不得不做的工作便是对伍兹的谬误思想体系给予深入探究,至少是全面了解。由此而论,本书可以在某种意义上促进国内非形式逻辑的发展。

第三,有利于把握当代西方谬误理论的发展脉络。伍兹的思想是当代西方谬误理论史的重要组成部分,并有着自古希腊以来的悠久渊源。其思想具有三个源头和两个并行不悖的理论伙伴。三个源头分别是亚里士多德的以争辩和论证为研究取向的早期逻辑理论,西方近代的以认识论哲学为一般方法并带有心理认知特征的谬误思想,以及汗布林于20世纪70年代初发起的对谬误之"标准方法"的反叛运动。而两个并行不悖的理论伙伴分别是发端于20世纪80年代的爱默伦(Van Eemeren)和格罗顿道斯特(Rob Grootendorst)的"语用—论辩术"(Pragma - Dialectics),以及于20世纪末渐趋成熟的沃尔顿的新论辩术。上述三个源头和两个理论伙伴连同伍兹的相关理论,共同构成了当代西方谬误理论的发展主线。

以上为本书选题之理论层面的研究意义,在现实层面有三个方面意义。

第一,具有引进国外优秀人文学术思想的文化价值。党的十八大报告为哲学社会科学工作者提出了"建设优秀传统文化传承体系,弘扬中华优秀传统文化"的任务。其核心理念之一可凝练为三个字:走出去,即以走出国门的方式对中华优秀文化进行弘扬。然而,文化或思想的交流应该是双方面、多向度的。因此,党的十八大报告的深层内涵应是在优秀文化"走出去"的同时,将国外的优质理论"请进来"。实际上,"请进来"是对"走出去"的促进、巩固和加强。由此而论,将伍兹的谬误思想体系及时且完整地请进国门，并对它进行批判性的吸纳是与党的十八大为哲学工作者提出的基本任务相吻合的。输出中华优秀文化与引进国外优质理论是相互融通、彼此促动的辩证关系。

第二，具有提高思维水平进而规范行为的应用价值。伍兹近期的自然化逻辑理论将人作为认知主体纳入谬误的考察当中，在谬误理论与人类现实之间架起了一道桥梁。科学地看，人类的日常实践活动受大脑的信念和意识支配，推理的作用则是确证或否定信念和意识。当推理确证了错误的信念同时否定了正确的信念进而犯下谬误之时，便会给人的实践活动造成重大损失。这种失误在某种情况下甚至会置人于死地。通过研究伍兹的谬误思想，尤其是近期基于第三类推理和认知经济的思想，揭示蕴含于人类实践中谬误推理的发生机制和规律，能够有效防止实践者做出谬误推理，进而杜绝依据这种推理进一步做出有害的行动。这样一来，随着有害行动的减少，人类共同体将会变得更加和谐。

第三，具有促进东西方学术交流与理解的合作价值。在21世纪之政治、经济、信息全球化的大背景下，作为构建理论、创造知识的哲学社会科学工作者，其使命已然不能，也不应该再限于对眼下之学科领域的孤军奋战。与此相反，他或她应该积极寻求国际间的学术互通，与来自不同文化背景、不同语言环境甚至不同宗教信仰的学者进行无障碍的交流与合作，其目的在于向世界充分展示中国学人的精神风貌，让世界客观地了解中国学术的发展水平。事实上，本书的构思正是遵循上述精神来进行的。在前期成果的撰写过程中，笔者曾以通信的方式与伍兹教授本人就谬误理论展开过学术交流与探讨，信件的内容可作为"伍兹谬误思想研究"之独家且一手的文献。这在一定程度上体现了本书的合作价值。

## 第二节 国内外研究综述

### 一 国外研究综述

约翰·伍兹的谬误研究工作从20世纪70年代初至今已持续四十余年。在此期间，其谬误思想几经进化与发展，积累了丰富的理论内容。但总体来看，有两点值得特别关注。第一，谬误分析的形式、多元主义方法论；第二，基于认知经济与第三类推理的谬误观转向。海外学术界围绕上述议题进行了广泛而深入的讨论。

（一）谬误分析的形式、多元主义方法论

形式的方法（Formal Method）是伍兹分析非形式谬误的主要手段，也是其前期谬误思想的重要特征之一。该方法在伍兹与沃尔顿的早期合作中表现得较为突出，二人合著的《文选》[①] 是运用形式的方法分析非形式谬误的代表作。

在《文选》中，约翰·伍兹和沃尔顿运用形式的方法分析各类非形式谬误，并依据谬误的不同特点选取与之适应的逻辑分析工具，取得了良好效果。学界将这种策略命名为"伍兹—沃尔顿方法"。伍兹表示："目前，在我们对十几种谬误进行的研究中，无一不受益于形式方法的使用。图论和直觉逻辑有助于对循环性进行模化；因果逻辑为因果倒置谬误确定了研究视角；辛提卡的对话系统有趣地表征了论辩互换；劳特利的一致与完全性论辩系统阐释了诉诸人身攻击谬误的某些特点；不同版本的修辞逻辑对处理诉诸复杂问题谬误是有效的；如此等等。"[②] 汉布林于1970年出版的《谬误》一书批判了传统谬误研究的"标准方法"，并试图以形式论辩术取而代之，作为当代谬误分析的新工具，由此开辟了谬误研究的形式化道路。汉布林谬误分析的现代逻辑方案得到了伍兹与沃尔顿的响应："如果我们认同汉布林希望谬误理论至少要与现代逻辑取得某种联系的观点，那么我们就会站在与一些人相反的立场上，这些人认为真实生活中的推理和论证不应受技术性理论说明的约束。"[③] 伍兹和沃尔顿受到汉布林的启发，以现代逻辑中的形式化方法为工具积极推动当代谬误研究的发展。在他们看来，该方法具有两点优势：第一，形式工具可提供清晰有力的表达和定义；第二，为由不同类型的谬误所引起的争论性观点创造证实的环境。具体来说，通过形式理论的概念描述、形式逻辑系统的结构，以及选择性地使用恰当的技术性词汇，可以分析诸如经典四词项谬误这样的形式谬误。另外，类似于歧义谬误这样的非

---

① 该书于1989年由福瑞斯出版社（Foris Publications）初版，2007年由学院出版社（College Publications）再版，并邀戴尔·杰奎特（Dale Jacqutte）为新版撰写了长篇导言。

② John Woods and Douglas Walton, *Fallacies: Selected Papers 1972 – 1982*, London: College Publications, 2007, pp. 223 – 224.

③ John Woods, *The Death of Argument: Fallacies in Agent-Based Reasoning*, Dordrecht: Kluwer, 2004, p. xxi.

形式谬误，从技术角度来讲，其不是形式的，但参照逻辑形式，可对其错误原理给予部分揭示。拿循环谬误为例，它在一种相对较弱的意义上是形式上地可分析的。事实上，说一个谬误是"形式地可分析的"是在以下这种意义上的，即通过使用逻辑系统的形式结构、各种关于形式逻辑的理论以及常用的技术性词汇，对由这种分析所引起的与谬误相关的概念进行综合描述。在伍兹和沃尔顿看来，依靠技术性词汇和概念以及形式逻辑系统的结构，大多数谬误都能得到有效处理。

伍兹和沃尔顿的形式分析法是当代谬误研究的可选方案之一，受到了国外相关领域学者的关注。然而，学者们普遍关心的并不是技术层面的具体操作，而是蕴含于该方法背后的当代谬误研究史背景、指导性观念以及与此相关的哲学问题。

阿姆斯特丹大学（University of Amster dam）的爱默伦和格罗敦道斯特认为，汉布林之后对谬误领域贡献较大的当属伍兹与沃尔顿，并指出："伍兹—沃尔顿方法的重要特征是在分析谬误的过程中系统地探讨高级逻辑系统。"[1]"标准方法"[2]之所以颓败，是因为它只依靠命题逻辑、谓词逻辑和经典三段论逻辑，而伍兹和沃尔顿借现代逻辑来改善传统谬误研究之不足。在《语用论辩视角下的谬误》[3]（"Fallacies in Pragma-Dialectical Perspective"）一文中，爱默伦和格罗敦道斯特甚至主张将形式的方法纳入语用论辩的框架，"因为该理论框架可以将逻辑学家的谬误分析工作置于一个更恰当的视阈下"[4]。

与爱默伦和格罗敦道斯特不同，凯尼休斯学院（Canisius College）的

---

[1] Frans van Eemeren and Rob Grootendorst, *Argumentation, Communication, and Fallacies: A Pragma-Dialectical Perspective*, London, New York: Routledge, Taylor & Francis Group, 1992, p. 103.

[2] 在1826年的《逻辑要义》中，理查德·怀特莱主张以逻辑为工具处理谬误，那种能够将谬误划分为逻辑的和非逻辑的原则是很重要的，以此原则为基础，谬误研究中的所有混乱将得到澄清。随后，这种思想逐渐成为谬误界的主流，并被当代学者称为谬误分析的"标准方法"。柯比、科恩、布莱克、希柏等学者将该方法广泛用于逻辑教科书中的谬误案例分析。柯比的《逻辑导论》中阐发的谬误理论，被认为是当代"标准谬误理论"的代表。然而，"标准方法"遵循亚里士多德传统，以三段论、谓词逻辑和命题逻辑为工具。谬误研究史已经证明，传统逻辑不能恰当、有效地担负起谬误分析工作。

[3] 参见 Frans van Eemeren and Rob Grootendorst, "Fallacies in Pragma-Dialectical Perspective", *Argumentation*, Vol. 1, No. 3, 1987。

[4] Frans van Eemeren and Rob Grootendorst, "Fallacies in Pragma-Dialectical Perspective", *Argumentation*, Vol. 1, No. 3, 1987.

乔治·博格（George Boger）则表达了对形式方法的异议。

在《论证推理中的错误》（Mistakes in Reasoning about Argumentation）① 一文中，博格给出两个论断。一方面，形式方法本身表明它在努力淡化非形式逻辑的心理主义倾向，正如博格所说："伍兹和沃尔顿的许多工作旨在对日常话语中推理的某些方面进行形式化。这在他们大量的谬误研究工作中是显而易见的。"② 但另一方面，这种方法却摇摆于形式与非形式之间，在未达到纯粹形式化的同时，给心理主义的滋生创造了条件。然而，博格似乎忽略了一个理论事实，即形式方法的分析对象是非形式谬误，非形式谬误本身涉及心智与情感等心理现实，如"诉诸人身攻击"和"诉诸怜悯"谬误等。因此，此类谬误的性质已经决定，它不可能被纯粹地形式化为可供逻辑公理系统分析的对象。虽然其中一部分可以较完备地得到形式说明，但"对于谬误理论来说，它没有义务必须成为一个数学系统（同'逻辑的公理系统'）"③。

除博格以外，温莎大学的莱奥·格罗克（Leo·Groarke）也提出了批评性意见，且较具代表性。

约翰·伍兹曾在《什么是非形式逻辑》（What is Informal Logic）④ 一文中表示："将谬误理论作为一种形式理论是最好不过的。不仅如此，如果我们抑制谬误理论的形式特征，那剩下来的东西将很难称得上是纯粹的理论。"⑤ 格罗克认为，此类观点夸大了形式化（formalization）的重要性，让非形式逻辑学家接受这种略显激进的形式主义观点并不明智。正如格罗克所说："许多有影响力的非形式逻辑学家对这类观点持怀疑态

---

① 该文收录在肯特·皮考克（Kent Peacock）和安德鲁·艾尔文（Andrew Irvine）于2005年共同编辑出版的《理性的错误：约翰·伍兹荣誉文集》（Mistakes of Reason: Essaysin Honour of John Woods）中。

② George Boger, "Mistakes in Reasoning about Argumentation", Mistakes of Reason: Essays in Honour of John Woods, Toronto: University of Toronto Press, 2005, p. 423.

③ John Woods and Douglas Walton, Fallacies: Selected Papers 1972 – 1982, London: College Publications, 2007, p. 222.

④ 该文收录于伍兹、沃尔顿合著的《谬误：文选1972至1982》中，此书于1989年由福瑞斯出版社（Foris Publications）初版，2007年由学院出版社（College Publications）再版。

⑤ John Woods and Douglas Walton, Fallacies: Selected Papers 1972 – 1982, London: College Publications, 2007, p. 228.

度。而我在伍兹和沃尔顿那里并未发现对这些观点的辩护。"①

虽然格罗克的上述分析不无道理，但伍兹之所以强调形式因素的重要性，是特定的理论史背景使然。形式方法发端于20世纪70年代初，那时的学术大环境有三个特征。第一，汉布林呼吁废止谬误研究的标准方法，进而用现代逻辑取而代之。第二，现代数理逻辑的基础理论蓬勃发展，形式主义逻辑观在当时占主导位置。第三，非形式逻辑处于崛起之前的酝酿期，各种非形式理论未成气候。可以想见，这种特定的理论史背景决定了伍兹早期谬误思想必然带有浓重的形式化色彩。

除上述代表性观点外，其他评论散见于书评或著作导言，篇幅不多，但仍有考究价值。加拿大学者特露迪·戈薇尔（Trudy Govier）认为："伍兹和沃尔顿似乎采用了这个方法，他们通过发展形式的说明模型来提升我们对所谓非形式谬误的理解，其目的在于使我们更加精深地把握这些谬误所涉及的推理中的错误。"② 戈薇尔对形式方法的评价是正面的。与此不同，伯尔尼大学的戴尔·杰奎特（Dale Jacquette）则直言不讳，认为"一旦符号逻辑满足了它自身，即符号逻辑通过自身欠妥的推理形式证明了一个给定的谬误是演绎无效的，那么形式的符号逻辑就不会有更多的兴趣去关心该谬误的内容。唯独形式逻辑完全保持沉默的问题是，为什么在一些时候思考者倾向于犯那些他选择犯的错误，以及为什么论证的接收者有时候被无疑是演绎无效的论证所说服"③。

形式方法是伍兹前期思想的核心议题，西方学界对此给予充分关注。此外，形式方法还有一种方法论上的多元主义特征，同样受到热议。

格鲁宁根大学的埃里克·克莱布（Erik Krabbe）在其为《文选》撰写的书评中，充分肯定了多元主义在谬误分析中的效用。他指出："作者（即伍兹和沃尔顿）并没提供一个统一的谬误理论，他们似乎也并不渴求得到这样的理论。"④ 克莱布着重强调，若把形式方法视为用单一的逻辑

---

① Leo Groarke, "Critical Study: Woods and Walton on the Fallacies, 1972–1982", *Informal Logic*, Vol. 8, No. 2, 1991.

② Trudy Govier, "Who Says There Are No Fallacies?", *Informal Logic*, Vol. 5, No. 1, 1983.

③ John Woods and Douglas Walton, *Fallacies: Selected Papers 1972–1982*, London: College Publications, 2007, p. xii.

④ Erik Krabbe, "Book Review: Woods J., Walton D. Fallacies: Selected Papers 1972–1982", *Argumentation*, Vol. 6, No. 4, 1993.

处理不同的谬误,这将是一种曲解。

在《非形式逻辑的现状》①("The Current State of Informal Logic")一文中,拉尔夫·约翰逊(Ralph Johnson)和安东尼·布莱尔(Anthony Blair)分析了从20世纪70年代初至80年代末非形式逻辑的发展情况,此间正值伍兹前期谬误思想发展的黄金期。该文中指出:"伍兹和沃尔顿的谬误理论认为,对所有非形式谬误来说,没有那种唯一的、包含一切的说明模型。并且,每一种论证类型都有属于自己的或多或少的典型非逻辑特征。"② 在当时,权威学者已经注意到形式方法的多元主义特征,并将此方法作为谬误理论的重要发展加以介绍。

2006年,杰奎特受邀为新版《文选》撰写导言。③ 文中,对多元主义方法论表示赞许:"使伍兹和沃尔顿的著作历久弥新的优势之一是,他们并没限制于特殊的方法计划,而是极力建议在谬误分析中使用各种不同的方法。在这些方法中,他们所选择讨论的那些谬误会得到恰当的安排。"④ 可见,导言作者对谬误分析的多元策略评价较高。与杰奎特不同,爱默伦和格罗敦道斯特认为,方法的多元不利于完整、全面地刻画谬误,进而呼吁将多样的方法统归于单一的理论。理由是"每种谬误都需要一个能够对其进行解释的专属逻辑。从现实的目标来看,这种方法论是不切实际的……人们只能得到关于各种谬误的片段性描述……理想的情况是,有一种统一的理论能够处理所有不同的谬误现象,这样的理论将会是首选"⑤。

谬误分析的多元策略凸显经济、灵活的特点,避免对单一理论进行反复调整甚至重建。

---

① 参见 Anthony Blair and Ralph Johnson, "The Current State of Informal Logic", *Informal logic*, Vol. 9, No. 2, 1987。

② Anthony Blair and Ralph Johnson, "The Current State of Informal Logic", *Informal logic*, Vol. 9, No. 2, 1987.

③ 此篇导言名为"扭曲的推理:伍兹—沃尔顿入门"(*Reasoning Awry: An Introduction to Woods and Walton*)。

④ John Woods and Douglas Walton, *Fallacies: Selected Papers 1972–1982*, London: College Publications, 2007, p. x.

⑤ Frans van Eemeren and Rob Grootendorst, *Argumentation, Communication, and Fallacies: A Pragma-Dialectical Perspective*, London, New York: Routledge, Taylor & Francis Group, 1992, p. 103.

## (二) 基于认知经济与第三类推理的谬误观转向

自20世纪90年代末至今,约翰·伍兹从前期以逻辑的技术性手段为工具对谬误进行分析,转向了当前的基于第三类推理与认知经济的谬误观。

2000年以来,伍兹开始与嘉贝合作,推出多卷关于谬误和实践推理的系列著作,即《认知系统的实践逻辑》。这说明伍兹的谬误思想正在经历着某种转变,并将带来与以往不同的新观念、新思想。同时,伍兹和嘉贝也提出了逻辑的实践转向以及最新的自然转向概念,这与基于第三类推理和认知经济的谬误观是高度契合的。总的来看,伍兹与嘉贝的系列著作包含四个核心概念:对不相干信息进行回避、依靠回溯使得智力具有跳跃能力、系统运用传统上被视为谬误的策略,并灵活运用提问以便经济地获取信息。事实上,这四个概念在伍兹之前的文献中也略有涉及,但由于使用标准逻辑,所以无法对实践推理中的相干性、回溯、谬误以及对话等概念进行恰当分析。在这种情况下,对现存工作进行丰富和改进,并重新概念化就成为必要的了。由此,伍兹和嘉贝提出了实践逻辑的系统理论。

实践逻辑的对象是实践推理。伍兹是这样解释实践推理的:"在我的观念中,'实践的'(practical)一词既不指某个推理的内容,也不指该推理被期待表达的那种精确程度。在我们的方法中,实践推理是这样一种推理,即它借助于有限的信息、时间和计算能力,实时地在心理空间中工作。"[①] 在他看来,实践推理就是用相对贫乏的时间、信息以及相对较弱的计算能力进行实时推理。依据这种观点,推理的合情理性(reasonableness)是主体认知资源之本质和范围的函数,根据眼前任务的本质和完成该任务所能利用的资源来确定的评估目标的恰当性。若想确认某个对话中的推论是谬误,需要依赖两个条件:一方面,依赖于正在被讨论的主体的类型以及该类型主体可支配的资源;另一方面,依赖于恰当的执行标准。因此,对美国国家宇航局来说,某个仓促推论可能是谬误,而就个体推理者而言,该仓促推论可能完全合情合理。谬误总是在可以促使其成为谬误的语境当中才是谬误。

---

[①] Kent Peacock and Andrew Irvine, *Mistakes of Reason: Essays in Honour of John Woods*, Toronto: University of Toronto Press, 2005, p. 448.

以上是伍兹新谬误观的大致内涵。国外谬误研究界对这种新思想纷纷给予评论。

肯特·皮考克（Kent Peacock）和安德鲁·艾尔文（Andrew Irvine）于2005年共同编辑出版了《推理的错误：约翰·伍兹荣誉文集》（*Mistakes of Reason: Essays in Honour of John Woods*）（以下简称"推理的错误"）[1]导言中，作者简要介绍了伍兹和嘉贝新近发展起来的谬误思想。此外，还归纳了近期谬误思想的主旨："近期，伍兹与嘉贝在他们合著的文献中做出了一个大胆声明，即在某些相似的情形下，我们习以为常地倾向于做出错误的推理，然而，不能仅仅把这种现象归结为大脑硬件的失灵，这与计算机芯片没能正确地处理0和1是两回事。而毋宁说，该现象也许是心灵为了阻止事情变得更糟而采取的若干权宜之策。信息和时间的不足是永远需要面对的压力，人在这种压力之下便会忙中出错，但我们可以将其理解为一种启发法（heuristics）。这样一来，那种典型的推理失败也许不能完全归结为人的愚蠢。"[2] 作者从学术观点的历史演变角度出发，认为伍兹的新近研究成果是其思想长期发展的必然产物。

《推理的错误》中，吉姆·康宁汉（Jim Cunningham）的《易逝的主体》（"Temporal Agents"）[3] 一文也涉及实践推理与认知经济的思想。作者表示此文受到了伍兹和嘉贝《新逻辑》（"The New Logic"）[4]的启发。

康宁汉的"易逝主体"观点与实践推理和认知经济的思想相似，并在此基础上有所前进。作者重点阐释了实践推理的临时性与易逝性特征。

---

[1] 该书于2005年由多伦多大学出版社（University of Toronto Press）发行。此书全面反映了约翰·伍兹学术思想的研究现状（其中就包括伍兹的谬误思想），是系统了解伍兹学术观点甚至是学术思想发展走向的绝好参考书。该书由26篇论文构成，它们的作者在当今学界普遍具有影响力。论文的主题则是围绕约翰·伍兹学术生涯所涉及的不同领域，其中包括：第一章，现实（reality）；第二章，知识（knowledge）；第三章，逻辑和语言（logic and language）；第四章，推理（reasoning）和第五章，价值（values）。值得一提的是，伍兹就作者们提出的问题以及对其思想的理解给予了答辩和纠正，并以回复（respondeo）的形式附于每章末尾。

[2] Kent Peacock and Andrew Irvine, *Mistakes of Reason: Essays in Honour of John Woods*, Toronto: University of Toronto Press, 2005, p. 3.

[3] 吉姆·康宁汉是来自伦敦大学帝国理工学院（Imperial College, London）的学者，其《易逝的主体》一文收录在《理性的错误：约翰·伍兹荣誉文集》中，是该文集众多高质量论文之一篇，分属于第四章："推理"（reasoning）。

[4] 参见 Dov Gabbay and John Woods, "The New Logic", *Logic Journal of the IGPL*, Vol. 9, No. 2, 2001。

他认为，实践主体的初始知识、信息处理速度、先前经验的持久性是有限的，由此导致了实践主体的当下知识和信念也是有限的。并且，主体之所以在处理信息时会遇到资源短缺的麻烦，主要由于主体自身的"短暂易逝性"（temporal nature），这不仅仅是信息处理时间的限制，还包括从其环境中获取经验的时间限制以及推理本身的临时性和易逝性。伍兹对此表示认同："正如康宁汉提醒我们的那样，人类推理者是一种在其大脑中进行思考的主体，这种思考带有短暂易逝的特点。行动者带着这种短暂易逝的思考来处理现实世界中的各种问题。"①

康宁汉发现实践推理具有短暂易逝的特性，与此相关的一系列观点在某种程度上丰富和发展了伍兹新谬误观。

此外，戴尔·杰奎特（Dale Jacquette）以及里士满大学（University of Richmond）的杰弗里·戈多（Geoffrey Goddu）于2004年和2005年分别撰文，对《认知系统中的实践逻辑》丛书的前两卷进行介绍。② 此时，伍兹的新近谬误思想还处于草创阶段，许多基础性概念和理论是第一次提出，并未达到十分完善的水平。伍兹本人也多次提道："在该理论的许多方面，较之于'能够做的'那些工作，我们'期待做的'其实更多。准确地说，是比我或一本书所能做的工作更多。这意味着，我最好将理论的涵盖面尽量扩大，从而对理论深度做出妥协。"③ 在这种情况下，杰奎特和戈多没有对理论本身给予过多挑剔性的评论，而只是就著作内容进行介绍性质的转述（A Practicallogic of Cognitive Systems）。因此，对其不做赘述。前面有述，伍兹于2013年出版了《理性之谬：将推理逻辑自然化》（以下简称"理性之谬"）一书，即《认知系统中的实践逻辑》丛书的第三卷。较之于前两卷，该书在深度和广度上进一步加强，理论形态也渐趋稳定和完善。基于此，这里重点介绍学界对此书的评论。

由于新著的出版日期是2013年7月24日，目前可见评论只有两篇书

---

① Kent Peacock and Andrew Irvine, *Mistakes of Reason: Essays in Honour of John Woods*, Toronto: University of Toronto Press, 2005, p.448.

② 杰奎特为第一卷：《行事相关性：形式语用学研究》（*Agenda Relevance: A Study in Formal Pragmatics*）撰写了书评；戈多则为第二卷：《溯因推理研究：洞察与试验》（*The Reach of Abduction: Insight and Trial*）撰写了书评。

③ John Woods, *Errors of Reasoning: Naturalizing the Logic of Inference*, London: College Publications, 2013, p.41.

评，其作者分别是阿伯丁大学的青年学者弗朗西斯科·伯托（Francesco Berto）和内华达大学的资深学者毛里斯·菲诺切罗（Maurice Finocchiaro）。此处，依据发表的时间顺序对书评进行详细介绍。①

伯托的文章应该是继伍兹新著发表之后跟进的第一篇评论性文章。②作者认为，《理性之谬》所阐发的思想是对以归纳和演绎逻辑为代表的正统逻辑观的批判。进而指出："该著作的核心观点是：传统谬误理论是一个彻头彻尾的（radically）错误。然而，伍兹之所以敢于做出如此大胆的否定，是以其复杂的且经过高度修正的那些关于人类推理的哲学观点为背景。在我看来，这种思想是这本书最为有趣的地方。在某种意义上说，此书对传统谬误理论的批评正在成为其在相关领域的主要应用功能。"③

从作者的上述观点可以看出，他对约翰·伍兹最新思想的把握是比较准确的，看到了《理性之谬》一书的核心要旨是对传统谬误理论的批判，认识到传统理论之所以被全盘否定，是长久以来谬误研究受所谓演绎和归纳之主流观念把控的结果。而这也使近现代谬误理论的发展陷入尴尬境地。由此可见，就上述观点来说，伯托对伍兹的理解未有太大偏差。然而，这种理解并不全面。事实上，在伍兹那里，传统逻辑观的干扰只是问题的一个方面，导致谬误研究之偏轨的另一个因素是逻辑学家对"错误推理"（error of reasoning）的固有偏见，因为"传统观念认为，逻辑研究的是正确推理的原则。……'错误'等同于'无效性'是逻辑学家根深蒂固的观念。然而，演绎逻辑是关于有效性的理论。而无效性概念的价值则被剥夺得一干二净，从而沦为有效性的副产品。……在演绎逻辑中，有效性概念的地位更高。如此看来，错误推理是寄生于正确推理的原则之下的"④。由此可见，在伍兹的观念里，"正统逻辑观的负面

---

① 伯托关于此书的书评发表于 2013 年 10 月 11 日。目前来看，它应该是关于伍兹《理性之谬》的第一篇书评。而菲奥切罗的书评较伯托晚，于 2014 年的 2 月 4 日发表于美国圣母大学（University of Notre Dame）的"哲学评论"（Philosophical Reviews）网站上。

② 伯托是第一个对伍兹新著撰写书评的学者。上述判断以如下工作为基础，即通过运用 Springer、Jstor 以及 Scholar. Google 等主要外文搜索引擎，截至 2014 年 4 月 18 日，未发现有相关文章早于伯托。

③ Francesco Berto, "Review of Errors of Reasoning: Naturalizing the Logic of Inference", by John Woods, *Journal of Logic and Computation*, Vol. 24, No. 1, 2013.

④ John Woods, *Errors of Reasoning: Naturalizing the Logic of Inference*, London: College Publications, 2013, p. 2.

影响"以及"对错误推理的偏见"共同导致了传统谬误理论的"失败"。这才是他拒斥传统理论的较为全面的原因。

此外,伯托将文章的绝大部分篇幅用在了对新观点、新概念的介绍上。如约翰·伍兹新提出的"概念表错位说""认知价值说"以及"第三类推理"等概念。至于它们的内涵如何,前面已有所讨论,此处不做赘述。

毫不夸张地说,伯托对《理性之谬》中的最新思想介绍得极为详细,从对书中若干新概念的深入剖析,再到对主要章节内容的耐心引介,可谓丝丝入扣。但略显不足的是,作为一篇述评性文章,对新著的内容很少做出批判性讨论,一些必要得出的结论也未能更多地见于纸端。所以从总体上看,此篇文章乃为"述有余而评不足"。但事情的另一面是,如果以此文作为概括了解伍兹最新谬误理论的引导性图谱,则是较为适当的。从此种意义上讲,伯托的文章具有一定的学术价值。

较之于青年学者伯托,菲诺切罗作为研究界资深学者其学术眼光更为锐利,在前者那里未被指出或未被明确指出的一些问题,在后者处则得到清晰阐明,其观点具有一定见地。

菲诺切罗为《理性之谬》写的书评,首先对《理性之谬》一书的工作给予简要概括:"伍兹的新著完成了三项任务。首先,它构建了一种自然化的逻辑。该逻辑意图成为带有自然化的认识论特征的逻辑理论。其次,它详细描述了关于第三类推理的理论。这类推理既不是演绎的或演绎地有效的,也不是归纳的或归纳地可能的。同时,它也并未打算如此,因为这对第三类推理来说并不合适。最后,新著对谬误给了清晰说明,包括如下被认作谬误的论证实践活动,如肯定前件、轻率归纳以及诉诸人身攻击等。"[①] 此外,菲诺切罗还详细介绍了与伍兹近期谬误思想有关的一系列背景文献。其中,以《理性之谬》这部新著为重点,阐述了该书蕴含的众多新观点、新内容。

当然,上述信息也可通过阅读约翰·伍兹原著或本书相关部分来获取,所以点到为止。此处,集中讨论菲诺切罗对伍兹最新谬误理论的异议。他认为,以下两点需要与《理性之谬》的作者商榷。

---

[①] Maurice Finocchiaro, "Review of Errors of Reasoning: Naturalizing the Logic of Inference", by John Woods, *Argumentation*, Vol. 28, No. 2, 2014.

首先，菲诺切罗对新著中普遍使用的"分析的直觉方法"持异议。在新著中，最常用的论证方法之一是"故事叙述"。故事情节通常是，某虚构人物借助推理来完成与知识或认知有关的任务，进而从中推测出关于知识、推理或认知的一般性概括。其中，版本最长的一个故事讲述了外星生物造访地球意在观察人类的认知活动。① 菲诺切罗认为，此类论证手法通常见于分析哲学家。② 当他们期待得到某些结论时，就会用讲故事的方法，试图让读者依靠直觉力从中感悟其想要表达的观点。菲诺切罗就此而论，提出了第一个异议："伍兹的'自然主义方法'只是上述'分析的直觉方法'（analytic-intuitive method）的备选方案，后者对前者来说并非必须。自然主义方法的经验导向（empirical orientation）是对认知经验科学进行定律式（law-like）的一般性概括。所以，伍兹实际使用的方法更类似于分析的直觉方法，而并非如他所声称的自然主义方法。"③ 由此可见，菲诺切罗似乎对这种诉诸直觉的论证方法并不完全认同。在他看来，直觉是滋生模糊性和主观性的温床。所以，必然与作为最新谬误理论之基础的自然认知科学的精确性和客观性产生矛盾。

其次，菲诺切罗对新著阐发的传统谬误之"成瘾性"特征持异议。约翰·伍兹认为，传统谬误被赋予"EAUI"特质，其中之一就是所谓的"成瘾性"，即"EAUI"中的"I"所指代的"incorrigibility"。其含义是："它们是坏的习惯。它们是非常不易被打破的，在这层意义上说，它们是成瘾的。"④ 然而在菲诺切罗看来，传统理论并未赋予谬误以所谓的"成

---

① 参见 John Woods, *Errors of Reasoning: Naturalizing the Logic of Inference*, London: College Publications, 2013.

② 确实如菲诺切罗所说，此类论述手法在分析哲学家那里较为常见。与约翰·伍兹的情况最为相似的是提出"语言转向"（linguistic turn）概念的美国分析哲学家理查德·罗蒂（Richard Rorty）。简而言之，在《哲学与自然之镜》（*Philosophy and the Mirror of Nature*）中，罗蒂假想了一种名为"对跖人"（The Antipodeans）的外星生物。这种生物从各个方面来看都与人类相差无几，并且创造了相似的文明，只是它们并不知道自己有所谓的"心"。罗蒂试图以这样一个故事让读者体悟出："心"的概念对于我们来说并不是必要的。书中也存在着一支探险队。不过与伍兹的外星生物造访地球相反，罗蒂是将探险队派到了"对跖人"所在的星球。此外，还有希拉里·普特南（Hilary Putnam）的"孪生地球"（Twin Earth）等例子，此处不一一列举。

③ Maurice Finocchiaro, "Review of Errors of Reasoning: Naturalizing the Logic of Inference", by John Woods, *Argumentation*, Vol. 28, No. 2, 2014.

④ John Woods, *Errors of Reasoning: Naturalizing the Logic of Inference*, London: College Publications, 2013, p. 135.

瘾性"特征。

他认为，传统谬误应该具有以下几种特征，即："谬误是一种带有普遍性并隶属于某种类型的推理，它看似正确实则错误。这些特征是将某个认知实践（cognitive practice）判定为谬误的充分必要条件。"[①] 可以看到，菲诺切罗并没有将伍兹所说的"成瘾性"特质包含在内。在他看来，某个认知实践之所以为谬误，并不取决于它是否具有"成瘾性"。换句话说，具备"成瘾性"特征，既不是认知实践之为谬误的充分条件，也非必要条件。此外，菲诺切罗还强调："在历史文献中，我也不认为有任何真实的线索用以佐证传统观念确实赋予谬误以'成瘾性'这个特征。"[②] 他援引谬误研究的传统主义者怀特莱进行自我辩护。后者在1859年的《逻辑要义》中对谬误有以下定义："普遍认为，谬误是一种不健全的论辩模式。该模式看似值得相信，且对于论辩来说极为重要，但实际上并不如它看似的那样。"[③] 菲诺切罗认为，在这个关于谬误的经典定义中，并未发现任何"成瘾性"特征的痕迹。

我们的观点是，上述争议是见仁见智的问题，无法做出孰对孰错的断言。伍兹用批评、发展甚至是重建的意识看待传统谬误观，因此会很自然地从自身的理论诉求出发，提出诸如"成瘾性"这类带有认知和心理主义色彩的概念，这种做法本身无可厚非。菲诺切罗援引谬误研究之经典作家的观点，用以佐证传统谬误概念不具有"成瘾性"特征，这种谨慎的态度也并不是不恰当的。退一步讲，至于谬误的本质到底如何以及具有怎样的特征，毕竟是一些相对哲学化的问题，存在争议也是再自然不过的事情。

## 二 国内研究综述

较之于海外学界，国内的伍兹谬误思想研究还处于起步阶段。总体上看，国内的研究呈现出三个特征，其中既有不足也有令人振奋之处：

---

[①] Maurice Finocchiaro, "Review of Errors of Reasoning: Naturalizing the Logic of Inference", by John Woods, *Argumentation*, Vol. 28, No. 2, 2014.

[②] Maurice Finocchiaro, "Review of Errors of Reasoning: Naturalizing the Logic of Inference", by John Woods, *Argumentation*, Vol. 28, No. 2, 2014.

[③] Richard Whately, *Elements of Logic*, Replica of 1875 ed. by Longmans, London: green and co., 2005, p. 168.

第一，研究的深度不够，基本上诉诸宏观介绍；第二，由于追求理论的时新性，从而忽略了对思想的发展史及其内在逻辑的研究；第三，广泛开展与西方甚至海外学术界的理论交流活动，这种积极融入国际学术共同体的做法，为国内谬误研究事业的发展打下了良好基础。下面就对伍兹谬误思想在国内的研究现状做一概述。

国内较早提及约翰·伍兹其人并对他的谬误思想给予简短介绍的是南开大学的王左立。《逻辑与语言学习》于1990年3月刊载了他的《非形式逻辑——一个新的逻辑学分支》。在该文中，作者重点介绍了当代西方非形式逻辑理论的发展状况，并且认为非形式理论分为论证理论和批评理论。伍兹和沃尔顿的谬误理论隶属于批评理论。作者指出，谬误理论以论证中出现的谬误为研究对象，所以它很自然地成为逻辑学家评价论证的工具，而伍兹和沃尔顿的谬误理论就是这种评价工具之一种。文章还简要介绍了伍兹和沃尔顿的《论证：谬误的逻辑》一书，认为此书采取了对论证进行谬误分析的评价方法："他们（指伍兹和沃尔顿）把论证分为六种不同的类型，即：争叫或争吵性的论辩、辩论、命题演算、归纳论证、合理的论证和辩证论证。他们认为，辩证的论证是最一般的论证，是其他几种论证的综合。"[①]最后，对伍兹和沃尔顿的谬误分析法给予了简要点评，认为二者把每一种类型的论证和某些类型的谬误对应起来，这样就可以把谬误看成某一种类型的论证中出现的逻辑错误。该文是国内较早提及伍兹及其谬误学说的文献，具有一定价值。

2007年，南开大学的博士研究生李永成在《沃尔顿谬误理论研究》的博士学信论文中再次涉及了伍兹的前期思想。李永成的论文的主要内容是对沃尔顿谬误思想的研究，然而，由于伍兹和沃尔顿从20世纪70年代初至80年代中后期的长期合作，在介绍沃尔顿的同时也必然涉及伍兹。论文在回顾沃尔顿谬误思想的发展阶段时，涉及了他与伍兹合作时期的谬误思想，即谬误的形式分析思想。论文主要从三个方面来介绍这段时期的谬误思想，分别是"合作时期""范例：诉诸无知谬误"以及"后续分化期"。在论述伍兹与沃尔顿的"合作时期"时，作者认为，以《文选》为代表的伍兹和沃尔顿早期谬误思想，虽然以对谬误进行形式分析为基本套路，但并未完全否定论辩方法在解决谬误问题时的效用，他

---

① 王左立：《非形式逻辑——一个新的逻辑学分支》，《逻辑与语言学习》1990年第1期。

指出:"伍兹和沃尔顿合著的《谬误:文选1972—1982》中关于谬误本质是逻辑还是辩证的问题上并未采取固定立场。这说明了伍兹和沃尔顿早期著作的开放性,他们对逻辑和辩证因素给予了平衡考虑。"[1]作者进而指出,这种形式化方法在对具体谬误的分析时并未局限于特定的形式逻辑系统,因而具有更多的灵活性和适应性,对某些特殊谬误的分析也比传统的谬误理论更加进步。然而,其问题在于,形式的分析法要求掌握众多的逻辑体系,这对于一般人来说可能是相当困难的,这与谬误理论试图提供关于自然语言论证的分析和评价工具有一定距离。在"范例:诉诸无知谬误"的部分中,李永成以诉诸无知谬误为例展示了伍兹—沃尔顿方法的具体操作步骤和分析套路。技术性问题不是本书的重点,在此不作赘述。在对"后续分化"部分的论述中,作者在指出了伍兹和沃尔顿学术分手这一事实的同时,还分别阐述了他们后续研究中的一系列工作。当然,论述的重点在沃尔顿那里,关于约翰·伍兹的内容不多。

较之于20世纪90年代初非形式逻辑刚刚传入国内那一时期,李永成关于伍兹前期谬误思想的研究,无论在篇幅的大小,还是理论的相对深度上都有了较大提高。这说明:一方面,虽然直至2007年,国内学界对伍兹谬误思想的研究仍然寥寥无几,但总的趋势则是向前和向深发展,至少从研究量的角度看呈一种积累的趋势[2];另一方面,作者从理论史发展的角度切入问题,梳理了伍兹(及沃尔顿)前期谬误思想的发展脉络,这说明其意识到了对思想史及其发展逻辑(规律)进行研究的重要性。我们认为,持一种历史地解读伍兹谬误思想的意识是重要的,我们会将这种意识融入本书大部分章节的写作当中。

最近几年,伍兹基于实践推理和认知经济的谬误观渐趋成熟,与此相关的文献逐年增多,尤其是伍兹与嘉贝合作推出的《认知系统的实践逻辑》系列著作,为其新谬误观打下了相对稳固的理论基础。延安大学的武宏志对此有过专论。武宏志长年从事非形式逻辑和谬误理论研究,他就伍兹新近的谬误思想先后撰写了两篇论文,即2008年10月《重庆工学院学报》(社会科学版)第10期刊载的《逻辑实践转向中的非形式

---

[1] 李永成:《沃尔顿谬误理论探析》,博士学位论文,南开大学,2007年,第127页。
[2] 当然,这里所谓的"研究量"事实上就是指李永成论文的第4章第1节的第1部分,除此以外,自20世纪90年代初至2007年,未发现专门针对伍兹谬误思想的文献。

逻辑》，以及 2009 年 2 月《延安大学学报》（社会科学版）第 1 期刊载的《基于实践推理和认知经济的谬误理论》。与后一篇论文同年，由人民出版社出版了武宏志、周建武、唐坚合著的《非形式逻辑导论》（以下简称"导论"），该书细致地探寻了非形式逻辑的起源，辨析了其概念含义，评介了这种新逻辑的先驱理论，探讨了该学术领域的核心问题，如论证结构、论证类型、论证评估标准、论证形式和谬误等。由于两篇论文的内容已经被浓缩进《导论》的相应章节，这里就以后者为范本介绍其对伍兹新近谬误观的研究情况。

该书的绪论和第十六章第四节涉及了伍兹的最新谬误观。绪论主要探讨的是逻辑实践转向中的非形式逻辑，逻辑实践转向事实上是伍兹基于实践推理和认知经济谬误观的基础性预设。伍兹和嘉贝在《哲学逻辑手册》（Handbook of Philosophical Logic, 2$^{nd}$ ed., Vol. 13, 2005）第十三卷的《逻辑的实践转向》（The Practical Turn in Logic）中，以及他们与汉斯·奥尔巴赫（Hans Ohlbach）在《论证和推理逻辑手册：转向实践》（Handbook of the Logic of Argument and Inference: The Turn Towards the Practical）的《逻辑学和实践转向》（Logic and the Practical Turn）中，提出了对 20 世纪 70 年代以来逻辑发展趋向的一般概括，即逻辑的实践转向。伍兹指出，这种转向不仅表现在逻辑内部新分支的涌现，也体现在计算机科学和人工智能所要求的新逻辑中，更凸现于非形式逻辑和论辩理论的崛起中。逻辑的实践转向是逻辑史上的一次重大革命："这种观点是一种逻辑的行为（agency）观点，它预示返回思维规律路径。按此行为观点，逻辑是推理理论，是一种思维者做什么，在他身上发生了什么的理论。因此，一种实践逻辑是关于实践主体思维和反省什么，考虑和决定什么以及行动的逻辑。如果说，语言学概念使得对逻辑学家关心语言是一种什么类的东西是必要的，那么，行为观点使得有必要关心一种实践主体是和类东西。"[1]

武宏志等人在绪论中阐述了伍兹与嘉贝提出的逻辑实践转向概念，此概念对于理解基于实践推理和认知经济的谬误观是极为重要的，后者事实上是对所谓逻辑实践转向的一种证明。伍兹的这种基于实践推理与认知经济的思想对主体或推理者的依赖，远超于之前一切基于抽象推理

---

[1] 武宏志、周建武、唐坚：《非形式逻辑导论》，人民出版社 2009 年版，第 10 页。

的谬误理论，主体和推理者归根结底是实践性质的，实践除了考虑思维的形式以外，更看重的是主体的现实状况对其思维产生哪些影响，以及二者具有怎样的关系。武宏志等人对逻辑实践转向的详细介绍，为理解伍兹基于主体推理和认知经济的思想提供了帮助，也为那些不了解伍兹新近谬误思想的读者提供了背景知识。此外，将逻辑实践转向放在《非形式逻辑导论》的绪论这样一个重要的位置上介绍，也表明在导论作者的观念里，伍兹与嘉贝的这一提法对当代非形式逻辑及谬误理论具有某种扩容性意义，至少该书作者是认同这一提法的。

《导论》第十六章第四节介绍了基于主体推理和认知经济的谬误理论。在这部分中，作者讨论了伍兹与嘉贝合作的系列著作《认知系统的实践逻辑》中关于认知经济学的内容，并提炼出四个基本概念，即熟练规避不相干信息、依靠回溯做出智力跳跃的能力、系统地使用传统上视为谬误的策略、灵活地用质问作为便宜地获取信息的手段。《导论》的第十五章第三节还对伍兹和沃尔顿的形式分析方法给予了讨论，并提炼出该方法的两点特征，即形式主义和多元主义特征。

南京大学的博士研究生陈鑫泉于 2014 年完成了他的博士学位论文，题为"约翰·伍兹的谬误理论研究"[①]。此外，还发表了两篇论文，分别是《伍兹谬误理论及其重要意义》和《伍兹谬误理论与当代主流谬误理论的比较研究》。前者刊载于 2014 年 2 月第 1 期的《延安大学学报》（社会科学版），后者则刊载于 2014 年 5 月第 5 期的《贵州社会科学》。这两篇期刊论文是陈鑫泉博士学位论文的阶段性成果，本书以其博士学位论文作为述评范本。

该文的基本结构和主要内容包括六章。第一章，"导言"：对伍兹的谬误思想给予一般性概括。第二章，"谬误理论的伍兹—沃尔顿方法"：对包括汉布林在内的谬误理论史给予简单回顾，并对约翰·伍兹前期的形式方法给予论述。第三章，"实践逻辑：伍兹考察谬误的立足点"：对伍兹近期思想之较早阶段的实践逻辑理论给予阐述。第四章，"伍兹的认知经济的谬误理论"：对实践逻辑中的认知经济学进行论述。第五章，"伍兹谬误理论的优势"：首先阐述了爱默伦的语用—论辩术和沃尔顿的新论辩术，其次通过将这两种谬误理论与伍兹的实践逻辑加以比较，进

---

[①] 陈鑫泉：《约翰伍兹的谬误理论研究》，博士学位论文，南京大学，2014 年。

而得出了后者所具有的三个优势，即通过突出推理行为而对主流谬误理论的对话框架给予突破；重视推理主体并且强调谬误评估的理性标准；坚持谬误分析的多元主义，通过深化逻辑而深化谬误理论。第六章，"结语"：在这一部分，作者得出了关于伍兹谬误思想研究的三点结论。简言之：需要进一步协调高标准的推理评价标准与客观的评估标准之间的关系；需要进一步弄清个体主体的认知目的是求知，还是现实的需要；应该将伍兹的思路和图尔敏的思路加以整合，反对用一两个统一的高标准要求所有的推理。

陈鑫泉的论文思路清晰、论述缜密，且最终得出了一些较具洞察力的结论。从这层意义上说，此文作为伍兹谬误思想的国内研究成果具有一定价值。事实上，该文与本书的主要不同之处有两点。

第一，该文没有收录约翰·伍兹于2013年7月出版的最新著作《理性之谬：将推理逻辑自然化》。这就意味着，它不会涉及作为伍兹近期谬误思想之最新发展的自然化逻辑理论，以及由此正在引发的逻辑的自然转向趋势。

第二，与上述第一点相关，该文的论述重点是伍兹的实践逻辑理论，而本书的核心议题则是在实践逻辑的基础上新近发展起来的自然化逻辑，以及由之引发的逻辑学的自然转向趋势。

总体来看，陈鑫泉的论文较为详细地阐述了伍兹近期谬误思想中的实践逻辑理论，且无论如何也是国内第一篇论述伍兹谬误思想的博士学位论文，具有重要的学术价值。

此外，伍兹本人还在中国刊物上发表过一篇论文，名为"实用逻辑的新领域"，刊载于2007年1月第1期的《北京大学学报》（哲学社会科学版），由刘叶涛翻译。伍兹在文中区分了两种逻辑观，即语言的逻辑观和智能体的逻辑观。前者把逻辑看作一种关于论证（argument）的理论，论证是一种语言结构，逻辑研究论证的结构特性；后者把逻辑看作一种关于推理（reasoning）的理论，一种关于推理者（reasoner）做了什么以及在他身上发生了什么的理论。作者指出，实践逻辑是一种关于实践的智能体做了什么以及思考了什么的理论，这种逻辑将大大地突破演绎的范围，去研究许多新课题。文章的主要内容是关于实践逻辑以及基于实践推理和认知经济之谬误观的，这些论题将在本书的相应章节中详细探讨，在此不做赘述。

## 第一章 导论

值得我们注意的一个动态是,伍兹与中国学术界之间的交流与互动日显频繁,也表现出了他对中国谬误研究领域的关注。

首先,以南开大学的翟锦程为例。翟锦程教授以中国逻辑史研究见长,常年从事相关领域的研究工作。其在 2011 年以英文的形式发表了名为"墨家推理模型的新解释"("A New Interpretation of Reasoning Patterns in Mohist Logic")一文。该文从逻辑思维的一般特征出发,对墨家逻辑给予新的阐释,其主要观点是:"墨家逻辑是中国逻辑思想研究的基点,同时也是构成中国逻辑之体系研究的核心部分。目前,国外学界已经开始将中国逻辑视为一种'非印欧体系'的独特逻辑类型并对其给予相应的研究,这一事实充分显示了中国逻辑作为一门独立学科的价值。中国逻辑思想的当代研究正处于一种'中国逻辑取向'与'中国文化取向'的交叠状态,因此必须采取双重视角来对其给予研究。逻辑是一种形式工具,它诉诸'有效性'的标准,借助逻辑的这种一般性质来研究墨家逻辑势必会形成一种新的方法。"[①] 可以想见,中国逻辑作为一种非印欧语言系统的逻辑类型与西方的逻辑思想有着显著的差别。然而,目前国际上的主流谬误理论无一不是从亚里士多德的西方逻辑视角来探讨谬误问题的。基于这种情况,如果从有别于西方的中国逻辑视角来切入谬误研究领域的话,那么也许会得出一些不同于以往的结论或成果。

2012 年,伍兹与嘉贝(Dov Gabbay)、弗朗西斯·佩莱梯尔(Francis Pelletier)编辑出版了《逻辑史手册》(Handbook of the History of Logic)的第十一卷,名为"逻辑学的核心概念发展史"(Logic: A History of its Central Concepts)。伍兹亲自担纲该卷第十章的撰写工作,即"西方逻辑中的谬误史"(A History of the Fallacies in Western Logic)部分。文中,伍兹提到了翟锦程在中国逻辑及谬误方面的研究,他说:"翟在其 2011 年的论文中以墨家逻辑为背景对谬误相关问题展开过极具价值的讨论。"[②] 由此可见,伍兹已经关注到了中国谬误研究领域的相关动态。

其次,以中山大学逻辑与认知研究所为例。2012 年 11 月 3 日至 18

---

[①] Jincheng Zhai, "A New Interpretation of Reasoning Patterns in Mohist Logic", *Studies in Logic*, Vol. 4, No. 3, 2011.

[②] Dov Gabbay and John Woods, Francis Pelletier, eds., *Handbook of the History of Logic*, volume 11: *Logic: A History of its Central Concepts*, Amsterdam: North-Holland, 2012, p. 513.

日，伍兹受该所之邀做了三场以非形式逻辑为主题的学术报告：1. 谬误逻辑（The Logic of Fallacies）；2. 溯因推理（Abduction）；3. 脆弱的论证（The Fragility of Argument）。其中，名为"谬误逻辑"的讲座应是本书关注的重点。该讲座分三小讲：逻辑的自然化（Naturalizing logic）；西方传统谬误观念解读（Unpacking the Traditional Western Concept of Fallacy）；传统谬误是否真实存在？（Do the Traditional Fallacies Actually Exist?）我们从伍兹"谬误逻辑"讲座的内容安排上解读出以下两点。第一，伍兹将会坚持自然化逻辑的新谬误理论，并在此条道路上走下去。自然化逻辑是伍兹当下最为重视的谬误理论，否则也不会横跨太平洋将其带到遥远的中国的大学报告厅里。第二，从讲座内容安排上推知，伍兹的谬误研究具有一种历史考察的意识或特征。因为，暂且不论伍兹对传统谬误理论持支持还是反对的态度，单就其在三场"谬误逻辑"讲座中分给"传统谬误理论"两场，就可看出，伍兹对谬误的传统观念及理论是有所关照的。所以说，伍兹对谬误研究持有一种较强的史学意识。

此外，该所还邀请了其他著名的非形式逻辑或谬误理论家进行交流讲学，如汉斯·汉森（Hans Hansen）、安东尼·布莱尔、拉尔夫·约翰逊、范·爱默伦、克里斯托弗·廷代尔（Christopher Tindale）、詹姆斯·弗里曼（James Freeman）。这些都说明，国内学界已经开始积极与国外谬误研究界接触、互动和交流，试图从中学习有益的东西。在这一互动的过程中，伍兹的最新谬误思想也得以较为直接地为国内学术界所知，有利于国内学者开展对伍兹谬误思想的研究工作。

## 第三节　所采用的研究方法

本书采用以下三种方法对伍兹的谬误思想进行研究，即历史坐标定位法、文献分类研读法和理论实时探究法。

### 一　历史坐标定位法

历史坐标定位法可分为具有历史纵向特征的历时联系法和具有现时代横向特征的共时比较法，项目要考察的就是处于这一横一纵两条主线之交汇点上的伍兹学术思想，通过横轴和纵轴的交叉定位，来对该思想进行精准探究。

首先阐述历时联系法。历时联系法是通过历时性的考察方法来探究伍兹学术思想的历史背景和理论渊源。亦即在两千多年之逻辑史的浩瀚海洋中捕寻线索，意在从历史的角度将伍兹的思想与史上相关的谬误理论进行关联。

其次阐述共时比较法。共时比较法包括两个层面。第一，分析伍兹学术思想所处时代的总体特征，以及这一理论得以产生的社会根基和文化背景。伍兹学术思想的产生与发展与其所处时代的社会背景和文化特征有着密切联系。第二，将其学术思想与同时代的其他理论进行比较研究，通过分析其他类型的理论，从而用更加宽广的视野从不同角度来反思和发展伍兹的观点，对其进行更深层次的探索。

### 二 文献分类研读法

本书涉及的参考文献有两种：一种是"一手文献"，即伍兹本人的英文原著；另一种是"二手文献"，即西方其他作者对伍兹的评述以及同处谬误研究领域的相关著作。

一方面，研读原著是与作者在思想上进行交流与融通的最直接途径，有利于全面、精准地把握其思想要旨，这是本书得以在较高水平上进行研究的必要保障。另一方面，随着伍兹谬误思想的影响日益扩大，西方学界的其他学者也纷纷开始对其理论给予关注，并撰写了数量可观的评论性文章。事实上，这些文章蕴含了大量的关于伍兹谬误思想的真知灼见，同样具有很高的参考价值。

基于上述原因，文献分类研读法的基本策略是在主攻一手文献的同时，配合二手文献的研读，即所谓的"一手文献为主、二手文献为辅"的方法论策略，旨在精确、系统地把握伍兹学术思想的原貌。

### 三 理论实时探究法

理论实时探究法是体现本著作之优势的一种方法。在前期成果的研究过程中，著者以通信的方式与伍兹本人取得了联系，建立了稳固的学术交流与合作关系。以此为契机，所谓"理论实时探究"实际上具有两层含义：其一，基于与伍兹建立的学术交流关系以及当代互联网即时通信的便捷条件，当文章撰写过程中需要就某些观点进行商讨或遇到艰深的问题之时，可以在第一时间与伍兹就这些观点或问题展开针对性的探讨，从而获得较为牢靠的理论支持和路径指示。其二，当伍兹生发出任何关于谬误的新观点或新思路时，可以在第一时间获知，而避免由于书籍出版或著作转译所需的冗长时间从而大幅度延误甚至遗漏对这些新思想或新观点的把握。这就在很大程度上保障了著作的质量及其所释理论的时新性，并从根本上杜绝闭门造车和主观臆想的研究大忌。

## 第四节 研究的创新及难点

### 一 研究创新

第一，研究了最新的自然化逻辑以及自然转向的观点。国内对伍兹谬误思想的研究表现为稀少、零散和相对滞后的特征，对伍兹新近构建的自然化逻辑及其促发的逻辑自然转向趋势更是未有涉及。面对这种情况，本书将刻意加大对二者的研究力度。自然化逻辑将处于当代学术前沿的心理与认知科学、经济学以及自然化的认识论加以改造与融合，进而形成具有独特理论风格及反传统特征的学科交叉型理论。其中涉及对传统谬误论、主流逻辑观以及重大逻辑哲学问题的批判、发展甚至重建。自然化逻辑业已成为当下逻辑学界的焦点议题。由之驱动的逻辑之自然转向更是从宏大的逻辑史层面对此前的数学转向和实践转向进行了批判性反思和继承性发展。伍兹提出的自然转向观点对逻辑史研究具有重要的启发和推动作用。

第二，探寻了自然化逻辑的早期思想渊源与理论传承。伍兹在构建自然化逻辑之初并未对该理论于逻辑史上的思想渊源和理论传承给予详究。本书试图弥补这方面研究的不足，即：根据自然化逻辑的特点返回不同的历史阶段去追根探源，在逻辑史中寻找与该理论具有"亲缘"关系的学术思想或观点，并对它们进行分析、梳理与整合，进而达到反哺自然化逻辑研究的目的，旨在使后者更加充实、丰富和完整。这种回溯某一理论的"家族研究史"并以此为素材反哺该理论的治学方法可以被视为一种创新性研究。目前为止，已经挖掘出来的可能作为自然化逻辑之早期思想渊源的学说包括但不限于：以《辩谬篇》为代表的亚里士多德之早期逻辑中的相关理论、与亚氏处于同一时代的古希腊智者学派的相关思想，以及近代以来的杜威的"实用自然主义"、奎因的"自然化认识论"，以及图尔敏的"非形式论证理论"等等。

第三，将伍兹置于中国特色人文话语体系中加以研究。著作最具意义的创新点是将伍兹谬误思想研究与推进中国本土谬误理论复兴、建设中国特色人文话语体系相结合，进而将党的十八大提出的弘扬中国优秀传统文化的号召落到实处。中国本土的谬误思想是先秦名辩谬误论，它是在纯正中国文化下熏陶、在非印欧语言系统中孕育并以中国古代逻辑理论为烘托的谬误学说。上述"结合"的方法是将伍兹的谬误思想与先秦名辩谬误论进行比较研究，从而吸纳前者的理论精华为我所用。事实上，二者具有潜在关联。伍兹谬误思想中的现代心理学和认知科学因素以及西方逻辑史的研究范式完全可以反哺我国土生的名辩谬误论。这种"结合"与"借鉴"对于提升中国文化软实力、巩固中国在国际上的人文话语权具有积极意义。

第四，探讨了谬误推理研究之萎靡不振的深层次原因。亚里士多德早在《前分析篇》的三段论理论形成之前，就已经在《辩谬篇》中系统分析了13种非形式谬误。由此可见，逻辑学在其初始阶段有两条研究进路：一是谬误推理研究；二是有效推理研究。然而，在逻辑学的漫长发展历程中，前者日渐萎靡，而后者则一路高歌猛进，在数学转向之后尤甚。问题在于，逻辑学内部这种"失衡"的原因何在？人类是否具有这样一种天性，即喜好以形式理论之"求真"特征为代表的严格的、无疏漏的以及单调的推理模式，而恐惧以谬误理论之"尚假"特征为代表的灵活的、可错的以及非单调的思维形态？是否可以从当代心理学、医学、生物学、神经科学、脑科学、行为学、社会学以及文化研究等领域寻找答案？本书将从多领域、跨学科的角度来思考这些问题。

第五，建立了与伍兹的学术关联并掌握独家文献资料。在本书之前期成果的研究过程中不免遇到问题，因此本书作者以互通信件的方式与伍兹本人取得了联系，彼此建立了稳固的学术交流关系。在通信的过程中，就重要的学术问题与伍兹教授进行意见交流和观点互换。伍兹也给予积极回应。其中一封回信的篇幅将近2500英文字，包括伍兹以往从未公开发表过的最新观点，可将其视为独家的参考文献并于本书中给予进一步地专门利用（回信原文参见"附录"）。这就意味着，在本书的研究过程中可以得到伍兹的实时支持，这是一种很大的优势。此外，本书还把握了伍兹2013年的《理性之谬：将推理逻辑自然化》以及2014年的《亚里士多德的早期逻辑》这两部重要著作。而且，他于2016年最新发表的长文《逻辑的自然化》也被本书搜集到了。这些重要且最新的一手参考文献进一步保障了本书的研究质量。

第六，将伍兹的谬误思想体系完整且系统地引入国内。在长达数十年的治学生涯中，伍兹的谬误思想经历了内容的扩充、理论的深入乃至观念的转向，积累了渊深的学术内容。同时，西方学者对这些内容展开了广泛的探讨和关注。然而，国内的相关研究还保持着相对片面和零散的状态，仅有的研究也只着眼于伍兹治学生涯的某个阶段或其理论体系的某个局部，并不全面更勿论系统。与此不同，本书以历史分期的方法对伍兹的前、近期谬误思想之内容和关系做整体性考察，充分开掘其中关于逻辑史、逻辑哲学、一般逻辑观以及非形式逻辑的思想内涵，旨在将伍兹的谬误思想全面且系统地引入进来，为今后国内学界的相关论题研究打下治学基础。

## 二 研究难点

研究伍兹的谬误思想主要会遇到下列两点困难，这些困难同时也是伍兹谬误思想的基本特点，对它们进行准确预判与分析，有利于从总体上对其思想进行理解和把握。

第一，客观全面地反映伍兹的谬误思想需要海量研读。以人物思想为主题的论文面临一个共同的难题，即如何准确、客观地把握被研究者思想的全貌，本书更是凸显了这一点。以伍兹为例，其谬误研究活动从20世纪70年代初至今一直没有间断，直到2013年7月他还出版了关于谬误理论的新书，即《推理的错误：将推论逻辑自然化》。准确地说，伍兹的谬误研究活动至少已经持续了四十年。在如此漫长的时间里，他的谬误思想不断进化和发展，积累了大量理论内容，从前期与沃尔顿合作创建的形式化方法，到中期对形式化方法的辩护，再到近期与德福·嘉贝合作提出的基于实践主体的谬误观，其哲学思想之丰富、涉及逻辑领域之广泛，令人惊叹。面对这种时间跨度长、理论内容庞杂的思想体系，准确、客观地反映其全貌是本书的研究难点之一。

第二，深入精确地把握伍兹谬误思想需熟稔多种逻辑。伍兹谬误思想研究的另一个难点来自于技术层面。众所周知，伍兹与沃尔顿合作时期的谬误思想以形式方法著称，这是其早期谬误思想最为鲜明的特征。所谓形式方法，就是以形式逻辑为工具对不同类型的非形式谬误进行刻画和分析。该方法被学界誉为"伍兹—沃尔顿方法"。"伍兹—沃尔顿方法"事实上是一种"多元主义方法论",所谓多元,是指逻辑工具的多元,如图论和直觉逻辑、因果逻辑、辛提卡的对话系统、修辞逻辑以及劳特利的一致与完全性论辩系统等都可以拿来作为分析非形式谬误的工具。这样一来,在伍兹的文献中就会经常出现各种不同的逻辑概念和形式体系。对本书作者而言,虽然在平时的学习生活中掌握了一定的技术性工具,但面对如此众多的形式逻辑类型,必然会在理解和掌握上遇到一定困难。

# 第二章

# 思想渊源:西方经典谬误研究史及其影响

约翰·伍兹的谬误研究活动之所以能够长期保持活跃并且稳步发展,应得益于西方悠久深厚的谬误研究传统。该传统为伍兹的理论蕴思提供了丰富的素材和启发性观点。西方谬误研究史的主干由三部分构成:第一,以亚里士多德为代表的古代朴素主义谬误思想;第二,以培根、怀特莱、穆勒以及阿尔诺和尼古拉为代表的近代启蒙主义谬误思想;第三,以汉布林、柯比等人为代表的现代逻辑主义谬误思想。这些来自不同时代且具有不同学理风格的思想汇集到一起,潜移默化地影响着伍兹的谬误研究活动,且影响的方式各不相同。本章的主要任务就是从西方谬误研究史的角度探讨下列问题:首先,不同历史时期的谬误思想的基本内容是什么;其次,这些谬误思想的突出特征是什么;最后,它们与伍兹谬误思想的继承或批判关系是什么。借助对这些内容的说明和论证,本章的目的在于深入探索伍兹谬误思想的源与流。

## 第一节 亚里士多德的谬误思想

西方逻辑史上对谬误进行系统论述的第一人是亚里士多德。因此,正如讨论哲学"言必称希腊"一样,任何时候若想严肃地探讨谬误理论,那么很自然地"言必称亚里士多德"。他之所以对于谬误研究如此重要,是出于下面几点原因:首先,在亚里士多德的时代以前,罕有学者像他那样对谬误进行如此系统详尽的考究和论述;其次,在亚里士多德那个时代,几乎无人有勇气或天赋以谬误为主题专门著书立说,并能流传至

第二章 思想渊源:西方经典谬误研究史及其影响

今;最重要一点,亚氏对日常论辩中易范的谬误进行了详尽的搜集、整理和分类,这无疑为后世学者的研究提供了便利和启发。在这种情况下,可以很自然地认为,伍兹对谬误这一主题的思考不可能不受亚里士多德的影响[①],而事实上也确实如此。至于这种影响是什么,将在本节给予揭示。

## 一 亚里士多德谬误思想概要

《工具论》(*Organon*)是西方逻辑学研究的先锋之作,亚里士多德的谬误思想集中体现于此。《工具论》分为六篇,包括《范畴篇》(*Categories*)、《解释篇》(*On Interpretation*)、《论题篇》(*Topics*)、《辩谬篇》(*On Sophistical Refutations*)、《前分析篇》(*Prior Analytics*)和《后分析篇》(*Posterior Analytics*)。关于这些篇目的写作顺序,西方学界众说纷纭、意见不一。但一般来看,基本达成共识的次序为:《范畴篇》《解释篇》《论题篇(第一——七卷)》《后分析篇(第一卷)》《论题篇(第八卷)》《辩谬篇》《前分析篇》以及《后分析篇(第二卷)》。[②] 作为亚里士多德的逻辑学相关著作,《辩谬篇》与广受推崇的《范畴篇》《解释篇》甚至《前分析篇》相比似乎并不突出,在很长一段时间内未能引起学者们的注目。这种被忽视的现象不仅在中国存在,即使在其发祥地欧洲也不是没有:从欧洲思想史的角度看,亚里士多德的学说除了被中世纪的经院哲学家强行扭曲并征用外,似乎并不是什么主流。黑格尔就曾指出:"当人们沉迷于柏拉图时,亚里士多德的宝贵思想遗产却几乎从若干世纪以前直到现在还未被挖掘。对亚里士多德的最为荒谬的误解,阻碍并抑制着人们对他的尊敬。他的那些思辨的和逻辑的著作几乎无人知晓。"[③] 要知道,黑格尔生活在18—19世纪的欧洲。如果说亚里士多德的逻辑学著作

---

[①] 约翰·伍兹于2001年独立完成并在2004年与不列颠哥伦比亚大学(University of British Columbia)的安德鲁·艾尔文合作出版了关于亚里士多德早期逻辑思想的著作,内容均以亚氏的谬误理论为主要论说对象。两书同名,即"亚里士多德的早期逻辑"(*Aristotle's Earlier Logic*)。以此为据,影响是一定存在的。

[②] John Woods and Andrew Irvine, "Aristotle's Early Logic", *Handbook of the History of Logic*, volume 1: *Greek, Indian and Arabic Logic*, Amsterdam: Elsevier, 2008, pp. 31 - 32.

[③] G. W. F Hegel, *Lectures on the History of Philosophy*, volume 2, translated by E. S. Haldane and F. H. Simson, Lincoln and London: University of Nebraska Press, 1995, p. 118.

直到 19 世纪还未被很好地认识，那么作为他的逻辑学著作之一的《辩谬篇》则概莫能外，直到 12 世纪才只是被"传入"西方社会，与作为它的同胞伙伴的《解释篇》和《范畴篇》相比，整整迟来了六百余年。在中国，至少到 1949 年以后一直没有完整译本的《辩谬篇》出版，而希腊语译本的出现是最近几年的事。

亚里士多德在《前分析篇》和《修辞学》中也零散地表述过关于谬误的观点，但《辩谬篇》的系统性和深入性则是前两者不能比拟的。正如著名的亚里士多德研究者大卫·罗斯（David Ross）所说："在分析谬误的过程中，亚里士多德考虑了推理所能遇到的最为吊诡的问题，且为数不少。如同亚里士多德的整个逻辑学说一样，他在谬误理论方面同样是先行者。"[①]为了清晰充分地表述，亚里士多德在《辩谬篇》的谋篇布局上构思规整、不惜篇幅。该书共 34 章：前两章通常被认为是导论；第三章至第十五章是配合实例介绍谬误；而第十六章至第三十三章则给出了解决谬误的办法；最后一章收尾。实际上，《辩谬篇》是一本极具技术性的著作，且不易读懂。在该书的许多地方，亚里士多德甚至不加声明就突然使用一些技术性词汇。以"反驳"（refutation）这个词的使用为例，该词在第八章得到的定义甚至比在第一章中得到的更为详细。亚里士多德想借《辩谬篇》完成两项工作：首先，对错误推理的各种来源进行鉴别；另外，为那些受错误推理而困扰的人提供某种方法，这种方法用于解决由似是而非的论证所引起的思维混乱。亚里士多德认为，在参与公共论辩或进行私人反思时，人们极易做出错误的推理。在古希腊论辩成风的社会环境下，亚里士多德似乎想要说明，谬误的相关知识应该是辩者的知识储备中的一部分。通晓这种知识的目的不仅在于对其进行利用，而且还能避免自身被谬误所困。

《辩谬篇》是亚里士多德谬误思想的主要表述载体，了解著作的相关背景是全面把握其谬误思想的充分条件。此外，还须探究《辩谬篇》关于谬误分类的思想，这是深刻把握其谬误学说的必要条件。

在论及与亚氏谬误思想相关的问题时，伍兹指出："亚里士多德的功绩在于，他将有关谬误的想法体认为一种丰富的理论观念，并对这些谬

---

[①] David Ross, *Aristotle*, 6th ed., London, New York: Routledge, Taylor & Francis Group, 1995, p. 59.

误给予有史以来的第一次分类,且将它们冠之以'诡辩的反驳'之名。"① 正如伍兹所说,亚里士多德的谬误分类是西方思想史上第一个较为详细的相关分类体系。在《辩谬篇》第四章的初始部分,他将谬误细分为 13 种,并划归为两大类:"其中的一些依赖于语言的使用,而另一些则独立于语言。"② 依赖于语言的谬误就是所谓的"言辞谬误"(Verbal fallacies),包括词义双关(homonymy):指同一语词具有多种含义而生成的歧义;语句歧义(amphiboly):指语言结构模糊不定所造成的歧义;合谬(composition)和分谬(division):一般指同一个句子在分开说与合并说的时候,意义可能不一样;错放重音(accent):指句子中重音读法发生转移而引起意义改变;表达形式(form of expression):指根据词性和词形的变化进行归类所引起的谬误。另一类谬误是不依赖于语言的谬误,也被称为"实质谬误"(material fallacies),包括起自偶性(accident):由于偶性,即不必然的联系而引起谬误;混淆绝对的与不是绝对的(affirming the consequent):指由于未加限制所产生的谬误,或就某个方面、地点、时间或关系作部分限定而产生的谬误;对反驳的无知(ignorance of refutation):对反驳的定义或反驳是什么一知半解而产生的谬误;乞题谬误(begging the question):预设尚待证明的观点而产生的谬误;结论误推(irrelevant conclusion):出自假言推理的错误推论,如肯定后件或否定前件;错认原因(false cause):把不是原因的事物说成原因而产生的谬误;复杂问题谬误(many questions):将多个问题误认为一个。以上是亚里士多德 13 种谬误的简要说明和分类情况。③ 为了更直观地表述,特制下图予以展示(见图 2-1)。

---

① John Woods, "Aristotle", *Argumentation*, No. 13, 1999, p. 203.
② Jonathan Barnes, *The Complete Works of Aristotle*, *Sophistical Refutations*, Vol. 1, 4th ed., Oxford, N. J.: Princeton University Press, 1991, p. 4.
③ Jonathan Barnes, *The Complete Works of Aristotle*, *Sophistical Refutations*, Vol. 1, 4th ed., Oxford, N. J.: Princeton University Press, 1991, pp. 4-6.

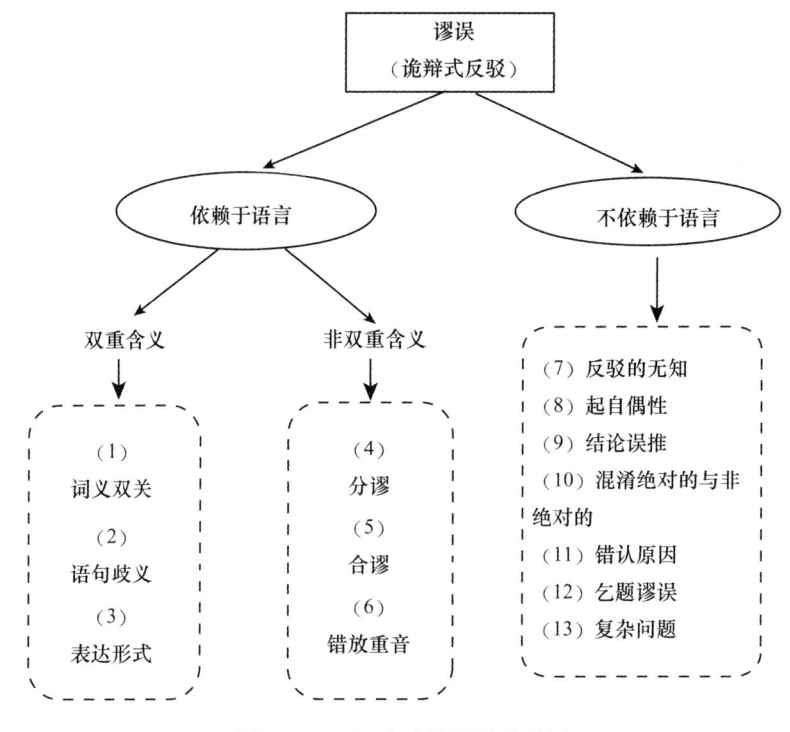

```
                        ┌─────────┐
                        │  谬误    │
                        │(诡辩式反驳)│
                        └─────────┘
                         ↙        ↘
                  ╭─────────╮   ╭─────────╮
                  │依赖于语言│   │不依赖于语言│
                  ╰─────────╯   ╰─────────╯
                   ↙      ↘           ↓
              双重含义  非双重含义
                ↓         ↓
```

图示（依文字转录）：

- 依赖于语言 · 双重含义：
  (1) 词义双关
  (2) 语句歧义
  (3) 表达形式

- 依赖于语言 · 非双重含义：
  (4) 分谬
  (5) 合谬
  (6) 错放重音

- 不依赖于语言：
  (7) 反驳的无知
  (8) 起自偶性
  (9) 结论误推
  (10) 混淆绝对的与非绝对的
  (11) 错认原因
  (12) 乞题谬误
  (13) 复杂问题

**图 2-1　亚里士多德谬误分类图**

亚里士多德对自己的谬误分类方案颇为满意。在《辩谬篇》第八章的结尾，他相当自信地认为："这样，我们就列举了谬误赖以产生的各种情况，所有谬误都是从上述提到的这些原因（指 13 种谬误类型）得出的，不可能再有其他情况。"[①] 诚然，亚里士多德对谬误的分类确实可算作是"前无古人"的创举，这种评价毫无夸张之嫌。因为暂且抛开其超常的天赋和深厚的理论造诣不谈，单就对谬误产生的方式进行理性鉴别并分门别类这件事本身来看，其难度就不是常人所能想象的。不得不说，在几千年前的古代社会，亚里士多德的这项工作具有开创性意义。此外，亚氏的谬误思想是较早的，也是迄今为止较为科学的谬误思想，其中包裹着一个近乎完整的谬误分类体系。正是由于这种科学的特征，使亚里士多德的谬误理论足以经历西方思想史数千年来的沧桑变迁，流传至今。

---

① Jonathan Barnes. *The Complete Works of Aristotle*, *Sophistical Refutations*, Vol. 1, 4th ed. Oxford, N. J.: Princeton University Press, 1991, p. 14.

## 二 亚里士多德对伍兹的影响

从西方逻辑的发展历程看,亚里士多德显然不是第一个关注谬误现象的人,但他却第一次对谬误进行了科学系统的研究。如果说亚里士多德在谬误研究领域具有开创性地位,那么与这种地位相称的便是其对后世谬误理论家的深远影响,而约翰·伍兹就是其中之一。

亚里士多德对伍兹的理论影响并非零散的、局部的,而是一般的、统观的。亚氏谬误理论所影响的正是伍兹对逻辑之本质的看法。此处所述的逻辑的本质在很大程度上相当于逻辑的基本特征。那么,伍兹对逻辑之本质持何种观点呢?他是这样表述的:"我从《辩谬篇》中体悟到两点极具价值的思想。首先,在该书作者那里,逻辑是一个具有服务性质的学科,它需要一种全面综合的论证理论。其次,亚里士多德试图阐明的那些论证是以日常生活为发生背景的论证。基于上述两点,逻辑其实是一种关于日常论证和推理的应用理论。当我于三年后了解到弗雷格和罗素的逻辑主义之时,再次得到同样的启发。逻辑主义的观点是,所有关于数学的理论都可以在纯粹演绎逻辑的范畴内得到重新表述,这种表述在理论上是无重大损耗的。然而,作为数学之基础的逻辑,如果止步不前进而停留在其传统的旧形式当中,那么逻辑主义就将失去被继续奉以为真的机会。必须为逻辑主义量身定制一种新逻辑。由此,再一次印证了我此前体会到的那个观点,即逻辑是一种服务型或应用型学科。"[①]

上述关于逻辑之本质特征的论述可以从两方面来分析。第一,从狭义方面看,伍兹认为日常生活的场景是逻辑论证得以产生和生效的既定基础,而所谓的日常生活必然是指人的生活。所以,在逻辑地处理论证的过程中,必然且应该预设人的"使用"这一前提。第二,从宏观方面看,以弗雷格为发生、以罗素为发展的现代数理逻辑将人工语言作为工具,在纯粹逻辑领域取得巨大成就。与此构成反差的是,由于该类型逻辑自身的反直观性和高度形式化,致使它与具体冗杂的生活场景相却甚远。因此,需要"应用"一种新型逻辑来弥补数理逻辑的不足。综合上述两方面因素,伍兹得出了关于逻辑之一般特征的结论,即逻辑是一种服务型或应用型学科,其基本特征就在于它的工具性和应用性。

---

① Gabriella Pigozzi, "Interview with John Woods", *The Reasoner*, Vol. 3, No. 3, Mar. 2009.

如果从文字的表层来理解上述内容，伍兹只是表达了对逻辑之性质的看法和观念。但是，只要分析得更深一步就会发现，他除了明确表达了自己的逻辑观以外，还较为隐晦地表达了一种关于谬误的观念。而后者是我们更为关注的。也就是说，亚里士多德不仅影响到伍兹如何看待逻辑，而且还对其谬误观产生了很大影响。之所以做出这种论断，需要关注一个重要细节，即引文开头的"我从《辩谬篇》中体悟到……"这显然说明，伍兹关于逻辑是一种应用型学科的观点来源于《辩谬篇》中对谬误的讨论。以上述伍兹这句原话作为一手资料，基本可以做出推论，即一方面，虽然伍兹明确声称逻辑的一般特征是应用。但是，这种逻辑观却是从亚里士多德论谬误的文献中提炼出来的。另一方面，在亚里士多德的谬误理论中，所谓的"应用"因素确实更加明显和丰富。因为从根本上说，谬误的产生与"反驳或论证"的不当使用有密切关联。由此，可以将上述推理过程进一步延展为：由于受亚氏《辩谬篇》的影响，伍兹最初形成的是一种关于谬误的思想或观念。在此之后，他对这一思想进行提炼与综合，进而将其上升到一般的逻辑观的高度。换句话说，伍兹的这种"逻辑观"必然以其在先形成的"谬误观"为思想基础和原始素材。由此而论，如果伍兹认为逻辑的本质特征是应用性质的，那么，他必然在更大程度上认为谬误同样具有应用的性质或特征，这就是此处得到的结论，将其简而言之，即受亚里士多德的影响，伍兹对谬误持一种"应用"的观点。

## 第二节 近代西方的谬误思想

近代西方的谬误思想是谬误思想史的重要组成部分，上承古希腊的亚里士多德，下启当代诸多谬误理论分支，为伍兹谬误理论的建构提供了丰富的运思、借鉴甚至批判的素材。继亚里士多德之后，近代西方的不同理论形态、不同学科背景的谬误理论是伍兹谬误思想的又一源流。

### 一 近代西方谬误思想概要

近代西方谬误研究的总体态势表现为"思想的丰富"和"理论的多元"，两方面原因促使该局面的形成。首先，近代西方的文艺复兴和思想启蒙运动将所谓世俗的人从宗教的束缚中解放出来，开启民智并推动了各个领域内科学文化知识的发展。文艺复兴和思想启蒙运动主张发挥人的创造力,重视科学实验,鼓励积极创新和勤勉治学。可以想见,当这种人文主义和理性主义思潮相互交融,进而强有力地作用在当时的学术界的时候,必然形成一种百家争鸣、繁盛活跃的研究态势。其次,由于文艺复兴和思想启蒙运动在学术领域倡导一种崇尚理性反对迷信、批判权威打破教条的精神。这就使得与中世纪宗教神学有着千丝万缕联系的亚里士多德思想受到极大冲击,沦为启蒙思想家们反对的标靶。在这种情况下,亚里士多德的谬误理论被贴上了陈腐、权威以及旧势力的标签,遭到了否弃。由此,从古希腊至中世纪一直被奉为经典的亚里士多德谬误思想不再被人们津津乐道。受到这股去亚里士多德化思潮的影响,启蒙思想家们有意识地搁置乃至冲破亚氏的谬误理论体系。这样一来,其谬误理论一枝独秀的情况开始得到扭转,进而使近代西方的谬误研究呈现出丰富、多元的理论发展态势。

受到文艺复兴和思想启蒙运动的强烈影响,亚里士多德这个长期统治西方学术界的"偶像"受到了批评。而在理论的具体操作上,与中世纪经院哲学家沿袭、注解亚氏谬误理论的做法不同,近代思想家突破了亚氏以论辩和对话为背景、以古典形式逻辑为工具的谬误研究传统,进而表现出谬误研究的不同样态和风格。这些研究分属于不同的学科或哲学流派,它们杂糅在一起构成了一座蔚为壮观的谬误思想陈列馆:弗朗西斯·培根的谬误思想以经验主义哲学为背景,带有明显的心理和认知特征;安东尼·阿尔诺(Antoine Arnauld)和皮埃尔·尼古拉(Pierre Nicole)以分类的方式将日常生活中带有缺陷的证明纳入谬误研究的范畴;康德认为,谬误理论之本质是一种应用逻辑,并将其纳入先验哲学的概念体系中加以阐释;约翰·洛克和边沁(Jeremy Bentham)则从政治和党派论争的角度对谬误进行说明,前者重点论述了四种"诉诸……"类型的谬误;而怀特莱则从逻辑的角度对谬误进行研究,在亚里士多德的基础上构建了更为详细的谬误理论体系。拉普拉斯(Simon La place)和约翰·穆勒的谬误理论带有明显的科学主义倾向,前者对统计概率谬误进行研究,后者则对科学的归纳谬误进行说明。此处,择最具代表性的人物进行介绍。

近代经验主义谬误论的代表当属弗朗西斯·培根。他站在主体心智的角度,将人的心理与认知因素融入理论的阐述中,从而构建了著名的"四假象说"。与同为英国经验主义者的洛克不同,培根并不认为人类心灵乃白板一块。与其说心灵毫不走样地全盘接受外部世界的客观图景,不如将其比作一面凹凸不平的镜子。由于镜子本身的原因,它所反映的外部对象并非十足的客观。在培根看来,心灵的这种"失真"是如下四种假象使然,即族类假象、洞穴假象、市场假象以及剧场假象。在《新工具》[①](The New Organon)一书中,培根对四种假象做了全面、深入的阐释。总体来看,培根的理论目标并不是勾勒某种基础性的认识论,而是强调人类心灵对事物的认识压根就不与事物的现实图景相符合,在开始追求知识以前,必须将一系列幻象排除干净进而使心灵得到提升。因此,培根的"四假象说"不仅在近代经验主义哲学崛起的过程中扮演了重要的理论先驱角色,而且在谬误思想史上也占有一席之地。

安东尼·阿尔诺和皮埃尔·尼古拉是17世纪的法国神学家、逻辑学家。他们在逻辑史上广为人知的功绩当属创立了"波尔—罗亚尔逻辑"(Port-Royal Logic)。事实上,这一名称来源于17世纪巴黎郊外的波尔—罗亚尔修道院(Port-Royal Abbey)。由于阿尔诺和尼古拉司职于此,因此他们的逻辑得名"波尔—罗亚尔逻辑"。该逻辑作为一种理论体系最初是以教科书的形式出现的,名为"逻辑或思维术"(Logic or The Art of Thinking)。它所涵盖的论题甚为广泛,除逻辑知识外,还涉及语法学、语言哲学、形而上学以及谬误理论,以至于涅尔夫妇[②]在谈及它的影响时说:"波尔—罗亚尔逻辑的某些特征反映了阿尔诺和尼古拉的特殊学术旨趣,且不要期望这些旨趣会超出他们自己的学术背景过远;然而,他们在此书中所构筑的基本逻辑观念却被广泛地接受,并在接下来的200年间继续主宰着大多数哲学家对逻辑的看法。"[③]考虑到"波尔—罗亚尔逻辑"在近代逻辑发展史上的重要地位,有必要对蕴含于该体系中的谬误思想进行适当讨论。

---

① 参见 Lisa Jardine and Michael Silverthorne, eds., *Francis Bacon: The New Organon*, Cambridge: Cambridge University Press, 2000。

② 即威廉·涅尔(William Kneale)和玛莎·涅尔(Martha Kneale),著名逻辑史学家,代表作为《逻辑的发展》(*The Development of Logic*)。

③ William Kneale and Martha Kneale, *The Development of Logic*, Oxford: Oxford University Press, 1962, p. 320.

在《逻辑或思维术》中，作者将逻辑界定为由以下四个论题构成的完整体系，即概念（conception）、判断（judgment）、推理（reasoning）和方法（method）。该书据此分为四部分。在"推理"部分中，作者将谬误分为两大类。第一类是"作为错误推理之不同方式的谬误"。这类谬误与科学方法中的常见错误相关，共10种。其中，8种来自亚里士多德的传统谬误列表[1]，且基本上与亚里士多德的释义保持一致。第二类是"现实生活和日常对话中的谬误"。该类谬误又进一步分为两小类。第一小类是关于"自爱、私利和狂热的谬误"，共10种。这类谬误导源于推理者的心理状态，即内部因素使然。第二小类是关于"外物引起的错误论证"，共7种。此类谬误是外在于心灵并处于一定情境中的某种偏好，人们不得不受到它的蒙蔽。很显然，这类谬误与外部因素相关。可以看到，阿尔诺和尼古拉的谬误分类思想既有对亚里士多德之正统谬误理论的借鉴，与此同时，又从自身的理论旨趣出发，原创性地列举了众多令人耳目一新的类目。不得不说，这是两位学者对谬误研究的一种贡献。

总而言之，以《逻辑或思维术》一书为载体的"波尔—罗亚尔逻辑"是继文艺复兴之后欧洲较有影响力的逻辑理论。然而，这种影响力必然不单单来自该理论对正确推理的论述和解说，书中对谬误思想的详尽阐述，也是该逻辑学说能够受到如此礼遇的重要原因之一。

如前所述，近代西方的谬误思想研究呈现出一种百花齐放、百家争鸣的态势，这与当时的文艺复兴和思想启蒙运动的直接推动是分不开的。在某种程度上，可以将这一阶段看作继亚里士多德之后谬误研究的又一个高峰期。然而，有必要说明的是，所谓"近代谬误研究"实际上是从一种宏观或广包的意义上来说的。因为这一时期的研究视角并非单一地来自逻辑学科，它还典型地涉及哲学、语言学、认知学、自然科学乃至政治学。它们在大的层面上都或多或少地涉及诸如"不合理的思维""错误的推理"以及"认知的缺陷"等与谬误这一概念相关的论题。试想，如果将近代的谬误研究严格地限制在作为逻辑学主干之下的那个狭窄的"谬误论"子枝上，那就将失去这一时期众多理论大家的与谬误息息相关

---

[1] 亚里士多德将谬误分为"与语言相关"和"与语言无关"的谬误，前者6种，后者7种。关于这13种谬误的具体论述，详见本章第1节"亚里士多德的谬误思想"部分。

的思想资源。正是基于这种情况，作为近代经验主义思想家之代表的约翰·洛克，自然可以被纳入谬误思想研究的范畴中加以考察。因为无论是其基于经验主义的语言分析谬误论，还是对四种"诉诸……"（Argumentum ad）类型谬误的阐述，在近代西方谬误研究史上都是不可忽视的亮点。

一般来看，洛克在西方哲学史上通常以哲学家的身份登场，"实体论"和"观念论"是其主要学术贡献。而就逻辑或谬误思想而言，在其《人类理解论》（An Essay Concerning Human Understanding）中反映得并不明显，有的学者甚至认为"著作中并不包含典型的关于谬误理论或批判性思维的内容……"[①]，然而，这种观点未免有些苛刻。事实上，虽然洛克对与谬误概念相关的内容论述不多，但却别具特色。他通过分析和揭示名词、意义以及概念在语言使用中的缺陷和滥用情况，进而指出了蕴含于其中的各种谬误现象。与此相关的主要章节包括第三卷的第九、十和十一章，分别名为"文字的缺陷"（of the imperfection of words）、"文字的滥用"（of the abuse of words）以及"对文字之缺陷和滥用的纠正"（of the remedies of the foregoing imperfections and abuses）。此外，还有第四卷第二十章的"不当的赞同，或错误"（of wrong assent, or error）以及第十七章的"推理"（of reason），它们相对集中地体现了洛克的谬误思想。

就谬误这一论题来说，洛克实际上隐性地回答了"谬误是如何产生的？"这一问题，即谬误的来源（origin）。若耐心地对《人类理解论》进行研读，就不难发现，作者将谬误的来源或生成原因一般性地归结为二，即"文字的缺陷"和"文字的滥用"。此外，洛克的四种"诉诸……"类型谬误，即"诉诸权威""诉诸无知""诉诸人身"以及"诉诸合理"，更为各个历史时期的谬误理论家所津津乐道，其"名声"也远大于洛克的其他谬误思想。就篇幅来看，《人类理解论》对四种"诉诸……"类型谬误的论述只有单薄的一页，这确实是一个有趣的现象。然而，正是由于洛克对该论题惜字如金，才更能引起人们的关注或者说留给后世学者以更多的解释和开拓的理论空间。尤其在当代西方学界，理论家们尝试着运用最新的研究方法对"诉诸……"类型谬误进

---

[①] John Woods, "John Locke on Arguments ad", Inquiry, Vol. 13, No. 3&4, 1994.

行解析，其中包括伍兹和沃尔顿的形式方法，以及爱默伦和格罗敦道斯特的"语用—论辩术"等。

总体来看，与那些非逻辑学家出身或逻辑学背景较弱的学者类似，洛克那里同样没有一种典型意义上的"谬误理论"。在其关于谬误的原始文本中，几乎很少发现利用逻辑概念或以逻辑为工具对谬误进行阐述的内容。与此相反，他的谬误思想却带有明显的语言或心理分析的特色，即从其经验主义哲学的"观念论"或"认识论"层面来解析谬误现象。因此，如果怀着宽泛的谬误观来理解洛克，那么至少可以肯定两件事：首先，洛克的学术成就中的确包含着关于谬误的思想；其次，洛克的相关思想是一种关于谬误的"观念论"和"认识论"，并具有非形式逻辑和语言心理学的特征。

英国是近代经验主义哲学的故乡，耳熟能详的学者包括前述的培根、洛克，以及尚未提到的贝克莱和休谟等人。近代西方学术史表明，17、18世纪的经验主义者大多反对形式逻辑，而逻辑本身在这一时期的英国也确实表现平平，这一点仅透过逻辑学教科书的使用情况便可窥见一斑。奥尔德里希的《逻辑学方法纲要》是当时牛津大学的逻辑学专用教材，人们对该书的评价极低，将其形容为"由一堆糟糕的学术名词精心拼凑而成的韵文"，其中充斥着杂乱无章的过时内容。近代著名英国逻辑学家、谬误理论家理查德·怀特莱凭借其1826年的《逻辑要义》使这种恶劣情况得以改观。该书的第三卷《论谬误》(*Of Fallacies*)系统、详尽地探讨了关于该论题的一系列重要方面，尤其是备受关注的谬误分类。为了凸显这种系统性和完整性，本部分从两个方面对怀特莱的谬误思想进行评介，即谬误的"定义"和"分类"。

首先，论述怀特莱关于谬误的定义。怀特莱在《逻辑要义》第三卷"论谬误"的初始部分给出了自己的谬误定义，他认为："谬误是一种不健全的论证模式。该模式看似值得相信，且对于论证来说极为重要，但实际上并不如它看似的那样。"[1]可以看到，怀特莱的定义是明显地围绕论证的概念来说的，是一种典型的关于谬误的论证型定义。该定义具有两点特征。第一点，怀特莱的定义与亚里士多德的定义相似。相似点在

---

[1] Richard Whately, *Elements of Logic*, Replica of 1875 ed. by Longmans, London: green and co., 2005, p. 168.

于，亚里士多德虽然以"反驳"作为其谬误定义的基础性概念，但是如前所述，亚氏的反驳概念其实是一种特殊的论证形式，因此反驳就是论证。由此来看，亚里士多德和怀特莱都是围绕着论证的概念来定义谬误的。第二点，二者的不同点在于，就怀特莱的论证概念来说，其实践性或现实情境性的特征稍弱，也就是说，他的论证概念更偏向于一种语义层面上的"语言论证"。反观亚里士多德的论证概念，更多的是指发生于人际之间的现实论辩情境中的论证，单从"反驳"这个名称上就能明显地看出这一点。因此，较之于怀特莱，亚氏的论证概念更多地具有一种语用层面上的"实际论证"特征。由此也能看出，亚里士多德式的传统主义谬误观对怀特莱的影响，因此怀特莱也被视为近代传统谬误论的代表。

其次，阐释怀特莱关于谬误的分类。怀特莱的谬误分类思想是建立在对亚里士多德相应思想的批判和改良之基础上的。简言之，前者认为后者的谬误分类系统缺乏清晰明确的标准，并主张以逻辑的观点看待与此相关的一系列问题："那种能够将谬误划分为逻辑的和非逻辑的原则是很重要的，以此原则为基础，谬误研究中的所有混乱将得到澄清。"[①]随后，怀特莱的这种思想逐渐成为谬误研究界的主流，并被当代学者称为谬误研究之"标准方法"。怀特莱之所以针对亚里士多德的谬误分类给予批判，其实并非偶然。如果深入探究亚氏的相关理论便不难发现，其《辩谬篇》所阐发的谬误分类思想明显缺少逻辑因素作为支撑。然而，这一现象并不奇怪，甚至在某种程度上是非常自然的。因为学界普遍认为，亚氏的《辩谬篇》要早于作为其成熟逻辑作品的《前分析篇》。换句话说，亚里士多德的谬误理论是在其逻辑思想发展完善之前建立的，《辩谬篇》中的思想只是其后期形式逻辑思想的萌芽和诱因，其中鲜有"形式"（formal）意义上的逻辑观点。据此可以设想，在亚里士多德的谬误分类思想诞生之时，他对论辩实践中哪些谬误是逻辑的，而哪些是非逻辑的并不十分清楚。因此，正是这种逻辑因素的缺失，导致亚里士多德只能以语言学甚至哲学的标准对 13 种谬误进行分类。具体地说，亚里士多德的谬误分类标准是"是否与语言相关"（language-dependent or independ-

---

[①] Richard Whately, *Elements of Logic*, Replica of 1875 ed. by Longmans, London: green and co., 2005, p.174.

ent）。第一类相关于语言的谬误包括：词义双关、语句歧义、合谬、分谬、错放重音、表达形式；第二类无关于语言的（或称实质的）谬误包括：起自偶性、混淆绝对的与不是绝对的、对反驳的无知、乞题谬误、结论误推、错认原因、复杂问题谬误。就第二类谬误而言，其中的结论误推可看作由推理形式上的缺陷造成的谬误；而乞题谬误的推理形式是有效的，但却违背了论证实践的要求。如果以逻辑的观点来看，上述两个谬误明显属于两类不同的谬误，从而须对其加以严格区分。而在亚氏以语言为标准的谬误分类体系中，它们却被归并在"无关于语言"的同一类组中。由此可见，亚氏的谬误分类思想在逻辑方面是模糊的、简陋的。

通过前述内容可知，怀特莱对亚里士多德谬误理论的批评主要集中于后者的谬误分类思想。更具体地说，怀特莱所诟病的是亚氏关于谬误的"语言分类标准"，认为这种"依赖于语言的"和"不依赖于语言的"分类标准并未建立在清晰的原则之上，或者说其本身就是模糊不清的。由此，怀特莱给出了针对该分类法的经典批评："迄今为止，在任何一个将谬误分为'语言谬误'（in the words）和'实质谬误'（in the matter）的学者那里，似乎都存在这样的问题，即他们的这种分类方式并未基于任何清晰的原则：至少未基于他们所坚持的原则。而且，这两个相互掺和的类目对于所有与逻辑相关的清晰概念都是非常有害的；这种含混的分类方式明显地与下列流行的错误观念相联系，即将逻辑理解为'普遍地应用智能的艺术''发现客观事物之真理的方法'以及'理解适当题材之所有知识种类的工具'；所有这些模糊的以及无据的思考导致了无止境的混乱和错误，并且为其所招致的严厉批评埋下了伏笔。"①

此外，怀特莱还结合谬误的自身特点来说明制定一种原则清晰的分类标准的重要性。他认为，谬误论证最为显著的特征之一是"省略前提"。该特征可能对论证的接收者（即听者）造成两种影响：其一是使听者认为该论证的一个前提不为真；其二是使听者认为该论证之结论未予证明。在前一种影响下，谬误被认作实质谬误类中的"错认原

---

① Richard Whately, *Elements of Logic*, Replica of 1875 ed. by Longmans, London: green and co., 2005, pp. 173–174.

因"；在后一种影响下，谬误被认作无效的三段论。这样一来，就无法确定上述哪一种是论证持有者（即说者）的真正意思，因为无法强求不同的个体采用同一种言语模式或制定一种适合于不同言语模式的规则。

较之于以亚里士多德为典型代表的"亲语言"的谬误分类法，怀特莱认为其自家的"亲逻辑"的分类方法更为得当，至少其主要原则是清晰、一致的。怀特莱反复强调的所谓清晰的原则是一种逻辑的原则或观点。他试图运用逻辑的观点对论证中出现的每一种谬误进行科学分析。这种逻辑原则的要旨在于，依据表述的形式规则来确定某论证要么是有效推理，要么是谬误推理，而无论该论证的实质性内容怎样。怀特莱表示，此乃逻辑原则的真正职能。按照这一思路，他给出了自己的谬误分类方案。

怀特莱在总体上将谬误划分为逻辑谬误和非逻辑谬误。所谓逻辑谬误，即论证的结论无法从前提得出，这一大类谬误都被认作违反了逻辑的推理规则。而非逻辑谬误则是论证中的结论能从前提推出，此类谬误也称"实质谬误"。怀特莱又将逻辑谬误进一步划为纯逻辑谬误和半逻辑谬误两种。纯逻辑谬误的谬误特征仅仅依据其外在的表达形式即可辨别出来，而无须考察词项的意义。事实上，所谓纯逻辑谬误就是违反三段论规则的谬误。半逻辑谬误则包括除中词不周延以外的模糊中词的所有情况。即是说，一旦中词的歧义性是确定的，那么就无法推出结论。需要强调的是，只有注意词项的意义以及主题内容的知识，才能有助于确定和发现歧义。怀特莱在这里指出："逻辑的旨趣并不在于教授我们如何发现谬误，而毋宁说是指导我们到哪里去寻找它，并以何种原则去声讨它。"[①] 与逻辑谬误有所不同，非逻辑谬误是由于前提假定为真是不恰当的，或结论不是所要求的，进而表现出一种不相关性。这样一来，想要得到的结论便不能被证明。非逻辑谬误又进一步包括"不当假定的前提"和"结论不相干"两个分支。考虑到怀特莱谬误分类方案极致详细，其中包含的谬误子类较多，因此有必要以更为直观的图表形式将其完整的

---

① Richard Whately, *Elements of Logic*, Replica of 1875 ed. by Longmans, London: green and co., 2005, p.176.

类目框架展示出来。①

怀特莱谬误理论的意义在于以下几点。首先，他的谬误分类思想是对自亚里士多以来的以语言为标准的谬误二分法的发展或改良。怀特莱摒弃了"亲语言"的谬误分类标准，进而以逻辑原则取而代之，在很大程度上改善甚至消除了长久以来蕴含于谬误分类中的含混不清的痼疾。另外，怀特莱对现当代的谬误研究影响较大，仅以逻辑教学方面为例。由于怀特莱的思想被冠之以谬误分析的"标准方法"，因此，柯比、科恩、布莱克、希柏等学者将该方法广泛用于逻辑教科书中的谬误案例分析。柯比《逻辑学导论》中的谬误理论在一定程度上是对怀特莱谬误思想的继承和发展。

怀特莱是近代谬误研究的大家。他的历史功绩在于，为亚里士多德以降的"以语言或论辩实践为中心"的古典谬误论注入了形式逻辑的新元素。这一发展的意义重大，它使蕴含于古典理论中的含混的谬误分类问题从基质上得以解决，从而使谬误这一古老论题向着作为其母学科的逻辑学进一步回归。由此，也铸就了与亚氏古典谬误理论相对应的近代传统谬误论。谬误分类的详细图示见图 2-2。

继怀特莱之后，近代西方谬误思想的发展逐渐步入了其晚期阶段。在这一阶段中，谬误理论界最为浓重的一笔来自英国哲学家、逻辑学家约翰·穆勒。在他看来，"谬误理论是逻辑的必要部分。……逻辑学的大部分著作都会辟出一个重点章节用以专门探讨谬误这一主题。这种做法已然成为惯例，使我们不得不奉行之。一种完备的推理哲学（philosophy of reasoning）应该既包含正确推理的理论，同时也要兼顾那些错误的推理"②。历史地看，穆勒的理论已处于西方近代谬误思想发展的晚期阶段，其理论内容及构架在一定程度上综合了前代各家思想的精髓，尤以亚里士多德、培根以及阿尔诺和尼古拉的思想为甚。从这层意义上讲，穆勒客观上将近代西方的谬误理论研究带向了终结。此处，对穆勒谬误思想的特征、定义及其分类情况予以详细讨论。

---

① 由于怀特莱的谬误分类思想极致详细，其中包含的谬误类目众多，与此相应的图表必然面积庞大。因此，考虑到排版整洁以及尽量保持文字部分的阅读连续性等因素，故将该图放在论述怀特莱谬误思想部分的文末。此外，关于怀特莱的谬误分类原图，可参见《逻辑要义》的第三卷第4章，即该书的第180页。

② John Mill, *A System of Logic: Ratiocinative and Inductive*, Toronto, Buffalo: University of Toronto Press, 1981, p. 735.

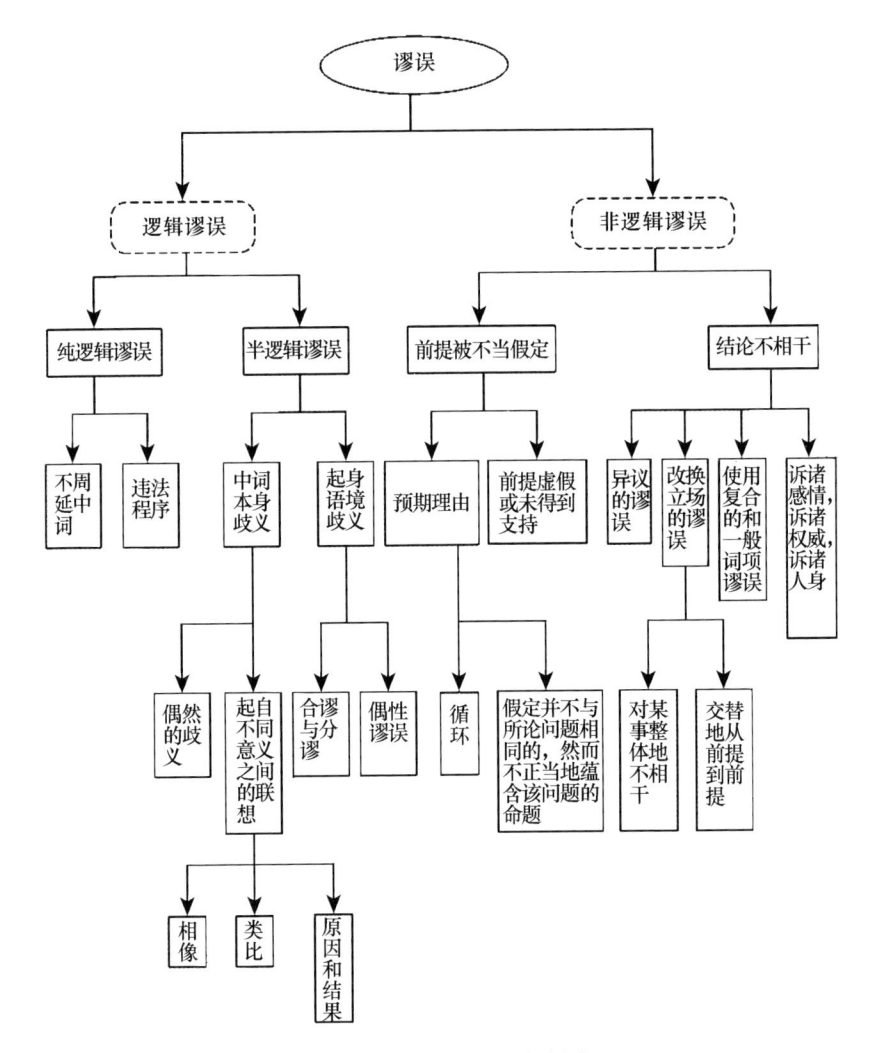

```
                          谬误
                           │
              ┌────────────┴────────────┐
          逻辑谬误                    非逻辑谬误
              │                         │
        ┌─────┴─────┐            ┌──────┴──────┐
     纯逻辑谬误   半逻辑谬误    前提被不当假定   结论不相干
        │           │              │             │
     ┌──┴──┐    ┌───┴───┐      ┌───┴───┐    ┌──┬──┬──┐
   不周  违法  中词    起身    预期  前提虚  异议 改换 使用 诉诸
   延中  程序  本身    语境    理由  假或未  的谬 立场 复合 感情
    词        歧义    歧义          得到    误   的谬 和一 诉诸
                │       │           支持         误   般词 权威
           ┌────┼────┐  │                            项谬 诉诸
         偶然  起自  合  偶性                         误   人身
         的歧  同意  谬  谬误
         义    之间  与
               联想  分
                │    谬
           ┌────┼────┐
          相   类   原因
          像   比   和结果
```

图 2-2 怀特莱谬误分类图

首先，论述穆勒谬误理论的特征。穆勒在逻辑学方面的代表作是 1840 年的《逻辑体系》(*A System of Logic: Ratiocinative and Inductive*)，其在近代谬误研究史上的地位丝毫不亚于怀特莱的《逻辑要义》。该书共分六卷，其中的第五卷重点讨论了谬误这一主题。在《逻辑体系》中，穆勒继承了以培根、洛克等人为代表的近代英国经验主义思想，对演绎式的推理进行了改造，并重点提出一套以证据和归纳为中心的谬误理论。

一方面，从某种程度上看，如果将怀特莱谬误理论的特质归结为"演绎的"或"逻辑的"，那么穆勒则围绕"归纳"和"证据"（或经验）这两大基本概念，来对其谬误理论进行建构。正如他所说的："正确思维的习惯是唯一能够杜绝错误思维的完备方式。熟悉正确推理之原则的人同时也能将它们应用于实践当中。然而，这并不等于说研究关于错误推理的最一般模式就不重要。这种研究包括，心灵通过哪些表面现象而最易受到有关归纳之真实原则的诱惑。简言之，那些致人迷误的最一般及最危险的表面证据是什么，而且，这里甚至并不存在使人形成错误信念的确凿证据。"[①] 事实上，穆勒的上述文字是对其谬误理论之特征的最好说明。穆勒之所以将"证据"和"归纳"作为搭建其理论框架的两块基石，是与英国经验主义的哲学传统紧密相关的。从《逻辑体系》一书的整体风格便能看出，作者无时、无处不在地尝试着用与英国经验主义的观点相一致的方式来说明逻辑。他认为，逻辑是一种研究人类求知活动的科学，它包括由已知真理推出未知真理的过程，以及蕴含于这一过程当中的理智运作。简言之，它是对证据进行归纳或评估的科学。由此而论，也难怪穆勒将《逻辑体系》的副标题命名为"一种将证据原则和科学研究方法相结合的观点"（*Being a Connected View of the Principles of Evidence and the Methods of Scientific Investigation*）。这种逻辑观念贯穿于其著作的始终，并决定了穆勒谬误理论的基本特征。

另一方面，较之于怀特莱将注意力集中于错误论证的形式性或逻辑性因素，穆勒则更为强调引起错误论证的证据性或归纳性因素。穆勒的谬误理论以证据和归纳为基本特征，将亚里士多德的传统谬误论、培根的心理或认知主义谬误论以及阿尔诺和尼古拉提出的谬误论整合为统一的理论系统，在很大程度上改变了近代西方谬误思想理论杂多、论述分散的状况。从这层意义上说，穆勒的谬误思想是继怀特莱之后又一较为综合、严谨的理论体系。

其次，阐述穆勒是如何对谬误进行定义的。此处，通过将怀特莱与穆勒的谬误定义进行比较，进而达到廓清前者的目的。怀特莱在《逻辑要义》第三卷"论谬误"的初始部分给出了自己的谬误定义，原文如下：

---

① John Mill, *A System of Logic: Ratiocinative and Inductive*, Toronto, Buffalo: University of Toronto Press, 1981, p. 736.

"谬误是一种不健全的论证模式。该模式看似值得相信,且对于论证来说极为重要,但实际上并不如它看似的那样。"① 而在穆勒看来,谬误的主要成因或特性有两种。第一,当一个事实被错误地假定为另一事实的证据或迹象时,那么这就必定成为错误的原因。被假定的证据性事实必须以某种特殊方式与这样的事实相关联,即后一种事实同样被认作证据性事实。进一步说,被假定的证据性事实必须与这样一种事实保持某种特殊关系,而如果没有这种特殊关系,后面这种事实将不会被看作假定的证据性事实的依据。第二,不能将一个事实看作另一个事实的证据,除非我们相信二者总是或在大多数情况下是结合在一起的。如果我们相信 A 是 B 的证据,仅当我们观察到 A 倾向于从其自身中推出 B。理由在于,因为我们相信,无论 A 作为一个前件、后承或伴随之物,B 要么总是存在,要么在大多数情况下存在。由此,穆勒给出了与怀特莱不尽相同的谬误定义:"在事实中或在对事实的思考模式中,任何一种特性若导致我们相信事实是恒常联系的但实际却并非如此;或使我们认为他们彼此并无联系但实际上却具有联系,那么这两种情况将被一致地认作谬误。"②

通过上述内容的比对可以看出,二者对谬误的定义存在较大差异。在怀特莱看来,任何不可靠的论证模式都具有独一的特征,即它们表面上看起来是合理可信的,似乎对问题的解决具有决定性作用,但事实却并非如此。而穆勒则认为,所谓谬误,就是当某些事实实际上不相结合时,我们却惯于相信它们是结合的;反之亦然。在穆勒看来,谬误理论的任务就是解释那些看起来像证据,但其实根本不是证据的情况。二者定义的最大不同在于,怀特莱是从逻辑论证的角度定义谬误的,将谬误看作与语言、命题、逻辑以及演绎推理相关的问题;而穆勒则是从科学方法的角度定义谬误,将谬误限制在证据、事实、经验以及归纳推理的范围内。整体来看,诸如事实、证据、经验以及归纳推理等与科学息息相关的概念,是穆勒谬误思想的重要理论构件,具有浓厚的科学主义色彩。

---

① Richard Whately, *Elements of Logic*, Replica of 1875 ed. by Longmans, London: green and co., 2005, p. 168.
② John Mill, *A System of Logic: Ratiocinative and Inductive*, Toronto, Buffalo: University of Toronto Press, 1981, p. 741.

最后，为了对其谬误分类的一般内容和基本结构有一个在先的把握，此处先将它们以图形的方式展示如下：

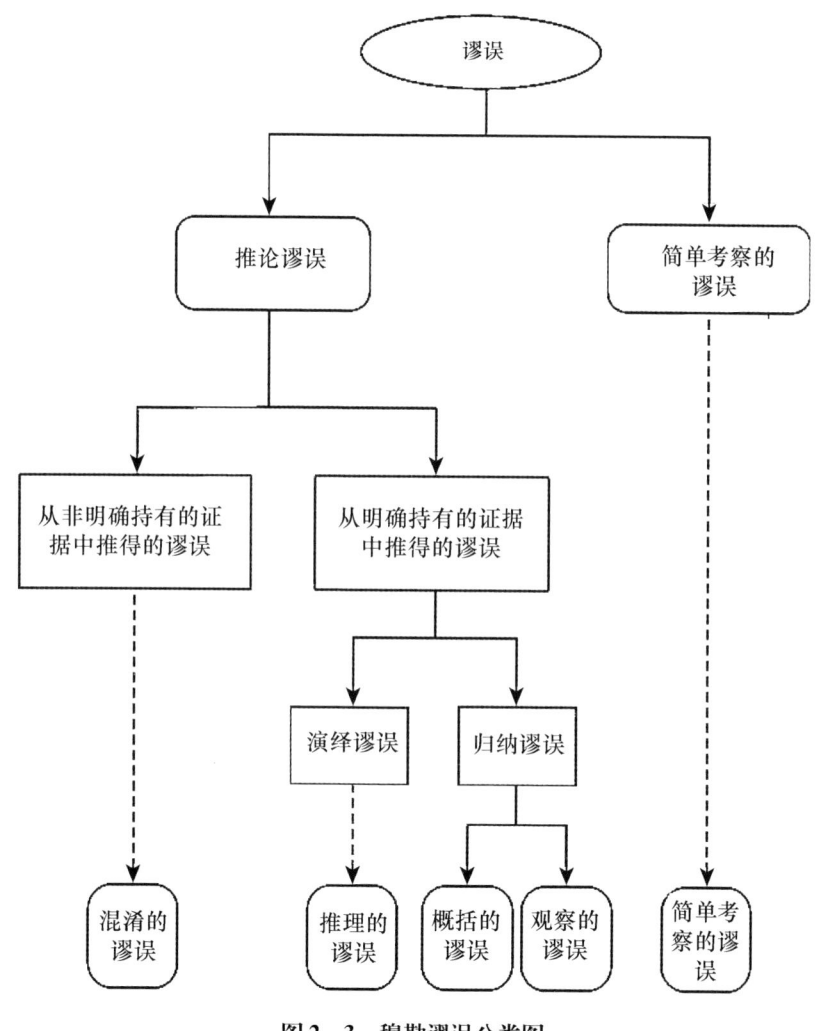

**图 2-3 穆勒谬误分类图**

如图 2-3 所示，穆勒的分类格局可概括为"四级五类"，即将谬误划分为四个层级，每一层级都有与之对应的谬误分类标准，通过将这些标准不断细化进而最终得到五类具体的谬误。

先来看第一层级。第一层级包括"推论谬误"和"简单考察的谬误"。穆勒在第一层级中做出这种概括性区分的内在标准是："两个事实之间的联系或排斥要么是一个由证据而推得的结论，要么是一个不通过任何证据推出但却得到承认的结论，这样的结论无须任何证据的支持，进而被当作自明的公理来接受。如此一来，便形成了介于'推论谬误'和'简单考察的谬误'间的重大区别。"①

接着来看第二层级。第二层级的谬误是通过对上述"推论谬误"进行继续划分而得出的，包括"从明确持有的证据中推得的谬误"以及"从非明确持有的证据中推得的谬误"。前者可解释为，由于前提错误或从前提推出了这些前提所无法支持的东西；后者可阐释为，当我们收集证据时，形成了一种有关这些证据的思想，但在利用这些证据时，却形成的是另一种有关这些证据的思想。这种"从非明确持有的证据中推得的谬误"也被称为"混淆的谬误"。

而后来看第三层级的谬误。第三层级的谬误来自对上述"从明确持有的证据中推得的谬误"的再划分。其标准是："在被相信的命题及其证据被有条理地理解及清晰地表达的情况下……表面的证据要么是特殊的事实，要么是在先的概括……它们分别形成的推理关系即归纳推理和演绎推理。"② 归纳谬误和演绎谬误处于穆勒谬误分类体系的第三层级。其中，归纳谬误还能进一步划分为两个次类，即"观察的谬误"和"概括的谬误"。前者是由于归纳活动赖以进行的证据是错的；而后者的形成条件是，虽然归纳活动所依赖的证据是正确的，但由此得出的结论却不受其保证。此外，与归纳谬误同处第三层级的演绎谬误也可继续分为两小类。其中，第一小类可描述为"以错误的前提为根据进行的推论"，它属于前述的"简单考察的谬误"，因此可忽略不计。第二小类是那种虽然前提为真，但不必然支持其结论的推理。很明显，这种谬误属于标准的演绎谬误，可以将它的问题单一地归结为推理形式，因此，可称其为"推理的谬误"。通过上述分析与阐释可知，穆勒实际上将谬误分为具体的五类，即简单考察的谬误、混淆的谬误、观察的谬误、概括的谬误以及推理的谬误。

---

① John Mill, *A System of Logic: Ratiocinative and Inductive*, Toronto, Buffalo: University of Toronto Press, 1981, p. 741.

② John Mill, *A System of Logic: Ratiocinative and Inductive*, Toronto, Buffalo: University of Toronto Press, 1981, p. 742.

在近代西方谬误思想的百花园中，穆勒的理论是最具特点的一枝。从表面上看，其理论似乎游离于逻辑与科学、演绎与归纳之间，但事实上是将它们进行整合与融通，进而形成了一种特有的理论风格。科学主义的特征是穆勒谬误思想的亮点，表现为将归纳和证据作为核心概念，并将其贯穿于理论的各个部分。穆勒谬误理论的这种科学主义特征表现在具体的操作层面，便是对演绎谬误和归纳谬误的明确区分。正因为这种区分，其后的谬误研究者不得不重新审视蕴含于归纳推理中的谬误问题，并给予深入、系统的探讨。由此而论，穆勒为近代西方的谬误思想界留下了宝贵的遗产。

## 二 近代西方谬误思想对伍兹的影响

通过研究发现，近代西方的谬误理论具有以下几点特征：其一，"心理与认知的特征"；其二，"非形式或应用逻辑的特征"。本书的这一部分将紧密结合上述特征来说明近代谬误思想对伍兹的影响。采取这种说明方法的原因在于，上述特征不只体现在西方近代的理论中，同时也无一不彰显于伍兹的谬误思想当中。我们认为，这种理论特征的对称情况绝非巧合。据此预设，西方近代谬误思想与伍兹的谬误思想之间必然具有某种内在关联，而本书此处的任务就是找到并且揭示这种关联，从而说明伍兹的谬误思想或理论在很大程度上受到了西方近代谬误思想的影响。并以此为论据，推得如下结论：继亚里士多德之后，近代西方的谬误理论是伍兹谬误思想的又一源流。

近代西方的谬误思想具有鲜明的心理与认知特征。哲学史显示，近代西方的各式哲学体系充斥着诸如心灵、精神、理性、知识、认知以及意识等与人类主体紧密相关的概念。这种情况至少可从学者们的著作命名中见得端倪，包括培根的《新工具》、洛克的《人类理解论》、休谟的《人类理解研究》（*An Enquiry Concerning Auman*）、贝克莱的《人类知识原理》（*Critique of Pure Reason*）、莱布尼茨的《人类理智新论》（*New Essays on Human Understanding*）、笛卡儿的《第一哲学沉思录》（*Discourse on Method and Meditations on First Philosophy*）、康德的《纯粹理性批判》（*Critique of Pure Reason*）、斯宾诺莎的《伦理学》（*Ethica in Ordine Geometrico Demonstrata*）。此外，还包括怀特莱、穆勒以及阿尔诺和尼古拉等人的著作，不胜枚举。他们对主体之心理与认知属性的普遍兴趣，直接影响并引领着各自的谬误理论建构。在这层意义上说，若将近代西方的谬误理论统称为"心理与认知的谬误论"，似乎并不过分。

总体来看，培根在《新工具》中阐发的"四假象说"开启了近代西方之心理与认知谬误论的先河。培根认为，扎根于心灵的四种假象是阻碍人类求知的元凶，使人们在认知的过程中生成错误的观念和方法。在他看来，"人类官能的迟钝、缺陷和自我欺骗性是理解力的最大障碍和干扰；以至于那些打动感官的事物竟然比那些不直接打动感官的事物具有更大的影响。这样一来，思考便受到视阈之大小的限制，而那些视阈以外的事物则很少得到甚至根本得不到注意"①。

培根所谓的"人类官能的迟钝、缺陷和自我欺骗性"直接针对的是心理与认知层面的四种假象。其中，以族类假象和洞穴假象最为典型。族类假象是源自心灵的先天认知缺陷。可依循培根的思路对族类假象之概念做更深一层的解释，即人类的认知器官具有生理构造上的一致性，这种一致性反映在认知活动中，表现为人类族群对事物的认知具有相同的特点以及相似的程式。然而，人类心灵之器质和功能上的一致性，也使谬误的产生具有了双重渠道。一方面，由于心灵自身特有的认知特点和功能，使其在认知事物时不可避免地掺入自己的东西，从而扭曲并主观化了事物的真实性质。另一方面，由于心灵的这种认知特征是人类族群所普遍皆有的，那么当他们犯错时也必然是以同一种方式来犯同一类错误。此外，培根的洞穴假象也鲜明地体现了近代谬误思想之心理与认知的特征。如果说族类假象隐喻了人类群体普遍共有的认知缺陷，那么族类假象则主要针对个体所特有的不当认知习惯或风格，即由于个体认知器官与生俱来的特殊性，以及后天环境中的交往、习惯和教育的差异，进而使不同个体具有不同的认知倾向。

除培根以外，其他近代学者也大都持一种心理与认知的谬误理论或观念。在《人类理解研究》中，休谟将人心的知觉分为两类，即"印象"和"观念"，前者是对感性材料的直接感知，后者则是通过印象的反省而得到的间接知觉。休谟认为："尽管不同观念相互联结的现象是显而易见的，以至于我们不可能观察不到，但是，还未发现任何哲学家试图对所

---

① Lisa Jardine and Michael Silverthorne, eds., *Francis Bacon: The New Organon*, Cambridge: Cambridge University Press, 2000, p. 45.

有的联结原则进行枚举或分类。然而，这一主题却值得悉心考究。在我看来，观念之间的联结原则似乎只有三种，即'相似性''时间与空间的临近性'以及'原因或结果'。"① 休谟似乎要通过上述观点告诉我们，认知过程之所以会出现谬误，其原因就在于混淆或违反了观念之间的联系原则。

康德也认为，人类判断力的好恶通常将他们引向歧途。与此类似，笛卡儿认为，理性一旦越位于清楚、明白的观念以外，谬误便不请自来。作为笛卡儿的追随者，阿尔诺和尼古拉也将谬误视为哲学家或科学家的某种心理失准或认知偏差。从穆勒的谬误思想中也不难找出心理与认知的因素。在他看来，所谓谬误就是当事实本来不相结合的时候，而我们却认为它们是相互结合的。此外，穆勒的谬误分类包括"观察的谬误""混淆的谬误""概括的谬误"以及"简单考察的谬误"等，从中也能看到一种谬误研究的心理与认知偏好。不能忽略的是，莱布尼茨、洛克、贝克莱、斯宾诺莎等人对心灵及其认知能力的剖析，也充分佐证了近代谬误思想具有心理与认知特征的观点。

凸显于伍兹近期谬误思想中的心理与认知特征是受上述近代谬误理论中的类似研究倾向的影响。伍兹在表明其心理主义的立场时说："如果心理主义的观点认为，逻辑学就是要处理与你我类似之人是如何思考和推理的，那么，我们确实就是这样一种心理主义者。而且，我们是具有这样一种普遍倾向的心理主义者，即我们钟爱于逻辑学的理论互联性质，狭义来说，便是将逻辑学与认知科学和计算机科学相互关联。此类方法使逻辑学得以制定更为开放的研究纲领，用以探索逻辑自身是否能成为令人满意的发现式逻辑。"② 由此可见，伍兹的谬误思想具有心理与认知的特征是毋庸置疑的事实。除此以外，本书的前述部分也充分阐明了其谬误思想的这一特征，在此不做赘述。而我们此处的任务则是论证以下观点，即伍兹的谬误思想之所以会具有此类特征，是受发轫于近代的诸多带有心理与认知特征的谬误思想的影响使然；后者之于前者，潜在地

---

① David Hume, *An Enquiry Concerning Human Understanding*, edited with an Introduction and Notes by Peter Millican, New York, Oxford: Oxford University Press, 2007, p. 16.

② Dov Gabbay and John Woods, "The New Logic", *Logic Journal of the IGPL*, Vol. 9, No. 2, 2001.

具有启发、借鉴以及理论归宗的意义，即将其视为后者对前者的一种"影响"。

我们认为，用以支撑上述观点的论据主要来源于以下几个方面。

首先，伍兹曾经多次对近代谬误思想中的心理与认知特征表示认同，从中可以明显体悟到一种理论寻根的意味，尤以培根为甚。

培根的相关思想是近代心理与认知主义谬误论的典型代表。在《新工具》中，他强调心理因素在构建自然知识时所起的作用。即知识来源于我们与自然界中各类事物的联系之中，而对这些事物的认知则是手脑并用之后的结果。伍兹发现并认识到了培根思想中的心理与认知特征，并从其认知经济学的角度予以认同，指出："亚里士多德未予注意，但在培根那里却给予强调的观点是，人类是一种渴求知识的认知型生物，并且受制于我们在构建自然或与其进行互动过程中的可利用之资源的丰富性和局限性。……培根是近代第一位将心理主义融入逻辑学的重要思想家。"[1] 按照培根的观点，如果逻辑试图对人类能动体（human agency）进行说明，那么就必须毫无粉饰地面对其本来面目。因此，逻辑就必须以一种认识论的结构来呈现人类能动体的认知本质。伍兹由此认为："培根一方面将逻辑进行认识论化（epistemologize），另一方面又将认识论进行心理学化（psychologize），他所做的这两方面工作其实都转向了逻辑之自然化的研究道路。"[2] 自然化的逻辑（naturalized logic）以及逻辑的自然转向（naturalistic turn in logic）概念是伍兹谬误思想的最新研究成果，伍兹将其与培根的心理与认知的谬误论相联系，这一现象有力地佐证了以培根为代表的近代谬误思想对伍兹的影响。事实上，伍兹是从自身的理论诉求出发，在近代庞大的谬误思想库中寻找适当的素材用以支撑和佐证其自家的理论。具体来说，伍兹是从实践推理与认知经济的角度出发，对培根的谬误思想给予一种心理主义的解释。而恰逢其时的是，培根的谬误思想也确实具有明显的心理与认知主义倾向。所以，伍兹这种看似带有目的性或主观性的解释，实际上并非所谓的"生搬硬套"，而是在某

---

[1] Dov Gabbay and John Woods, Francis Pelletier, eds., *Handbook of the History of Logic*, volume 11: *Logic: A History of its Central Concepts*, Amsterdam: North-Holland, 2012, p. 549.

[2] Dov Gabbay and John Woods, Francis Pelletier, eds., *Handbook of the History of Logic*, volume 11: *Logic: A History of its Central Concepts*, Amsterdam: North-Holland, 2012, p. 552.

种程度上对近代谬误思想的一种创新、挖掘和重塑。同时，这也从侧面反映了西方近代谬误思想对伍兹的影响。

其次，伍兹指出，实践逻辑思想与培根的心理主义谬误论联系紧密，并在研究内容和研究方法的层面也有共通之处。

本书前文已述及伍兹基于实践推理与认知经济的新谬误观，而在新谬误观统辖之下的是一种实践逻辑理论（practical logic）。实践逻辑是伍兹近期谬误思想的基础性理论，同样具有典型的心理与认知特征。实践逻辑与培根的心理主义谬误论遥相呼应，伍兹对此给予了明确肯定："培根认为逻辑是理性心理学（rational psychology）的一部分，就实践逻辑的概念来看，他的这种观点与我们产生了强烈共鸣。尽管对培根的研究还有待深入，但我们的研究方法却能被恰如其分地称作'心理主义的方法'。"[1] 伍兹所谓的"强烈共鸣"，必然是指培根的谬误思想与其实践逻辑理论具有共通之处，而这种"共通之处"其实就是二者所共有的心理与认知主义特征。此外，从伍兹的上述原话中可以解读出两条信息。第一，从理论内容的层面看，培根的"理性心理学"与伍兹的"实践逻辑"探讨的是同一领域，即二者都将心理与认知的因素融入对谬误的研究和解释当中。第二，从研究方法的层面看，培根诉诸对人们的日常生活经验和心理认知特性的考察，英国经验主义哲学是其理论基础；而伍兹的研究方法则诉诸当代最为前沿的认知科学、行动理论以及人工智能等学科，其理论基础是非形式逻辑，以及现今的各类形式化公理系统。可以看到，即使年代相隔久远、理论基础存在差异，但前者与后者在方法论旨趣等方面却有着明显的交集，即都是运用心理主义的方法，对人类认知过程中的谬误现象进行广义的逻辑说明。

最后，除培根以外，近代谬误研究之巨匠穆勒也对伍兹的谬误思想产生了一定程度的影响。

伍兹认为，穆勒洞察到了人们日常的归纳习惯并非一般认为的那样，而是对认知资源及能力的更为恰当的适配策略。正如穆勒在《逻辑体系》中所指出的："忽略了以下一点便会酿成更深层次的错误，即虽然得出此类归纳的过程是恰当的，但它并不能成为终极真理，它必然是依循某种

---

[1] Dov Gabbay and John Woods, *A Practical Logic of Cognitive Systems*, volume 1: *Agenda Relevance A Study in Formal Pragmatics*, Amsterdam: Elsevier, North-Holland, 2003, p.7.

更基础的规则而得出的结果。因此，在我们从中推断出一些东西之前，它至多被认为是一种经验性规则，适用于那种需经观察而得出的并受空间和时间限制的归纳类型。"[1] 事实上，穆勒上述关于归纳推理的观点非常类似于伍兹的认知经济的谬误观，即人的推理受时间、信息以及计算能力等各类认知资源的限制。具体来说，穆勒对归纳推理的解释在很大程度上启发并蕴含了伍兹后来对"轻率归纳"这一谬误的解释，即"一般常识认为轻率归纳是一种谬误，如果真是这样，即便是传统谬误理论家都会对轻率归纳谬误的出现频率感到震惊。我们看待该问题的方式便是提供一个与传统观念不同的回答，即现于个体的轻率归纳现象对于他们的认知和实践活动来说并非一无是处"[2]。就上述论题来看，穆勒作为近代谬误思想的研究大家，对伍兹的影响还是比较明显的。

近代西方的谬误思想除了具有心理与认知的特征外，还凸显非形式逻辑或应用逻辑的特征。之所以用"或"这个词来连接"非形式逻辑"及"应用逻辑"二词，是因为它们的内涵在当下西方学界的语境中是基本同一的。因此，首先对"非形式逻辑"和"应用逻辑"的内涵同一性做一简要介述，然后再对近代谬误思想的这一特征进行阐述。这种安排的目的有二：第一，当"应用逻辑"和"非形式逻辑"二词在下文中穿插出现时，读者不至于将它们误认为两个不同的概念进而扰乱理解；第二，对"应用逻辑"或"非形式逻辑"的内涵进行在先说明之后，能够使读者对西方近代谬误思想的这一特征有更加深入的理解。

总的来看，应用逻辑实际上就是非形式逻辑，二者只是叫法上的不同。伍兹前期谬误理论的合作伙伴，来自加拿大温莎大学的道格拉斯·沃尔顿表示："较之于'非形式逻辑'的叫法，我更喜欢'应用逻辑'这个词。"[3] 至于沃尔顿为何更喜欢"应用逻辑"而非"非形式逻辑"的叫法，并非此处的关注重点。而重点在于，从他的这句话中，我们可以解析出一个明确的意涵，即非形式逻辑和应用逻辑实则是一回事。此外，

---

[1] John Mill, *A System of Logic: Ratiocinative and Inductive*, Toronto, Buffalo: University of Toronto Press, 1981, p.789.

[2] Dov Gabbay and John Woods, "The New Logic", *Logic Journal of the IGPL*, Vol.9, No.2, 2001, p.146.

[3] Douglas Walton, *The Identity Crisis of Informal Logic*, International Society for the Study of Argumentation, International Conference 4th, 1999, p.5.

来自温莎大学的安东尼·布莱尔也认为:"当下被称作'非形式逻辑'的学问也可以被同等地称作'应用逻辑''论证—评估逻辑'或其他名字。"[1]

通过枚举、比较权威学者对非形式逻辑和应用逻辑的定义,可以有效地说明二者的理论同一性关系。关于非形式逻辑的概念界定已有很多,具有代表性的来自内华达大学的毛里斯·菲诺切罗和温莎大学的拉尔夫·约翰逊。菲诺切罗认为:"作为一个学科分支,我当下谈及的这一领域(指非形式逻辑)之目标是对关于'解释''分析''评估''推理和论证之实践改善'等概念和原则进行公式化、测试、系统化以及澄清。"[2] 约翰逊则是通过将非形式逻辑与形式逻辑进行比较来说明前者,依他的看法:"形式逻辑是关于蕴含的学问,即处于命题或声明之间的,或有或无的一种关系。严格蕴含系统的发展已然超越了其对实质蕴含的不满,这一点可以作为上述观点之真实性的证据。另外,非形式逻辑则将论证作为其研究对象,这种研究活动典型地发生于现实生活的场景中。因此,非形式逻辑学家所面对的一系列任务就与形式逻辑领域罕有相似之处了。"[3] 以上便是权威学者对非形式逻辑之内涵的大致界定。此外,前文有述,应用逻辑的内涵主要是由雷斯切和辛提卡两位学者来界说的,他们对应用逻辑的界定基本一致,即突出其心理认知和实用实践的特点。

通过考证权威学者对非形式逻辑和应用逻辑的若干定义,我们可以较为容易地从中发现二者的理论同一性关系。这种同一性关系表现为非形式逻辑和应用逻辑的若干共同点,即实用及实践之特性、心理与认知的特点、对论证的共同研究旨趣,以及研究领域的多元与交叉和对形式逻辑的批判性态度。既然非形式逻辑和应用逻辑在概念内涵上如此相似,甚至一致,并且这种一致性也得到了众多权威学者的佐证,那么当非形式逻辑和应用逻辑二词在下文穿插出现时,便可对它们不加区分,而只看作指意相同的不同叫法即可。对非形式逻辑和应用逻辑之内涵进行详

---

[1] Anthony Blair, "Informal Logic and its Early Historical Development", *Studies in logic*, Vol. 4, No. 1, 2011.

[2] Maurice Finocchiaro, "The Port-Royal Logic's Theory of Argument", *Argumentation*, Vol. 11, No. 4, November 1997.

[3] Ralph Johnson, "The Blaze of Her Splendors: Suggestions about Revitalizing Fallacy Theory", *Argumentation*, Vol. 1, No. 3, 1987.

细阐明的另一个重要目的，则是为下文即将论述的西方近代谬误思想中的相应特征做一个在先的理论铺垫，以利于读者的理解。

近代西方的谬误思想具有鲜明的非形式逻辑或应用逻辑的特征，其主要表现在阿尔诺和尼古拉的逻辑思想中。通过深入分析发现，渗透于二者谬误逻辑思想中的上述特征主要体现在三个方面。

首先，可以从二者之代表性著作的标题中解读出一种逻辑哲学思想，其中带有明显的非形式或应用逻辑的特征。众所周知，阿尔诺和尼古拉的代表性著作名为"逻辑或思维术"，通过对该书名称及其相应内容的分析可知，作者是想通过它来表达一般意义上的逻辑哲学思想，即逻辑是一种关于思维的艺术。其中，体现这种思想的关键词汇便是"艺术"（art）和"思维"（thinking）。就"艺术"这个词来说，两位作者似乎有意地将它与"科学"进行对比。在他们看来，科学是众多抽象理论体系的总称；与此相反，艺术学科则处处彰显着实用以及实践的特质。具体来说，艺术是由不同类型的技巧（skills）所构成的，而技巧若想得到提升和发展，则不得不诉诸实践和应用。可以明显看到，阿尔诺和尼古拉似乎是在用"艺术"来隐喻"逻辑"，并通过艺术学科的自身特质来传达这样一条信息，即逻辑学是一门艺术。因此，逻辑学的研究应该像一门精巧的技艺那样具备某种实践或实用的特质，而不应仅限于抽象的、干涩的形式化构造。除了"艺术"一词以外，著作标题中的"思维"一词也暗含着前述非形式逻辑或应用逻辑的特征。因为在阿尔诺和尼古拉看来，"思维"一词能够显示这样一种意义，即它具有某种趋同于心理认知能力的准经验型导向（quasi-empirical orientation）。换句话说，逻辑思维的发生及其处理问题的所在环境，应该是人类的现实生活世界，而不应该局限于抽象的符号域。正如约翰逊在前面的定义中所说的，"非形式逻辑之研究典型地发生于现实生活的场景中"。此外，"思维"一词还告诉我们，逻辑的原始智力源泉出自人类心灵，而人心是感性杂多之经验的天然集聚地。在这里，经验的丰富性、或然性和无序性是一般状态，而抽象的秩序、规则或定理则是非主流因素。

其次，蕴含于《逻辑或思维术》中的范例也体现了非形式逻辑或应用逻辑的特征。两位作者在书中使用了大量实例用以阐释其逻辑思想。实例的来源大都是具体的生活实践，并且涉及的学科领域甚为广泛，包括修辞学、伦理学、神学、形而上学、物理学以及几何学等，不胜枚举。

一方面,这种风格与前述的非形式逻辑的广泛研究旨趣相符。事实上,这也是当代非形式逻辑研究的一个重要特征,即它会最大限度地研究一般意义下的推理和论证,而绝不限于诸如哲学论证或数学推理这样的特殊领域。另一方面,这些实例本身又凸显着与当代非形式逻辑相一致的实践和应用特征。众所周知,非形式逻辑或应用逻辑的标志性特征便是其实践性和应用性。这种性质决定了,其理论论证所涉及的例子或素材必须来源于现实生活环境,而不是抽象的或人为构造的场域。据此,非形式逻辑对形式逻辑进行诟病的一个重要原因就是,后者在理论论证的过程中,通常不屑于在现实生活或日常实践中寻找范例,而一味地钟情于人造的以及不真实的例子。阿尔诺和尼古拉从逻辑教学的角度出发,为其基于实践和应用的逻辑论证方法进行自我辩护:"学生们惯于对'逻辑'一词给予狭义地理解从而忽视其更为宽泛的意涵。……由于学生们从未看到过将逻辑应用于实践的那一幕,因此他们也不会实际地运用逻辑,故只是将其视为琐碎和空费精力的东西而抛之脑后。基于这种情况,我们认为对该问题进行补救的最好方法便是,如我们通常所做的那样避免将逻辑与其他学科相分离,反之辅以列举实例的方法将逻辑与其他既存的知识体系相融合。这样一来,那些抽象之规则与具体之实践,便会同时显现出来为人所识。"[①] 由此可见,生活于几百年前的这两位学者,其逻辑观已经惊人地具有了与当代非形式逻辑或应用逻辑相一致的理论风格。

最后,倘若阿尔诺和尼古拉的逻辑理论或观念具有非形式逻辑或应用逻辑的特质,那么作为其逻辑理论之一部分的谬误思想也必然受其影响,从而相应地呈现出一种非形式逻辑或应用逻辑的特征。而事实上也确实如此。具体来说,此类特征在阿尔诺和尼古拉的谬误分类思想中表现得尤为凸出。

在《逻辑或思维术》中,作者将逻辑界定为由以下四个论题构成的完整体系,即概念(conception)、判断(judgment)、推理(reasoning)和方法(method)。该书据此分为四部分。在"推理"部分中,作者将谬误分为两大类。第一大类是"作为错误推理之不同方式的谬误"。这类谬

---

[①] Antoine Arnuald and Pierre Nicole, *Logic or the Art of Thinking*, Translated and Edited by Jill Buroker, San Bernardino: Cambridge University Press, 1996, p. 16.

误与科学方法中的常见错误相关，共 10 种。其中 8 种来自亚里士多德的传统谬误列表①，且基本上与亚里士多德的释义保持一致。第二大类是"现实生活和日常对话中的谬误"。该类谬误又进一步分为两小类。第一小类是关于"自爱、私利和狂热的谬误"，共 9 种。阿尔诺和尼古拉对该类谬误的解释是："如果悉心探察人们接受这种观点而否弃那种观点的原因，那么便会发现，做出这种选择的原因并非是对真理的洞悉或理性的推论，而是来自诸如'自爱''私利'以及'狂热'这样的因素。我们的大部分疑惑都是由这些因素所引起并受其影响。这些因素使我们在判断的时候举棋不定，但却还对它们深信不疑。我们判断一事物的时候并不依据其自身的性质，而是看它与我们有何种关系。我们是将'效用'误当作了'真理'。"②可以看到，这类谬误导源于推理者的心理状态，即内部因素使然。第二小类是关于"外物引起的错误论证"，共 7 种。作者对此类谬误界说是："将引起谬误的原因区分为'内部认知的问题'和'外部事物自身的问题'是没有必要的。因为，即使可利用的线索不够充分，但只要我们不强迫心灵做出草率判断，那么就不会被事物的外在假象所欺骗，进而犯下谬误。然而，由于避免犯错的意志不能将上述这种谨慎的能力应用于对某一清晰、澄明之事物的理解，因此可以明显看到，来源于外部事物自身的暧昧不明对谬误的产生起到了极大的促进作用。"③很显然，这类谬误与外部因素相关。通过上述对阿尔诺和尼古拉之谬误分类情况的简要介绍，可以从中看到，尤其是第二大类谬误，即再经过进一步细分而得到的"自爱、私利和狂热的谬误"以及由"外物引起的错误论证"之谬误，典型地具有应用逻辑或非形式逻辑的"实用及实践""心理与认知"，以及"研究领域的多元与交叉"等特征。

怀特莱对谬误研究的认知和理解也呈现出一种非形式逻辑或应用逻辑的特征。或者可以这样说，他的理论使我们进一步明晰了谬误研究所本应具备的实践和实用之特质。怀特莱认为，逻辑的基本功能之一便是

---

① 亚里士多德将谬误分为"与语言相关"和"与语言无关"的谬误，前者 6 种，后者 7 种。关于这 13 种谬误的具体论述，详见本章第一节"亚里士多德的谬误思想"部分。

② Antoine Arnuald and Pierre Nicole, *Logic or the Art of Thinking*, Translated and Edited by Jill Buroker, San Bernardino: Cambridge University Press, 1996, p. 204.

③ Antoine Arnuald and Pierre Nicole, *Logic or the Art of Thinking*, Translated and Edited by Jill Buroker, San Bernardino: Cambridge University Press, 1996, p. 204.

教导我们到哪里去寻找谬误，并依据何种原则对其进行评判性评估。对"不当假定前提""语词歧义"的处理，虽然不是严格的形式逻辑的一部分，但它们也绝没有超越逻辑研究的范畴之外。谬误理论应该思考的是如何使这些论题本质地与逻辑的应用相关联。可以想见，怀特莱以此为宗旨，自然会将非形式逻辑或应用逻辑的风格注入他的谬误理论当中。此外，"应该给予注意的是，对错误论证的密切观察和逻辑分析的目的是形成一种心理习惯，该习惯须完美地适合于对谬误的实际发现。基于这个理由，就需要我们在对谬误进行修正时更加小心，需要谨记谬误对人们的思维所产生的普遍影响。……目前，若想让人们现实地意识到这一点是不太可能的，而他们更可能做到的只是熟练地掌握整个谬误理论。也许是出于好意，逻辑学家更加不可能去普遍地研究像你我一样存在的人，在谬误论中的地位"[1]。通过上述内容可以总结出两点：一方面，怀特莱从逻辑的观点出发来看待谬误，对蕴含于谬误中的程序给予科学的分析；另一方面，他将研究视点从纯粹的谬误本身稍向后移，从而落在了犯下这些谬误的人的身上，并以此为基础，在谬误研究中强调作为谬误之宿主的人的实践性和心理因素，进而为其谬误理论留下了明显的非形式逻辑或应用逻辑的烙印。

西方近代谬误思想的这种非形式逻辑或应用逻辑的总体风格，在某种程度上启发、诱导并促进了约翰·伍兹带有同样特征的谬误思想的成形，并为其谬误理论的具体建构提供了重要的思想素材和理论依托。由此而论，可认为前者对后者产生了一定的"影响"。相对来看，阿尔诺和尼古拉对伍兹的影响较具代表性。难怪伍兹认为"阿尔诺和尼古拉是非形式逻辑思想的早期倡导者"[2]。当然，在给出恰当的论据之前，上述论点只是尚待证明的意见，还不具备所谓的"有效性"。因此，我们从不同方面提供一些相对合理的论据，旨在对预设之论点给予证明。

伍兹发现并明确指出了蕴含于阿尔诺和尼古拉谬误思想中的"日常推理"与"科学推理"的区分，其与伍兹的类似区分保持一致。

---

[1] Richard Whately, *Elements of Logic*, Replica of 1875 ed. by Longmans, London: green and co., 2005, p.190.

[2] Dov Gabbay, John Woods and Francis Pelletier, eds., *Handbook of the History of Logic*, volume 11: *Logic: A History of its Central Concepts*, Amsterdam: North-Holland, 2012, pp.563–564.

一方面，从阿尔诺和尼古拉的谬误分类中可以看出这种区分的存在。前文有述，二者将谬误分为两大类。第一大类是"作为错误推理之不同方式的谬误"。此类谬误多为形式谬误，与"演绎推理"和"归纳推理"中的常见错误相关，而演绎推理和归纳推理是"科学推理"的最一般形式。第二大类是"现实生活和日常对话中的谬误"。该类谬误又可进一步分为两小类：第一小类是关于"自爱、私利和狂热的谬误"，第二小类是关于"外物引起的错误论证"。可以明显看到，第二大类谬误与"日常推理"紧密相关。以第二大类之第一小类中的9种谬误最为明显，包括起自私利的谬误、起自狂热的谬误、起自盲目他信的谬误、起自虚荣的谬误、起自盲目自信的谬误、起自嫉妒的谬误、起自好辩的谬误、起自恭顺的谬误以及起自责任（承诺）的谬误。上述谬误类型的宿主都是现实生活中的人，并且与这些人的"日常推理"息息相关。由此可见，在阿尔诺和尼古拉那里，对于"科学推理"和"日常推理"有着明确的区分。并且，关于日常推理方面的谬误分类，具有典型的非形式逻辑或应用逻辑的特征。

另一方面，伍兹认为，"阿尔诺和尼古拉对关于正确推理的科学范式表示极大的不信任。这种怀疑导源于二者头脑中的三个信条"[1]。通过伍兹对阿尔诺和尼古拉的这种分析，也能够看出蕴含于后者中的"科学推理"与"日常推理"之区分的存在。在伍兹看来，这三个信条分别是，第一，由于日常生活中的推理并不渴求其自身与科学的严谨性标准相匹配，所以就不能仅因为日常推理无法对科学范式进行严谨精确的说明，而将其视为有缺陷的推理形式。第二，导致日常推理出现错误的原因与导致科学推理出现错误的原因是极为不同的。需要特别指出的是，阿尔诺和尼古拉认为，无节制的情感表达以及根深蒂固的偏见，通常是导致日常推理错误的主要原因。在伍兹看来，"这种观点是对不断进化之中的谬误观念的重要发展"[2]。第三，如果说科学推理是对已知事物的有秩序的证明性表征，那么日常推理则更多的是对未知真理的发现。由此便可

---

[1] Dov Gabbay, John Woods and Francis Pelletier, eds., *Handbook of the History of Logic*, volume 11: *Logic: A History of its Central Concepts*, Amsterdam: North-Holland, 2012, p. 564.

[2] Dov Gabbay, John Woods and Francis Pelletier, eds., *Handbook of the History of Logic*, volume 11: *Logic: A History of its Central Concepts*, Amsterdam: North-Holland, 2012, p. 564.

以预期两种潜在的逻辑理论，即前一种关于对已知事物之证明的理论，可称作"证明的逻辑"（logic of demonstration）；而后一种关于发现未知真理的理论，可视为"发现的逻辑"（logic of discovery）。由此可见，在阿尔诺和尼古拉那里，不仅具有异常明了的关于"科学推理"和"日常推理"的区分，而更为重要的是，蕴含于其理论中的"发现的逻辑"实际上是当代非形式逻辑或应用逻辑的早期雏形。

此外，伍兹发现并明确指出了蕴含于阿尔诺和尼古拉谬误思想中的关于批判"科学推理"的倾向，其与伍兹谬误思想中的类似倾向相一致。

在《西方逻辑中的谬误史》一文的"安东尼·阿尔诺和皮埃尔·尼古拉"部分，伍兹通过对《逻辑或思维术》中的典型文本进行分析，进而明确指出了两位作者对"科学推理"的批判性态度。第一段文本来自该著作的前言（1），阿尔诺和尼古拉如是说："问题似乎是这样的，一般的哲学家除了给出一些关于推理的或好或坏的规则以外，几乎不对逻辑作更深一步的研究。基于这种情况，我们不能说这些规则完全没用，因为它们有时确实对揭示不良论证中的错误有所助益，并以一种更加令人信服的方式将我们的思维安置妥当。但是，我们也不该误以为其效用的覆盖面很宽，考虑到人类所犯的大多数错误并非由于受到了错误推理的欺骗，而是理所当然地做出了错误的判断，并从这些错误的判断中推出了错误的结论。直到现在，那些研究逻辑的人都很少对这一问题进行补救。"① 伍兹通过对此段文本进行透彻分析之后认为："阿尔诺和尼古拉所表达的意思实际上与后世学者对亚里士多德三段论逻辑的控诉是一致的，即在分析实效推理过程中的心理活动时，此类逻辑可以说收效甚微。"② 事实上，正如伍兹所分析的那样，阿尔诺和尼古拉所谓的"一般哲学家"是拥护亚氏三段论逻辑的哲学家，他们给出的那些关于推理的或好或坏的规则，也都是在演绎逻辑的语境下来说的，即一种形式规则。这种限于形式性（formality）的规则，其作用范围必然无法大范围扩展到人们的现实生活中。正如阿尔诺和尼古拉指出的，其职能范围只限于对推理过

---

① Antoine Arnuald and Pierre Nicole, *Logic or the Art of Thinking*, Translated and Edited by Jill Buroker, San Bernardino: Cambridge University Press, 1996, p. 9.

② Dov Gabbay, John Woods and Francis Pelletier, eds., *Handbook of the History of Logic*, volume 11: *Logic: A History of its Central Concepts*, Amsterdam: North-Holland, 2012, p. 554.

程进行形式的规范，而无法控制那些通过"判断"而得来的推理前提的对与错。然而，决定着推理前提的对与错的"判断"则恰恰来源于现实的生活世界。因此，演绎推理作为科学推理的一种特殊形式，并非万能的，而归纳推理作为另外一种科学推理的形式，亦然。

第二段文本来自《逻辑或思维术》的前言（2），阿尔诺和尼古拉如是说："经验事实显示，在一千个研习逻辑的年轻人中，当他们在六个月之后完成该门课程时，只有不到十个人达到了对逻辑全面掌握的程度。……由于学生们从未看到过将逻辑应用于实践的那一幕，因此他们也不会实际地运用逻辑，故只是将其视为琐碎和空费精力的东西而抛之脑后。"[1] 伍兹认为，在此段文字中"阿尔诺和尼古拉展示了对某种理论的前瞻，该理论即是在我们这个时代被称作'非形式'或实践逻辑的东西。由于三段论逻辑的形式演绎性质无法说明推理的实际操作情况，由此可以认为，推理必然是这样一种过程，即该过程所要处理的是大量的现实生活中的问题，而演绎逻辑对于现实生活中的这种应用则是微乎其微的"[2]。按照伍兹的上述理解，阿尔诺和尼古拉实际上持有这样一种观点，即我们在现实中所面对的各种挑战，更多的是揭示事物的真理以及它们可能是怎样的，但却很少去证明它们。由此可以推出，作为演绎或证明的规则，它的应用性或实用性是有所局限的。正是由于对现实事务的普遍不适应，这种演绎或证明的规则才会快速地被年轻的学生或逻辑学家所淡忘。

从伍兹对《逻辑或思维术》的文本分析可以看出：一方面，阿尔诺和尼古拉的谬误思想具有明显的非形式逻辑或应用逻辑的特征。这一点已经潜移默化地蕴含在伍兹对二者的评论当中。另一方面，可以较为明显地看到，伍兹是从"正面"来评价阿尔诺和尼古拉谬误思想的这一特征的，其字里行间显示着一种支持、认同乃至褒奖的意味。试想，如若阿尔诺和尼古拉之谬误思想的非形式逻辑或应用逻辑的特征没有对伍兹产生任何影响，那么想必后者也没有必要耗费篇幅来对前者的相关文本

---

[1] Antoine Arnuald and Pierre Nicole, *Logic or the Art of Thinking*, Translated and Edited by Jill Buroker, San Bernardino: Cambridge University Press, 1996, p. 16.

[2] Dov Gabbay, John Woods and Francis Pelletier, eds., *Handbook of the History of Logic*, volume 11: *Logic: A History of its Central Concepts*, Amsterdam: North-Holland, 2012, pp. 554–555.

进行详尽解读，并不失时机地表露自己的赞许之意。我们由此认为，阿尔诺和尼古拉确实影响到了伍兹。至于得出这一结论的思考理路以及理论依据为何，上述内容已经详细谈及。下文中，对这一"影响"做出简要的总结性陈述：

伍兹对阿尔诺和尼古拉的上述评论其实反映了其最新的自然化逻辑思想的核心要旨，即作为一般科学之方法论的"演绎推理"和"归纳推理"，不适合作为日常生活中的常用推理形式，将它们作为评估日常论证之恰当与否的标准是不合适的。在伍兹看来，可以担当这一任务的是其自然化逻辑思想中的重要概念，即"第三类推理"（third-way reasoning）。第三类推理是现实生活中最常见的推理，它蕴含着大量的经验、心理和认知因素。主体的推理大多是这种推理，同时也是谬误的天然聚居地。伍兹的这种观点与阿尔诺和尼古拉的相关思想保持一致。正如前述的《逻辑或思维术》的相关文本所示，两位作者认为，以"演绎推理"和"归纳推理"为代表的科学推理，不能很好地完成日常生活中的推理任务，其明显缺乏非形式逻辑或应用逻辑的实践性和应用性。因此，与伍兹相同，阿尔诺和尼古拉同样主张一种区别于科学推理，并能在现实中取得实际效用的推理形式，尽管他们没有如前者那样将此种推理明确地命名为"第三类推理"，并把它作为一个特殊概念进行详细阐释。由此可见，蕴含于阿尔诺和尼古拉谬误思想中的非形式逻辑或应用逻辑思想，对伍兹有着直接的影响。

然而，如前所述，在近代西方的谬误思想库中，绝不仅仅有阿尔诺和尼古拉的谬误思想具有非形式逻辑或应用逻辑的特征，只是后者的此类特征较为典型而已。基于此种情况，我们可以进一步得出的结论是：以阿尔诺和尼古拉为代表的近代谬误思想中的非形式逻辑或应用逻辑的特征，必然在某种程度上作用于并影响了伍兹的相关理论。其中，非形式逻辑或应用逻辑的实践性、实用性、心理以及认知等特性，作为纽带将伍兹与近代谬误思想紧密地联系在一起。因此，我们完全有理由说，近代西方的谬误思想对伍兹产生了并且持续产生着影响。

通过上文的研究，我们得出了一个基本结论：伍兹在近代西方谬误思想的素材库中找寻可以支持其自家谬误理论的依据。从这层意义上说，近代思想不仅对伍兹的谬误理论有所影响；反过来看，伍兹也是在以其自身的理论概念和框架，来重新解读和诠释近代的谬误思想。由此可见，这种所谓的"影响"绝对不是单通道的,而是互为影响、双向融通的。

## 第三节 汉布林的谬误思想

查尔斯·汉布林的谬误思想及理论是分隔传统谬误研究和当代谬误研究的界碑。荷兰阿姆斯特丹大学的范·爱默伦对汉布林及其工作评价道:"汉布林的著作,包括著作中所蕴含的对谬误研究的理论贡献,已经成为当代谬误研究领域的'标准议题'(standard work)。其重要性不仅在于对谬误研究史的精彩阐释,而且在于对标准谬误论之病灶的有效诊断。"[1] 正如爱默伦所说,汉布林通过对传统谬误研究之"标准方法"的批判性解读,进而在谬误研究领域发起了一场废止传统、迎接新纪元的战役,使谬误研究史由此步入了当代阶段。而伍兹则是这场战役中冲在最前方的战士之一。

以亚里士多德为代表的传统谬误论,和以怀特莱、柯比等人为代表的标准谬误论,在理论分析的过程中表现得刻板、牵强,效果也差强人意。造成这一境况的主要原因在于:一方面,亚里士多德式的谬误论过于注重从"论辩"及"语言"的层面分析谬误,考虑到亚氏《辩谬篇》的问世时间要早于他的《前分析篇》,因此前者所阐发的谬误思想明显缺乏当代谬误研究所本应具有的逻辑因素;另一方面,标准谬误论虽然是从形式逻辑的角度考察谬误,但其逻辑类型过于单调,仅限于传统的三段论逻辑、谓词逻辑和命题逻辑。事实表明,这些逻辑工具的古旧程度早已无力满足当代谬误研究的需要,其分析问题的精准、系统以及深入程度,与20世纪下半叶发展起来的各种高级符号逻辑系统相去甚远。鉴于此,汉布林毫无怜悯地对20世纪70年代以前的谬误研究境况做出了评价:"实际情况是,目前来看没有任何人对那个处于逻辑学科之边缘的谬误理论感到满意。正如我即将在后面指出的,在某些方面,我们对谬误的研究仍处于12世纪以前的中世纪逻辑学家的水平:我们需要将遗失已久的谬误研究的真正信条重新捡拾起来。"[2]

---

[1] Frans van Eemeren ed., *Crucial Concepts in Argumentation Theory*, Amsterdam: Amsterdam University Press, 2001, p. 150.

[2] Charles Hamblin, *Fallacies*, London: Methuen & Co. Ltd., 1970, p. 11.

由此，汉布林呼吁将谬误研究的工具定位于当代高级逻辑系统，并就此终止传统逻辑或标准谬误论对该学科的有害干预。汉布林在其1970年的代表作《谬误》一书中，构建了自己的谬误分析工具或视其为看待谬误的观念框架，即所谓的"形式论辩术"。仅仅两年之后，即1972年，伍兹受汉布林新式思维框架的直接影响，也投身于谬误研究领域，并发表了其谬误研究生涯的处女作《论谬误》，并以此为契机着手构建他的"形式方法"，或称"伍兹—沃尔顿方法"。因此我们得出结论，汉布林对伍兹的影响主要表现为一种理论的"启发与激励"。毫不夸张地说，之所以在当代西方学界会出现伍兹这样一位建树颇丰的谬误理论家，或许应该感谢当年的汉布林为伍兹所充当的启蒙者和领路人的角色。否则，我们也许难以在当下西方主流学界寻觅伍兹的身影。本节的主要任务就是对上述这种理论启蒙的成因及其映射在学理层面的具体内容给予深入探究。

**一 汉布林谬误思想概要**

一般地看，汉布林的谬误学说由两部分构成：其一是思想部分，即对传统谬误研究之标准谬误论的批判；其二是理论部分，即为了处理标准谬误论遗留下来的残局所构建的形式论辩术。以上两部分内容构成了汉布林整体谬误思想的主干。然而，若想确切了解汉布林对标准谬误论的批判思想为何，其前提条件是知道标准谬误论本身为何。因此，首先对"什么是标准谬误论"这一无法绕过的问题做精简解答。

标准谬误论或谬误分析的标准方法成型于怀特莱，随后集大成于夏威夷大学学者艾尔文·柯比（Irving Copi）。前者的代表作是《逻辑要义》，而后者的代表作则是被视为充分诠释了"标准方法"的教科书《逻辑学导论》（*Introduction to Logic*）的系列版本。可以将"标准谬误论史"进行简要描述。1826年，怀特莱的《逻辑要义》首次面世。他在书中指出，自亚里士多德以降，关于谬误的分类和定义的研究缺乏清晰的原则，主张以逻辑为工具处理谬误。怀特莱由此认为："那种能够将谬误划分为逻辑的和非逻辑的原则是很重要的，以此原则为基础，谬误研究中的所有混乱将得到澄清。"[1]随后，他的这种思想逐渐成为谬误研究界的主流，

---

[1] Richard Whately, *Elements of Logic*, Replica of 1875 ed. by Longmans, London: green and co., 2005, p.174.

并被当代学者称为谬误分析的"标准方法"。柯比、科恩、布莱克、希柏等学者将该方法广泛用于逻辑教科书中的谬误案例分析。其中，尤以柯比的影响最大，其1953年初版的《逻辑导论》所阐发的谬误理论，被认为是当代标准谬误论的代表。此后该书又多次再版，截至2014年已经发行了14版之多。

既然要考察什么是标准谬误论，就必须明确它是如何对谬误进行定义的。此处以标准谬误论的集大成者柯比的定义为例。柯比认为，谬误能够以多种方式将推理引入歧途，因此见于论证中的错误可谓多种多样。一般情况下，如果某类论证虽然并不正确但却在心灵层面具有一定程度的说服力，那么便称此类论证为谬误。谬误本身的含错程度是不同的，有些论证的谬误特征较为明显，几乎无法欺骗任何一个理智健全的人。而另外一些错误论证则相当危险，此类论证的谬误特征隐藏之巧妙，以至于大多数人都可能被其所愚弄。按照上述思路，柯比给出了他对谬误的定义，即"我们将谬误定义为一类论证，此类论证看似正确但通过考察可证明其并非如此"[1]。此外，作为标准谬误论之先驱的怀特莱的谬误定义与科比基本保持一致，可以看作与后者具有同一基因的较早版本，即："谬误是一种不健全的论证模式。该模式看似值得相信，且对于论证来说极为重要，但实际上并不如它看似的那样。"[2] 可以通过标准谬误论的这两个最具代表性的谬误定义解读出这样一条信息，即虽然在措辞以及表述等字面层次存在些微不同，但可以较为清晰地看到，这两个标准定义皆是从"'无效'的'论证'"角度来界说谬误的。并且，其中不约而同地蕴含着"看似"（seem to 或 appear to）一词。由此，以柯比为代表的这种标签式的谬误定义，被当代学者视为典型的标准谬误论的定义。其中，"看似""无效"以及"论证"这三个概念或字眼是标准谬误定义的最为明显的标签。对它的这一特点应给予注意。

除了谬误的定义以外，关于谬误的分类思想也是构成标准理论的重要内容。鉴于前文已经就怀特莱的谬误分类情况做了详细论述，故此处

---

[1] Irving Copi and Carl Cohen, *Introduction to Logic*, 8th ed., New York: Macmillan Publishing Company, 1990, p. 92.

[2] Richard Whately, *Elements of Logic*, Replica of 1875 ed. by Longmans, London: green and co., 2005, p. 168.

仍以柯比为代表加以论之。较之于亚里士多德以及阿尔诺和尼古拉等前代学者，柯比的谬误分类在理论风格上更加现代，也更易于人们理解和接受。然而，与亚里士多德等人的显著区别在于，后者更加强调以逻辑作为谬误分类之标准。这一特点反映在柯比的具体分类实践中，便是将谬误从根本上分为两大类，即形式谬误（formal fallacies）和非形式谬误（informal fallacies）。所谓形式谬误，是指"前提"与"结论"之间具有错误的蕴含关系，以及不当的推理步骤的论证。换句话说，形式谬误是就特定的推理形式和规则来说的。柯比将该类谬误划分为10种，即四名词谬误、中词不周延谬误、中词暧昧的谬误、大词违规的谬误、小词违规的谬误、双否定前提谬误、从否定前提得出肯定结论的谬误、存在谬误、肯定后件谬误以及否定前件谬误。所谓非形式谬误，是指由于表意的含混和歧义而导致在建构论证的过程中出现的错误，此类谬误也可能是由论证的粗心大意，以及对论证题材之性质的认识不当而造成的。较之于形式谬误来说，非形式谬误实际上与推理的形式或规则无关，而是与论证的实质内容联系紧密。

柯比将非形式谬误进一步细分为3小类，即相干谬误、预设谬误和含混谬误。首先来看相干谬误。在柯比看来，"当某个论证所依赖的前提与其结论毫无干系，并因此无法证立该结论的真性质时，此时的错误便是一个相干谬误"[1]。柯比将相干谬误分为7种，包括诉诸无知、诉诸不当权威、诉诸人身攻击、诉诸情感、诉诸同情、诉诸暴力，以及不相干结论或称对反驳的无知。其次来看预设谬误。柯比认为，有些日常推理中的错误产生于不当的预设。不管是日常论证的表述者还是接收者，都无可避免地预设或默认毫无根据或未经证明的前提为真。这种不当预设有时出于疏忽大意，有时也出于刻意为之。而当论证中的这种关于前提的不当假设对得出某个结论非常重要时，该论证便是一种不良论证，并足以使思维陷入混乱。柯比将此类错误称为预设谬误。预设谬误由5种具体的谬误类型构成，即复杂问题、虚假原因、乞题、起自偶性以及起自逆偶然。最后来看含混谬误。柯比指出，"之所以有时我们建构的论证会失败，是因为在它们的表意中出现了含混不清的字词或短语，这些字词或短语的意义会随着论证进程的推

---

[1] Irving Copi and Carl Cohen, *Introduction to Logic*, 8th ed., New York: Macmillan Publishing Company, 1990, p. 93.

进而发生转移和变化,由此致使谬误得以产生。此类谬误即是所说的含混谬误,有时候它也被称为'诡辩'(sophisms)。含混谬误在大多数时候是粗制滥造的并且易于察觉,但偶尔也呈现出狡猾与诱人就犯的危险一面"[1]。柯比在著作中列举了5种含混谬误,分别是:一词多义、语义双关、重音谬误、合成谬误以及分解谬误。

  以上便是标准谬误论的谬误分类情况,对此有两点需要特别指出。第一点,《逻辑导论》的较早版本并未对相干谬误和预设谬误做出区分,即导论作者没有将预设谬误从相干谬误中单独分离出来,而是将前者掺混在后者之中统一称为相干谬误。换句话说,柯比在较早之前对非形式谬误持一种二分法模式,即只将其分为相干谬误和含混谬误。而在最近几年才对这种二分法进行调整,进而改换为非形式谬误的三分法,即:相干谬误、预设谬误和含混谬误。而三分法所多出来的这个预设谬误是从相干谬误中分离出来的,前者所蕴含的谬误子类在此前是属于后者之子类的一部分。然而,国内当下的一些关于谬误研究的专著和论文在论述柯比的分类情况时,还停留在《逻辑导论》早期版本的二分法模式。但是,随着该教材版本的不断更新,其关于谬误的分类模式已经发生了较大变化。从另一个角度来看,这也说明以柯比为代表的标准谬误论处在一种不断深入与细化的动态发展过程中。

  第二点,柯比将形式谬误之分类的讨论放在了《逻辑导论》的"论演绎"的部分,而非形式谬误的分类内容则被置于"谬误论"一章。可以从形式谬误和非形式谬误这种分开摆放的章节设置中看出:柯比明显地是以逻辑或逻辑的形式因素作为谬误之分类标准。否则也就不会出现上述现象,即将形式谬误的分类内容放在"论演绎"部分,而将非形式谬误的分类内容放在"论谬误"部分。

  以上讨论涉及标准谬误论的定义和分类情况,它们是此论的核心内容。正因如此,也自然成为学界诟病的焦点。此处,以汉布林对标准谬误论的批评为主线,同时穿插介绍其他学者的相关论点,借此更为有效和全面地诠释前者的批判性观点。

  首先是对标准谬误论之谬误定义的批评。如前所述,如果将谬误之

---

[1] Irving Copi and Carl Cohen, *Introduction to Logic*, 8$^{th}$ ed., New York: Macmillan Publishing Company, 1990, p. 113.

标准定义的极简内核表述出来,那么就可以说:"谬误,是看似正确而实则无效的论证。"显而易见,"看似""无效"和"论证"这三个概念是标准谬误定义的最为明显的标签,而汉布林和学界其他学者所针对的正是这三个概念在标准定义中表现出来的不当外延。

汉布林通过求证谬误定义的发展史之后明确指出:"向前回溯到亚里士多德时代,从那时算起的几乎每一种关于谬误的说明都告诉你,含错的论证即是看似有效而实则无效的论证。"[1]由此可见,"看似"一词在各个时代的谬误定义中沿用已久,几乎成为约定俗成的必备用语。因此,以柯比为代表的标准谬误定义将其毫无例外地保留下来。然而,作为谬误定义中的关键性概念,这一历史传承下来的词汇却凸显着若干不当之处。第一,作为应用于学术概念之定义中的词汇,"看似"一词的主观性意味远远大于其本应具有的严谨性和确定性。原因在于,"看似"一词背后的意义必然是某个主体的看似,而考虑到不同主体的知识积累程度和认知水平是不同的,那么张三看似"是"的在李四看来就"不一定是",反之亦然。而且,前者的"看似"与后者的"看似"也一定不会完全相同。这样一来,对谬误的识别就要完全依靠因人而异的且无法测量的心理因素,从而也就失去了判断谬误与非谬误的客观尺度。第二,作为一个主观性意味过强的概念,"看似"一词明显与逻辑学的最初治学原则相冲突。作为现代逻辑的创立者,弗雷格的最初工作便是重新为其制定基调,即逻辑学研究的去主体化诉求。他在1884年的《算术的基础》中提出逻辑学三原则,其中第一条便要求"永远将心理的与逻辑的概念、主观的与客观的概念进行清晰区分……"[2],事实上,受到现代数理逻辑的影响,当代的逻辑学研究从未停止对逻辑概念的客观性和明晰性的追求,它对心理主义的态度一向都是唯恐避之而不及的。而出现在标准谬误定义中的"看似"概念显然与逻辑学的这种诉求相悖。

在谬误的标准定义中,"无效性"概念与"看似"概念共同起着核心界定词的作用。在标准谬误论者看来,"无效性"是与谬误概念密切相关

---

[1] Charles Hamblin, *Fallacies*, London: Methuen & Co. Ltd., 1970, p. 12.

[2] Gottlob Frege, *The Foundations of Arithmetic: A Logico-Mathematical Enquiry into the Concept of Number*, translated by Austin, second revised ed., Illinois, Evanston: Northwestern University Press, 1980, p. x.

的，并将其置于谬误的定义中作为判定谬误的充分必要条件。然而，这种观点同样受到汉布林及相关学者的挑战。用逻辑语言将标准谬误论者的上述观点表述出来，即一个论证是谬误的，当且仅当它是一个看似正确而实则无效的论证。而通过仔细考察不同谬误类型的具体性质及其在论证实践中的真实表现可知，"无效性"概念并不如标准谬误论者所认为的那样，是判别谬误的充分必要条件。理由有两个。第一，"谬误必然是无效论证"这一推定本身是"无效的"。而实际情况是，现实中存在着大量的形式有效但却与实际论辩模式相脱节的错误论证。此类论证的典型代表便是乞题谬误（或预期理由）。从形式演绎逻辑（formal deductive logic）的层面来说，这些论证无一不是有效论证。而按照谬误的标准定义，既然具备有效性，那就绝不是谬误。而矛盾在于，在日常论辩的场景中，人们普遍将它们纳入谬误的范畴。有见于此，汉布林说："到目前为止，围绕在预期理由这一谬误周边的最重要争论，毫无例外地涉及穆勒的下述观点，即预期理由谬误适用于所有的有效推理。"[1]事实上，汉布林将穆勒的这个发现放在对标准谬误论的批判语境中来表述，着实带有一种讽刺的意味。第二，如果将标准谬误定义中的"谬误必然是无效论证"这一预设进行反推，那么就会得出"无效论证必然是谬误"这一预设。然而，事实上无效的论证并非一定就是谬误。如前所述，所谓形式谬误，是指前提与结论之间具有错误的蕴含关系，以及不当的推理步骤的论证。换句话说，形式谬误是推理形式发生错误的论证，而只要论证的推理形式是无效的，那么它就是谬误。然而，标准谬误定义的这一推定与日常的论证实践严重不符。在日常论辩实践中，虽然有些论证模式是明显无效的，但在某些特定的场景中却是合理的及可接受的，从而也就不能将这种论证划归为谬误。以日常生活中的归纳论证为例，如果按照形式演绎逻辑的标准来评估，它们无一例外都是谬误，但现实中的人却乐于将某些归纳论证作为好论证而接纳下来，并依此来实施行动。这种情况在生活中俯拾皆是。

除了"看似"和"无效性"两个概念受到诟病以外，标准定义将谬误之本质限定为"论证"的做法也引起了某种程度的质疑。用论证来定义谬误以及将谬误限制在论证范畴中，其直接后果便是在很大程度上收

---

[1] Charles Hamblin, *Fallacies*, London: Methuen & Co. Ltd., 1970, p.35.

紧了标准定义对一般谬误类型的适用范围。在汉布林看来，标准定义将判别谬误的标准进行缩小和窄化，实际上并不利于对谬误进行全面、一般的研究，尤其是就非形式谬误而言。实际情况是，日常生活中的大部分谬误实例从来就不是论证。因此，如果以前述的标准谬误定义作为评估尺度，则它们都没有资格成为谬误，例如众多与语言应用相关的谬误。这样一来，标准谬误定义所规定的这个评判标准就将为数众多的并受到人们承认的谬误类型阻挡在了可研究的范围以外。

其次是对标准谬误论之谬误分类的批评。关于分类的批评是继定义批评之后针对标准谬误论发起的又一轮诘难。为了表达这种不满并使读者充分意识到问题的严重性，汉布林在《谬误》的初始部分如是说："逻辑学科在走过其两千年来如火如荼的研究历程之后，尤其是在作为打破逻辑研究传统的20世纪所过去的大半时间中，我们仍在以一种与过去几乎相同的古老方式对谬误进行分类、表述和研究。亚里士多德在《辩谬篇》中提出的包括13种谬误的清单，仍见于许多当代的逻辑教科书，而不同的只是对清单中的一或两项谬误类型进行增删；并且，尽管呼吁对谬误研究现状进行改革的人不在少数，然而对于这些呼吁的临时性应酬却远多于对改革的具体实施。"[①] 对标准谬误论之分类的批评主要集中在它的两大基本谬误类型上，即形式谬误与非形式谬误。

形式谬误，在悠久的谬误理论发展史中一直被作为重要的谬误类型加以研究。这样说似乎并不为过，即正是由于形式谬误一直是各个时期谬误理论的焦点论题，所以后者才得以名正言顺地归入逻辑学的一部分。因为逻辑的根本特征便是它的形式有效性，而形式谬误就是对形式有效性之规则的违反。因此，在汉布林之前，学者们对形式谬误的相关问题似乎是诘难最少的，它毕竟与逻辑的推理形式和规则直接相关，在识别的过程中有成型的逻辑规则可循。然而，汉布林却对标准谬误分类中的形式谬误提出了批评，批评的焦点集中在其分类的模糊性上。三段论规则是传统逻辑中判定形式谬误的根本依据。汉布林通过分析谬误史上关于形式谬误的一系列观点进而指出，逻辑教科书中的一般规则是依据周延性表达的三段论的有效性规则，如果仅仅对形式谬误以及有效性概念进行定义，那么这些规则已经够用了，但却不能依据这些规则将谬误分

---

① Charles Hamblin, *Fallacies*, London: Methuen & Co. Ltd., 1970, p.9.

成彼此排斥的类。因为某个特殊的三段论可能违反多条规则，也可能只违反一条，因此对三段论式的形式谬误进行分类，将面临缺少清晰分类规则的困难。汉布林就该问题给出的建议是：一方面，对三段论的规则附加一些限制，给出三个互为反对关系的规则集合，依此来识别三段论的有效性；另一方面，解决形式谬误缺乏清晰分类标准的方法应该是"自然的"，在无法满足上述要求的情况下，放弃对形式谬误进行分类也未尝不可。可以看到，汉布林对标准谬误论之分类情况的不满之一，便是形式谬误的分类模糊性。

非形式谬误，无论从谬误研究史，还是从现当代的谬误研究情况来看，都是争议最多的一种谬误类型。汉布林也就标准谬误论中的非形式谬误分类提出疑问。具体来说，这种疑问分为两方面：一是对非形式谬误的分类存在殊异的理解；二是非形式谬误不具备清晰的判别特征。

之所以对非形式谬误的分类存在不同理解，主要源于谬误之分门别类的巨大难度。奥古斯都·德摩根（Augustus De Morgan）在《形式逻辑》（*Formal Logic*）第13章"论谬误"的开篇写道："并不存在一种关于人们的可能犯错方式的分类系统；而这种分类是否能够办到就更是值得怀疑的。"[①] 能够看到，德摩根对谬误分类这件事持否定的怀疑态度。与德摩根相比，霍拉斯·约瑟夫（Horace Joseph）关于谬误分类的态度似乎更为悲观和绝对，他在1906年版的《逻辑导论》的"论谬误"部分充分表达了上述态度："如果我们确信谬误研究是逻辑学的分内之事，那么并非任何关于谬误的处理方法都能令人满意。因为真理自有它的成型规范，而错误的范式则是千奇百怪，它们无法被塞入任何分类系统中。"[②] 可以看到，约瑟夫的字里行间显露着这样一种信息，即谬误分类这件事是根本不可能的。正因为谬误分类在传统上就是一个难题，由此导致的结果是，不仅学者们拥有各自不同的分类体系，而且它们之间在各个方面还存在较大分歧。然而，汉布林指出，"虽然存在分歧，但从原始素材的层面看，学者之间关于谬误的分类观点也存在大量的重叠之处：表现

---

① Augustus De Morgan, *Formal Logic*: or, *The Calculus of Inference, Neceffary and probable*, London: Taylor and Walton, Bookfellers and Publifhers, 1847, p. 237.

② Horace Joseph, *An Introduction to Logic*, Oxford: Clarendon Press, 1906, p. 528.

为不同分类系统蕴含的个体谬误多有雷同，甚至名字也是一样的"①。尽管如此，学者们还是明显地表现出具体谬误类别划分上的不同，这种情况在非形式谬误方面尤为突出。

具体来看，在前述柯比的标准谬误分类思想中，与形式谬误相对的非形式谬误还包括三个子类，即：相关谬误、预设谬误和含混谬误。而帕特里克·赫尔利（Patrick Hurley）则在2012年的第11版《简明逻辑学导论》（*A Concise Introduction to Logic*）中将非形式谬误分为5种，并指出了非形式谬误分类的历史性困难："自亚里士多德以降，逻辑学家就已经尝试对各种非形式谬误进行分类。亚氏本人将13个谬误分为2组（种）。而后世逻辑学家已经使13这个数字成倍地增长，导致了非形式谬误的分类工作难上加难。我们此处是将22个非形式谬误分为5组（种），即：相干谬误、弱归纳谬误、假设谬误、含混谬误以及语法类比谬误。"②此外，赫尔利还在"论谬误"部分的最后专门讨论了如何在日常语言中识别并避免谬误的问题。由此可见，就非形式谬误的分类情况来看，柯比与赫尔利差别较大，而造成这种差别的始作俑者便是二者对非形式谬误之分类的理解不同。

事实上，尽管二者在这一问题上存在不同理解，但他们同时看到了与语言相关的谬误的重要性。与柯比和赫尔利不同，在怀特莱和耶方斯（William Jevons）的谬误分类中却难觅语言类谬误的踪迹。以怀特莱为例，他将谬误分为逻辑谬误和非逻辑谬误，前者又进一步分为纯逻辑谬误和半逻辑谬误。而在柯比那里属于非形式谬误的语言类谬误，在怀特莱那里则属于逻辑谬误这一大类之中，而怀特莱的逻辑谬误实际上就是指形式谬误。简言之，语言类谬误在柯比那里属于非形式谬误，而在怀特莱那里却属于形式谬误（逻辑谬误）。可以看出，上述不同不仅反映了怀特莱坚持从逻辑的观点对谬误进行分类的一贯思想，同时更能够说明不同学者对于谬误分类之理解或理论诉求的不同。然而，汉布林认为，对非形式谬误之分类的不同理解，导致了某种无法调节的理论混乱，其中就包含标准谬误论的分类思想。

---

① Charles Hamblin, *Fallacies*, London: Methuen & Co. Ltd., 1970, p. 13.
② Patrick Hurley, *A Concise Introduction to Logic*, 11th ed., Wadsworth: Cengage Learning, 2012, p. 121.

第二点质疑针对的是非形式谬误不具备明确统一的分类标准。非形式谬误之所以不具备清晰的分类标准，是与传统上对谬误的定义息息相关的。传统谬误定义的典型代表来自亚里士多德的《辩谬篇》，即："现在，我们来讨论诡辩式反驳，即那些看似反驳实为谬误的论证。"[1] 可将该定义的结构形式提炼为"seems to be …… but it is not ……"。自那以后，关于谬误的定义便遵循亚里士多德的这个模板，只是表述方法稍有变化，并更换了一些意义相近的概念而已。正如汉布林所说，自亚氏算起的几乎每一种关于谬误的说明都告诉你，含错的论证是看似有效而实际上并非如此的论证。而标准谬误论的定义也继承了亚里士多德模式。柯比的《逻辑学导论》是标准谬误论的经典文献，它对谬误的定义原文是："我们将谬误定义为一类论证，此类论证看似正确但通过考察可证明其并非如此。"[2] 由此可见，柯比的标准谬误定义与亚里士多德的传统谬误定义不仅在表述形式上非常接近，而且具有内在的结构一致性。然而汉布林认为，自古传承下来的这个定义模式对谬误分类来说并不那么有利，而是为它提供了双重标准："第一，我们想当然地认为有一些看似有效的论证，便可依据那个使其无效的东西来对它们进行分类；第二，我们想当然地认为一些论证是无效的，便可依据使其看似有效的东西来对它们进行分类。"[3] 可以想见，由标准定义推导出来的这两条分类标准，必然使得意欲对谬误进行分类的人无所适从，进而在谬误分类的实际操作中造成混淆甚至混乱。此外，汉布林还补充道："亚里士多德的原始分类方案试图同时采取上述两种分类标准。然而，甚至一些当代的逻辑学家竟然对此毫无批判地全盘接受。在那些有原创分类方案的学者中，大部分人也感染着上述亚里士多德分类法的'目标不确定性'（uncertainty of purpose）；总而言之，这些分类方案的最为典型的特征是，它们不仅与亚里士多德的方案存在分歧，同时也最大限度地与同时代的其他分类方案撇清关系。由此造成的结果便是，当逻辑学家的书作售完之时，就是

---

[1] Jonathan Barnes, *The Complete Works of Aristotle*, *Sophistical Refutations*, Vol. 1, 4th ed., Oxford, N. J.: Princeton University Press, 1991, p. 2.

[2] Irving Copi and Carl Cohen, *Introduction to Logic*, 8th ed., New York: Macmillan Publishing Company, 1990, p. 92.

[3] Charles Hamblin, *Fallacies*, London: Methuen & Co. Ltd., 1970, p. 12.

第二章　思想渊源：西方经典谬误研究史及其影响　　79

其中所蕴含的谬误分类思想的消亡之日。"①

汉布林的整体谬误学说除了前述的思想部分以外，还具有被称为"形式论辩术"的理论部分。后者是构成其整体谬误学说的重要构件，其功能和目的在于从理论层面为标准谬误论做出示范，即如何恰当地将谬误研究同现代逻辑联系起来。正如汉布林所说："处理谬误的传统方法对于现时代的理论旨趣来说显得毫无系统性可言。然而，如果像某些研究者那样对该方法漠然置之，便会留下一个无法弥合的理论裂痕。就既存的关于正确推理或推论的理论而言，我们根本就不具备所谓的谬误理论。"② 从上述原文中可以看出，形式论辩术的出现旨在完成两个艰巨任务：任务一，构建一个与现代逻辑联系紧密的关于谬误的系统性理论，用以替代以传统逻辑为理论内核的标准谬误论；任务二，如果任务一可以成功实施并完成，那么形式论辩术的意义就在于（按汉布林自己的看法）填补了研究史上缺乏真正有效的谬误理论的空白。然而，任务二是否达到了汉布林的预期效果，这似乎不是一个能够轻易说清或下判断的简单问题。而汉布林的"任务一"却在某种程度上完成得较为出色，此处就对形式论辩术的相关问题给予讨论。

首先来看形式论辩术的历史源流。形式论辩术的理论史源流有两条主线可循。一方面，从古代世界来看，亚里士多德的《辩谬篇》和《论题篇》是与广义的论辩术相关的早期逻辑学著作，同时也是形式论辩理论的古代源流。具体来说，可以将汉布林的形式论辩术视为一种对话理论。这种理论由规则集所构成，规则集规定对话参与者的发言次序等行为。此外，形式化地表达对话中的语境也是规则集的基本功能之一。换句话说，在这些语境中，参与者 A 和参与者 B 通过言语交换的方式提出论证。而且，在交换的过程中必须遵守秩序并受到一般规则的支配。可以看出，形式论辩术对论辩行为的理解与《论题篇》中的相关讨论基本保持一致，二者都是以论辩性质的命题为基点，并对其赋予严格的规则。另一方面，从现当代的情况看，德国逻辑学家保罗·洛伦岑（Paul-Lorenzen）对汉布林的影响较为明显，其对话逻辑（dialogue logic）为后者的形式论辩术提供了现代基础。大体来说，对话逻辑为形式论辩术提

---

① Charles Hamblin, *Fallacies*, London: Methuen & Co. Ltd., 1970, pp. 12–13.
② Charles Hamblin, *Fallacies*, London: Methuen & Co. Ltd., 1970, p. 11.

供的是一种语用学的基础，前者在博弈论（game theory）的层面来研究主体之间的对话或论辩模式，并力图将这种模式进行形式化的表达。

其次来看形式论辩术的具体构成。通过深入分析可知，汉布林是想通过形式论辩术打造一个关于论辩的逻辑系统，进而用以扩展形式逻辑的基础。这样一来，就能以辩证的方式分析传统形式逻辑无法恰当处理的谬误类型。正如汉布林所说："我们需要拓展形式逻辑的边界，如此便可以将论辩语境所具有的那些特征涵盖进来，而论证也正是在这种论辩的语境中提出的。"①

具体来看，以下概念要素是形式论辩术得以建立的基石，包括参与者、系统规则、承诺库和对话语境。

参与者是指论辩中进行言语交换的主体，俗称正反双方。汉布林指出："我们设定这里可能有很多参与者，不过在最一般的情况下，只有两个。"② 由此可见，参与者可以是多，也可以是双，形式论辩系统并未对其数目进行限制。

系统规则的任务是使对话双方的讨论顺利进行。在谈话、讨论或辩论中，双方依据规则集或约定俗成的惯例循序发言，"这些规则可以对参与者之言语的内容和形式进行详细说明，并且与对话的语境以及此前存在的对话内容相关。它们对参与者的语言和逻辑进行规约……"③。

承诺库是形式论辩系统的重要概念，用以指称具有个人承诺变动记录的命题集。汉布林认为，参与者必须能够坚持其之前承诺的命题集，这是参与者应尽的一致性义务。换句话说，参与者所提出的任何一个新命题都应该以与之前承诺相一致的方式加入命题集中。汉布林进一步指出，由命题集所构成的这种承诺库表征一种信念，该信念无须与参与者的真信念保持一致，但通常情况下应该看似与参与者的真信念保持一致。

对话语境的目标是就对话中参与者的语言表达方式进行说明，并且还对承诺库中不同内容的相互关系进行解释。汉布林随后补充说："总而言之，我们需要着重阐明两种语言：目的语言（object-language），即说话者在对话中使用的语言；规则语言（rule-language），用来对规则进行陈述。并且，当某

---

① Charles Hamblin, *Fallacies*, London: Methuen & Co. Ltd., 1970, p. 254.
② Charles Hamblin, *Fallacies*, London: Methuen & Co. Ltd., 1970, p. 255.
③ Charles Hamblin, *Fallacies*, London: Methuen & Co. Ltd., 1970, p. 255.

一对话涉及对规则的限定时，规则语言可以用来描述该对话的特征。"①

以上便是汉布林谬误学说的概要性论述，可以从三个方面对其进行总结。

首先，从理论源流来看，汉布林形式论辩术之源流主要有两条。一是亚里士多德在《论题篇》和《辩谬篇》中阐发的关于论辩实践的思想。形式论辩术对论辩概念的理解与亚氏著作中的相关讨论基本一致。二是德国逻辑学家洛伦岑对汉布林的影响。前者的对话逻辑（dialogue logic）为后者的形式论辩术提供了现代基础。其次，从学术构成来看，汉布林的整体谬误学说由两部分构成：一是思想部分，即对以柯比为代表的标准谬误论的批评；二是理论部分，即对形式论辩系统的详细阐发及其理论构件，包括参与者、系统规则、承诺库和对话语境。最后，从理论意义和影响来看：一方面，汉布林对谬误研究史进行了系统梳理，为后世学者提供了较为详细的谬误史参考素材；另一方面，汉布林对20世纪70年代以前的谬误研究境况给予了严肃批判，并且构建了作为谬误分析之新工具的形式论辩术，吸引了有志于谬误改革的众多学者投入该领域中来，伍兹便是其中较具代表性的一位。

## 二　汉布林谬误思想对伍兹的影响

汉布林对当代谬误理论的产生、变革以及发展可谓贡献巨大。正如加拿大温莎大学学者拉尔夫·约翰逊在《论汉布林〈谬误〉之连贯性》（"The Coherence of Hamblin's Fallacies"）一文中所言："在非形式逻辑和当代论证理论中，汉布林的《谬误》已经沉淀为一种源发性文献（seminal documents）。"② 可以从"源发性文献"这个用词解读出，汉布林的著作及其蕴含的思想学说对当代非形式逻辑中的谬误理论的影响是基础性的。以此为据，可以做以下推理：既然汉布林在当代谬误研究领域中的影响如此之深，那么作为该领域中相对较晚出现的伍兹就不可能不受前者的影响。由此而论，"汉布林对伍兹具有影响"是不证自明的命题，无须再多费喉舌。而汉布林在哪些方面以及如何对伍兹产生影响，才是此

---

① Charles Hamblin, *Fallacies*, London: Methuen & Co. Ltd., 1970, p. 258.
② Ralph Johnson, "The Coherence of Hamblin's Fallacies", *Informal Logic*, Vol. 31, No. 4, 2011.

部分应该着力给予论证的。

汉布林对伍兹的影响来自两大方面，即"学术生涯的影响"和"学术思想的影响"。所谓学术生涯的影响是指，伍兹受汉布林《谬误》一书的激励，于20世纪70年代初毅然投身于谬误研究领域，由此开启了自己的谬误研究生涯。正如伍兹在1999年接受《推理者》（The Reasoner）杂志的采访，回忆当年如何跨入该领域时说："汉布林的《谬误》出版于1970年，是20世纪后期关于逻辑理论的里程碑式著作。汉布林不仅是一位通晓符号逻辑的技术型学者，并且对谬误研究的历史也有着精准的把握。除此以外，该书是对逻辑共同体漫不经心地对待谬误研究的一种鞭策。……汉布林向谬误研究的糟糕境况发起挑战的做法深深打动了我，进而想让汉布林的这种挑战在我手中继续延续。"① 事实上，汉布林对"谬误研究传统"及"标准谬误论"的批判所起到的示范、启发和激励作用，远比它所指出的蕴含于这些理论中的具体缺陷更有价值。毫不夸张地说，正是源自汉布林20世纪70年代初对谬误研究境况的无情诟病，才使得有志于谬误研究的学者更为积极且更具信心地投入构建当代谬误新理论的大潮中来。而伍兹正是受到了汉布林的感召，从而开启了自己长达数十年的谬误研究之旅。

然而，汉布林对伍兹学术生涯的影响带有个人性和经验性色彩，这也许是传记作家更应关心的问题，对此不做赘述。反之，汉布林对伍兹"学术思想的影响"则是此处应该深入研究的论题。

前文有述，本书此处应该论证或回答的问题应该是：汉布林是从哪几方面以及如何对伍兹的学术思想产生影响的？那么，我们就这一问题给出的答案是：汉布林至少在三个方面对伍兹的谬误思想产生了影响。

方面一，汉布林对谬误理论史的极度重视及详细考查使伍兹认识到，从历史的视角以及用历史的方法对谬误问题进行审视与分析是极为重要的，就如同本书极为重视从历史的角度来研究和看待伍兹的谬误理论一样。

作为西方学界的著名学者，汉布林和伍兹是不可能意识不到谬误史研究对谬误理论本身的重要意义的，而且在很大程度上后者是受益于前

---

① Gabriella Pigozzi, "Interview with John Woods", The Reasoner, Vol. 3, No. 3, Mar. 2009, p. 4.

者的影响和启发的。之所以这样说，是因为汉布林和伍兹不仅双双著有关于谬误理论史的专门性文献，而且在论述的结构、内容以及观点上都有相似之处。唯一不同的是，伍兹作为汉布林的晚辈后生，在治学时间上要比前者更为晚近，可资利用的最新文献也更加丰富。所以较之于汉布林，伍兹所论述的谬误思想史具有更为浓厚的现时代的理论气息和特征。

汉布林关于谬误思想史的讨论主要集中在《谬误》一书中。该书共分9章，分别是："标准方法"（第一章）、"亚里士多德的传统谬误列表"（第二章）、"亚里士多德的谬误传统"（第三章）、"诉诸……的论证"（第四章）、"印度的谬误传统"（第五章）、"形式谬误"（第六章）、"论证的观念"（第七章）、"形式论辩术"（第八章）以及"歧义"（第九章）。可以看到，在全书分为9章的情况下，汉布林用了其中5章来研究谬误理论史，占到了全书一半的篇幅。由此可见他对历史的重视。

为了与伍兹的谬误史研究情况相比较，此处将《谬误》前5章的谬误史内容进行简述。

通常来看，历史的介绍应该按照年代的先后次序来进行。依此而论，发端于近现代的标准谬误论当是较晚介绍的内容，但汉布林却将其放在了第一章。在我们看来，这样做的目的是突出《谬误》一书对传统以及标准谬误论的批判性意图。这一章主要包括两部分内容。第一部分是论述与标准谬误论相关的各种史实。文中对柯比、科恩、希柏、萨尔蒙、布兰科、厄斯特勒等人的著作进行了介绍与评论，以上学者的著作被广泛应用于逻辑教学当中，它们的理论内核便是汉布林所要批判的标准谬误论。第二部分是表达对标准谬误论的批判性态度。汉布林认为："就既存的关于正确推理或推论的理论而言，我们根本就不具备所谓的谬误理论。"[①] 实际上，汉布林的这个观点直指当时在谬误研究领域占统治地位的标准谬误论，换句话说，他根本不承认标准谬误论作为谬误研究之恰当理论的合法地位。因为"处理谬误的传统方法对于现时代的理论旨趣来说，显得毫无系统性可言"[②]。由此，汉布林呼吁谬误研究与现代逻辑联姻，用更为高级的现代符号逻辑系统来取代标准谬误论所推崇的传统

---

① Charles Hamblin, *Fallacies*, London: Methuen & Co. Ltd., 1970, p.11.
② Charles Hamblin, *Fallacies*, London: Methuen & Co. Ltd., 1970, p.11.

形式逻辑。

　　汉布林将古代的谬误理论放在第二章和第三章来论述，其主要论述对象是亚里士多德的谬误传统。众所周知，亚里士多德的谬误学说分散在三部著作当中，即《辩谬篇》《修辞学》和《前分析篇》。其中，《辩谬篇》用来专门阐述谬误相关问题，其他二作仅是对《辩谬篇》的补充或小规模发展。在第二章中，汉布林围绕上述著作展开了论述，并指出亚里士多德的传统谬误论绝不是一种纯逻辑的理论。他认为："在我们试图理解亚里士多德的谬误说明时，我们要放弃那种将其视为纯粹逻辑学说的倾向，并代之以这样的观点，即亚里士多德的谬误说明是关于辩论型论证（contentious argument）的说明，这种类型的论证须由多个辩论者交替做出。"① 第三章讨论了亚里士多德之后的谬误发展情况，从斯多葛、麦加拉学派再到文艺复兴前夕的波爱修斯、亚历山大、彼得、阿伯拉尔、大阿尔伯特以及布里丹等学者的谬误观点。中世纪学者基本上是依循亚里士多德的思路对《辩谬篇》进行注释的，而未有过多的理论突破，至多是在个别观点上有所发挥。

　　文艺复兴时期至19世纪以来的近代谬误思想被汉布林放在第四章来论述。从一般意义来说，这一时期的研究活动在整个谬误思想史上掀起了一个百花齐放、百家争鸣的小高潮。除了反亚里士多德者拉莫斯对谬误论持否定态度并呼吁将其取消以外，另有绝大部分学者或多或少地在其著作中涉及谬误这一议题。当然，依据学科背景和理论旨趣的殊异，不同学者探讨谬误的视角也略有差异，这些视角包括哲学、心理学、科学、神学、政治学以及逻辑学。汉布林在此章中对培根、阿尔诺、怀特莱、穆勒、边沁、德·摩根和席几维克等人的观点做了评述。

　　在论述完近代谬误研究史之后，汉布林在《谬误》的第五章夺人耳目地加入了对印度谬误传统的讨论。在该章开篇，汉布林首先从逻辑史的角度表明了对印度和欧洲两个不同逻辑传统的看法，他认为："尽管印度逻辑史与欧洲逻辑史存在着巨大且明显的差异，但至少在古代以及中世纪这一时期，二者却奇怪地呈现出一种平行发展的态势。以至于人们禁不住将其视为两个齐头并进、共同发展的逻辑分支，而不是彼此分离

---

① Charles Hamblin, *Fallacies*, London: Methuen & Co. Ltd., 1970, p.66.

的。"① 印度传统谬误思想的代表是因明过失论。汉布林对它的阐述主要围绕公元前 3 世纪的乔达摩《正理经》来进行，并构建了一个关于《正理经》的论辩分类系统。汉布林通过对印度古典谬误文献的深入剖析，进而得出，印度传统的过失论思想与希腊传统的亚里士多德谬误论有相似之处，它们都与日常生活中的论辩相关。汉布林由此推测，这两个传统可能具有共同的来源或相互之间有过交集。

汉布林从《谬误》9 章的篇幅中慷慨地拿出 5 章来讨论谬误史，可想而知他对此的重视程度。而汉布林强调谬误史研究的治学理念在一定程度上影响到了伍兹。

通过大量研读伍兹的文献可知，他对汉布林的学术贡献是持肯定态度的，并且对《谬误》这部著作赞赏有加，他说："查尔斯·汉布林的《谬误》一书已进不惑之年。在谬误研究领域，有海量的研究项目和大量的研究成果均受该书的影响，并且影响至深。虽然汉布林的这本书并非完美，但在整整 40 年之后能够与之匹敌的著作仍未出现。"② 事实上，伍兹相对于汉布林，绝不仅仅是上述文字所表达出来的崇敬之情。毫不夸张地说，伍兹在批判旧理论、构建新理论的事业中是汉布林的追随者，甚至是"信徒"。正如伍兹本人所言，汉布林向谬误研究的糟糕境况发起挑战的做法深深打动了他，进而想让汉布林的这种挑战在其手中继续延续。由此而论，伍兹作为汉布林谬误学说的追随者，同时又对其如此崇敬，怎么可能不对汉布林的著作了如指掌并且深谙汉布林的谬误治学理念呢？就此可以进一步推知，汉布林在谬误研究中重视谬误史之考证的特点，必然在一定程度上影响到伍兹，从而使后者在自己的治学活动中对谬误史研究给予同等的重视程度。上述推论在伍兹的个人学术网站上得到了部分证实，它在伍兹的学术兴趣一栏中如是说："［伍兹］最新的学术旨趣包括溯因逻辑、实践推理逻辑、谬误理论、冲突解决策略、法律论证、错误逻辑（logic of error）、哲学方法、小说逻辑以及逻辑史研究。"③ 这就说明，对逻辑史或谬误史的学术旨趣已经被学界公认为伍兹的治学特征之一，否则也不会如此正式地将其发布在传播面极广的个人

---

① Charles Hamblin, *Fallacies*, London: Methuen & Co. Ltd. , 1970, p. 177.
② John Woods, "Whither Consequence", *Informal Logic*, Vol. 31, No. 4, 2011.
③ http://johnwoods.ca.

官方学术网站上。也由此可知，汉布林对伍兹的这种影响确实存在。除此以外，接下来的证据更能说明问题。伍兹在近期的学术创作中推出过两部较具影响力的逻辑史或谬误史文献：一部是由赫莫斯科学出版社（Hermes Science Publishers）于2001年出版的《亚里士多德的早期逻辑》（*Aristotle's Earlier Logic*）①。据伍兹个人网站的消息称，此书将于2014年由学院出版社（College Publication）再版。另有一篇长文，名为"西方逻辑中的谬误史"②，该文被收录在《逻辑史手册》的第十一卷中，该卷名为"逻辑学的核心概念发展史"，于2012年由爱思唯尔出版社（Elsevier）发行。可以看到，这些新近著作无一不与逻辑或谬误史息息相关，其背后蕴含的意义是不言而喻的。

从上面列举的一系列论据中能够解读出以下两层含义。事实上，对此两层含义的揭示，也就是对汉布林如何影响伍兹之"第一方面"的总结。

第一层，即其浅层含义是，伍兹在对谬误进行研究的过程中，并未放松对谬误理论之发展历程的考察。毫不夸张地说，谬误是比逻辑更为古老的学科，如果将亚里士多德的《辩谬篇》看作谬误学科的理论初创的话，那么迄今为止，该学科已经走过了两千多年的历程。谬误论在其两千多年的发展历程中已然积累了大量的研究成果和系统理论。由此而论，如果对谬误理论史漠不关心甚至不闻不问，那么蕴含于其中的精华内容必然会丧失其本应具有的启发、规定及借鉴意义，进而使当下正在研究的最为时髦的谬误理论失之根基。而伍兹正是看到了这一点，才对谬误学说的发展史给予高度重视。

第二层，即其并非浅而易见的含义是，伍兹这种重视逻辑及谬误史研究的治学特点是受汉布林的影响所致。如前所述，汉布林是重视谬误研究之历史考证的学者，他对伍兹的这种影响是潜移默化的。而且，汉布林尤其重视对亚里士多德谬误论的考察。只要细心留意便会发现，《谬误》一书共9章，其中关于谬误史考证的内容占5章。而在这5章当中，关于亚里士多德的内容有2章之多，几乎占据了整个谬误史部分的一半

---

① John Woods, *Aristotle's Earlier Logic*, Oxford: Hermes Science Publishers, 2001.
② 参见 Dov Gabbay, John Woods and Francis Pelletier, eds., *Handbook of the History of Logic*, volume 11: *Logic: A History of its Central Concepts*, Amsterdam: North-Holland, 2012.

篇幅。当然，这与西方学界普遍将亚里士多德认作谬误研究之鼻祖有很大关系。但抛开这一层关系不论，汉布林对亚里士多德的重视，依然可以从其对后者的讨论深度中窥得一斑。意料之中的是，这一特点也几乎毫无走样地"遗传"给了伍兹。伍兹对亚里士多德的重视在学界也是公认的。经过对当代若干位非形式逻辑学家或谬误理论家的文献进行综合统计发现，几乎只有伍兹一人拥有关于亚里士多德谬误思想的专门性著作。此外，据不列颠哥伦比亚大学的官方消息，伍兹将于 2015 年 6 月 20 日至 30 日参加在土耳其伊斯坦布尔大学举办的第五届世界泛逻辑大会（5$^{th}$ UNILOG）。与会期间，伍兹将作名为"亚里士多德对逻辑学的基础性贡献"（*Aristotle's foundational importance for logic*）的报告。[1] 由此便知伍兹对亚氏的重视程度，而这种重视的原始动因则来源于汉布林。

方面二，汉布林对标准谬误论的批判性态度深深影响了伍兹。伍兹接过汉布林的衣钵，对后者的相关思想给予进一步的发展和深化。由此，伍兹也成为当代非形式逻辑学家中，对标准谬误论批判得较为深刻及彻底的学者之一。

毋庸置疑，汉布林对标准谬误论的批判性态度影响到了伍兹是再明显不过的事实，后者曾经公开表示："汉布林不仅是一位通晓符号逻辑的技术型学者，并且对谬误研究的历史也有着精准把握。……汉布林向谬误研究的糟糕境况发起挑战的做法深深打动了我，进而想让汉布林的这种挑战在我手中继续延续。"[2] 然而，若想清晰阐明汉布林对伍兹的这种影响，首先还需从前者以及众多当代谬误理论家对标准谬误论之定义中的"无效性"概念的批判说起。在标准谬误论者看来，"无效性"是与谬误概念密切相关的，并将其置于谬误的定义中作为判定谬误的充分必要条件。然而，这种观点受到了汉布林及相关学者的批评。关于该问题的批评性意见可大体归结为两点。第一点，标准谬误论用"无效性"概念作为判定某个论证是否为谬误的条件，这一做法为普通人依据该定义来识别谬误增添了不必要的麻烦。原因在于，为了使用蕴含着"无效性"概念的谬误定义，使用者必须能够恰当地思考与"无效性"概念处于可相互转化之层面上的"看似'有效'但并非如此"为何意。这样一来，

---

[1] http://philosophy.ubc.ca/persons/john-woods/.
[2] Gabriella Pigozzi, "Interview with John Woods", *The Reasoner*, Vol. 3, No. 3, Mar. 2009.

谬误定义的使用者又必须具备理解和判定"有效性"这一纯技术型术语的能力。然而,"有效性"是当代形式演绎逻辑的核心概念,其内涵丰富且复杂,只被逻辑学界以内的小部分专家学者所掌握。如此一来,就意味着逻辑学科以外的大多数人,无法在现实中利用如此这般的谬误定义来判断日常论证的好坏。同时,作为非形式逻辑范畴内的谬误理论也就失去了其最为重要的标识之一,即"应用的价值"(values of application)。第二点,与上面所述的问题相联系,"无效性"概念必然预设了与其严格对应着的另一个技术型术语,即"有效性"概念,而这个"有效性"概念则进一步预设了所有论证(包括日常论证)本质上都应该是形式演绎的。这种预设不仅与论证所处的现实情况大相径庭,同时也不甚合理地表现出一种典型的演绎逻辑之沙文主义(chauvinism of deductive logic)倾向。

以上便是汉布林以及当代相关学者对标准谬误论中关于谬误定义的相关批评。受汉布林影响,伍兹在该问题上与其保持高度一致,并将这种批判向更深层次继续推进。

事实上,上述问题所涉及的是如何在谬误理论的建构中处理好自然语言论证与形式语言论证的关系问题。就这一问题,伍兹首先给出了一个并不乐观的结论性断言,认为在形式逻辑与非形式逻辑、有效性理论与谬误理论之间,存在着一种"可怕的对称"(Fearful Symmetry):"形式逻辑总能拥有一个连贯的、可公式化的程序,它所关心的并非真实生活中的论证,而只是形式化的语言。因此,谬误理论自不必说,甚至连非形式逻辑也不存在,因为它没有给出关于自然语言论证的有效性和无效性理论。"[1] 在伍兹看来,当利用形式语言对生动的自然语言论证进行形式化重构时,一系列困难便会浮现出来。原因在于,不存在任何证明程序能够确保此种重构活动蕴含那些对于满足"有效性"来说必不可少的因素。由此而论,我们试图利用形式语言对自然语言论证进行形式化重构的愿望,缺乏理论上的恰当性条件。此外,如果试图用量词逻辑或命题逻辑的语言来建构自然语言论证,那么我们暂不具备完成下述两项任

---

[1] John Woods, "Fearful Symmetry", Hans Hansen and Robert Pinto, eds., *Fallacies: Classical and Contemporary Readings*, University Park, PA: The Pennsylvania State University Press, 1995, pp. 182–193.

务所必需的证明程序集——任务一：对那些并不依赖于逻辑形式的语义蕴含进行过滤；任务二：对那些在自然语言论证中表现为简单的或复杂的因素进行区分。在伍兹看来，上述两项任务是从自然语言论证恰当地过渡到形式语言论证的必要手段。而为了完成上述任务，则需要一种所谓的"造作理论"（dressing theory）。然而伍兹却指出，如此这般的造作理论是不可利用的。由此，他做出了一个消极的连锁性推论，即如果所谓的造作理论不可利用，那么便无法生成一种重构性理论；如果没有重构性理论，我们就不可能具有一种关于自然语言论证的有效性理论。而无效性理论又在很大程度上以有效性理论为元理论或基础。如此一来，便不得不面对一种被伍兹称作"可怕的对称"的困境，即我们非但不具备关于自然语言论证的无效性理论，就连其有效性理论也没有。

伍兹的上述观点是相对激进的，它等于毫无余地地否认了谬误这一论题可以以"理论"的形式出现，即关于谬误的所谓"理论"是一种虚妄。此外，伍兹将思考进一步深入，认为谬误理论的不可能足以导致对非形式逻辑之合法性的怀疑。因为"这一点是非常清楚的……即让一种由自然语言所构成的论证，得以在形式语言的基本框架中保留下来，这件事本身是与真情实境完全背离的。任何一种自然语言中的词汇都无法在这一过程中存活太久。因为谓词的模糊性需要严格禁止，副词几乎完全用不到，而对形容词的刻画也显得捉襟见肘，如此等等。利用形式语言对自然语言论证进行形式化这件事限制多多，但无论其成功的前景如何，形式逻辑学家总是有一套一以贯之的可公式化的程序。而另一方面，非形式逻辑学家却总是在这项事业中不得要领"[1]。

然而，伍兹并不是一位只破不立的学者。以上述一系列的问题分析为基础，伍兹给出了自己的解决方案，即若想对自然语言论证给予形式化的处理，单凭诸如计算机语言这样的逻辑形式系统是不够的，还需补充一些不可还原为形式规则的非形式规则，如"去歧义规则"和"逻辑惰性规则"。以计算机语言为例，对于任何一个有着多重意义的英语表达式，去歧义规则均要求将该表达式的不同意义无一遗漏地表现出

---

[1] John Woods, "Fearful Symmetry", Hans Hansen and Robert Pinto, eds., *Fallacies: Classical and Contemporary Readings*, University Park, PA: The Pennsylvania State University Press, 1995, pp. 182–193.

来。运用这种去歧义规则的目的在于，严格避免有效性丧失其向后反映的特性，进而使计算机语言能够在现实生活的推理评估中发挥其效用。而所谓的逻辑惰性规则在伍兹看来是这样一种特征，即计算机语言中体现形式化规则的"应用简单句"不能恰当地反映真实存在的蕴含关系，以及现实中的矛盾。也就是说，作为给计算机下达具有形式化机制之命令的简单句必然在逻辑上是惰性的。由此可见，较之于去歧义规则，伍兹所说的逻辑惰性规则更像是形式化规则本身的一种负面特征。他之所以将这种规则明确地标识出来，似乎是为了让人们更多地注意并改善它。

以上内容便是伍兹对标准谬误论中蕴含的一系列问题的批判性思想。可以明显地看出，他的这种批评已经由对标准谬误论的批评上升到了对当代谬误理论，以及非形式逻辑之理论的合法性质疑。由此可见，伍兹的批判性思想不可谓不深刻。然而，不应该只将注意力放在其批评理论的深刻性上，同时更应该看到这种深度背后所彰显的汉布林对伍兹的影响。

综上所述，如果暂且不论汉布林对伍兹"学术生涯的影响"，而单就前者对后者"学术思想的影响"来看，那么可将这种影响归结为三方面。

方面一，即治学特点方面。伍兹一贯重视谬误理论史的研究并善于从中挖掘、阐发新素材以供其理论研究之用，这是受汉布林的相似治学理念的影响。

方面二，即谬误观或逻辑观方面。完全有理由将伍兹视为汉布林在批判标准谬误论方面的继承者或追随者。通过前述的相关内容可以看出，伍兹对标准谬误论的批判思想明显带有汉布林的相关痕迹及特征。毫不夸张地说，前者对标准谬误论的批评理路不仅与后者一脉相承，同时也在很大程度上发展、深化了后者的相关思想。

方面三，即方法论的方面。汉布林之所以对标准谬误论如此激烈地诟病，主要原因之一便是该理论用于分析谬误的工具长期固守于传统三段论、谓词逻辑和命题逻辑。这些分析工具的古旧程度早已使它们在谬误分析的过程中力不从心。由此，汉布林呼吁用现代高级符号逻辑取代传统逻辑，以取得更为高效合理地分析谬误的效果。伍兹的"形式方法"正是响应汉布林上述号召的产物。

总而言之，汉布林"对旧谬误论的批判"以及"对新谬误论的设想"

直接促成了伍兹前期谬误思想的萌生。然而，之所以此处对这种影响暂时不予详细提及，是考虑到下一章（第三章）第一节的第二目探讨"伍兹前期谬误思想之缘起"时，将汉布林的理论作为伍兹前期谬误思想的理论背景来讨论。因此，此处对该方面的影响点到为止，待到下章相应位置再予以详述。

# 第三章

# 前期谬误思想：伍兹形式化方法的早期回溯

前期谬误思想意指约翰·伍兹与其加拿大同乡道格拉斯·沃尔顿[①]于20世纪70年代初至80年代中期创立的谬误分析的"形式方法"。由于该方法在当时特定的历史背景下令人耳目一新，在相关领域产生了广泛影响，所以，为了突出并纪念该方法的缔造者，学界又将其称作"伍兹—沃尔顿方法"。在新版《牛津哲学指南》(*The Oxford Companion to Philosophy*) 的"加拿大哲学"(Canadian philosophy) 词条中，手册编者如是说："在某些研究领域，加拿大人已经取得了主导地位。例如高蒂尔在契约伦理学方面的工作，范·弗拉森对建设型经验主义的发展，伍兹—沃尔顿方法对谬误理论的贡献……"[②] 该版手册的发行日期是2005年。由此可见，谬误分析的形式方法已然成为当代加拿大哲学的显著标志之一，并得到了学界的肯定。否则也不会被收录进权威性如此之高的哲学工具书当中并受到褒奖。

伍兹启动其前期谬误思想的初始文献是1972年的《论谬误》一文，

---

[①] 道格拉斯·沃尔顿是约翰·伍兹前期谬误思想的合作伙伴，在当代谬误研究领域占有重要位置。其学术生涯大致分为三个时期：初期，沃尔顿与伍兹合作，构建了"伍兹—沃尔顿方法"，即本书此处讨论的"形式方法"。中期，沃尔顿与伍兹学术分手，研究旨趣随即转向了爱默伦和格罗敦道斯特的"语用—论辩术"方向。近期，沃尔顿构建了自己的理论，即谬误分析的"新论辩术"。此外，他也是一位高产的学者，著述颇丰，包括《非形式逻辑：一种语用的方法》(*Informal Logic: A Pragmatic Approach*)、《论证的结构：一种语用理论》(*Argument Structure: A Pragmatic Theory*) 以及《新论辩术：关于论证的对话语境》(*The New Dialectic: Conversational Contexts of Argument*)。

[②] Ted Honderich, *The Oxford Companion to Philosophy*, New ed., Oxford: Oxford University Press, 2005, p.124.

以此为契机开始构建所谓的谬误分析的形式方法,同时也开启了迄今为止长达数十年之久的谬误研究生涯。1972年至今已然过去了四十余载。由此可以很自然地认为,伍兹的前期谬误思想除了可以从具体的理论技术层面挖掘亮点以外,还具有较高的当代谬误史或非形式逻辑史的考证价值。关于后一点,可以从2007年再版的《文选》的前言中窥得一斑。伍兹于其中如是说:"集结于此的文章几乎未经任何新的调整,因此它们的原始瑕疵将不受补救性措施的影响,进而被原原本本地呈现出来。这样做的目的并非有意展示我们早期对复杂问题的过分简单处理,而是基于以下两点考虑:第一,对某些谬误问题的所谓过分简单化具有启发性意义;第二,如果将这些文章按照其历史原貌展现出来,那么它们将相对精确地告诉读者,若干年来我们关于谬误之观念的演变轨迹,以及关于谬误之方法的发展历程。"[1]事实上,伍兹的意图通过上述言语已经表露无遗:一方面,他本人已经将文集中收录的文献当作一种"史料"来看待,所以才在编辑出版的过程中尽量不做修改以尽可能地保持文献的原始样态;另一方面,他也是在鼓励甚至告诫读者要从一种"史"的角度来看待这些表述其前期谬误思想的文献。考虑到这些文献的创作时间距今最近的也有三十余年的跨度,因此,伍兹的这个"建议"与实际情况相符,值得采纳。遵循伍兹的建议,本书此处在阐述其前期谬误思想的过程中,也尽量策略性地弱化那些不必过于深究的具体技术性问题,而代之以一种动态的、联系的历史视角来对其进行研究。

以上是关于伍兹前期谬误思想的基本研究思路。在这种思路的具体引导下,我们得以提炼出伍兹前期思想的三个核心特征,即时代性特征、开创性(或反传统性)特征以及争议性特征。

第一,时代性特征是指:以形式方法为主旨的伍兹前期谬误思想具有一种时代特殊性。一方面,形式方法的出现与20世纪六七十年代非形式逻辑的兴起彼此临近甚至相互重合,而这种时间点上的毗邻绝非巧合。在我们看来,伍兹的形式方法是非形式逻辑或谬误理论之发展历程中的必然产物。另一方面,汉布林于1970年发表了《谬误》一书。该书的历史意义在于,对以往的谬误研究进行彻底反思,并为该学科提供了新的

---

[1] John Woods and Douglas Walton, *Fallacies: Selected Papers 1972-1982*, London: College Publications, 2007, p. xiii.

策略和方法,由此成为新、旧谬误论的分水岭。而伍兹在《谬误》发表的第二年便投身于该领域,并以"形式方法"作为对汉布林之"形式论辩术"的直接响应。因此,可以将伍兹的前期谬误思想视为汉布林分水岭的必要部分。也正是由于其前期思想的这种时代特殊性,使其具有理论史考证的意义和价值。

第二,开创性(或反传统性)特征是指:较之于传统的谬误理论,伍兹的前期思想具有不同于以往的独特风格。汉布林及伍兹以前的谬误研究,要么是以亚里士多德为代表的传统谬误论,要么是以怀特莱、柯比为代表的标准谬误论。前者,以日常用语(准确地说是当时的希腊语言)和论辩实践为背景,探讨出现于其中的谬误现象。以现代逻辑的眼光看,这种谬误论偏于"语用"及"语义"的层面,"语形的"或"逻辑的"因素有所缺失;较之于前者,柯比的标准理论虽然更加注重谬误研究的形式性,但其分析工具固守于传统三段论逻辑、谓词逻辑以及命题逻辑。就谬误分析的层面来看,上述三种逻辑与现代高级符号逻辑相比显得过于简陋、粗糙。很自然,谬误分析工具的这种滞后性对谬误理论的发展构成了根本性的阻碍。20世纪70年代以前的这种固守传统、缺乏创新的谬误研究是汉布林对其诟病的主要原因。伍兹不仅是汉布林的追随者,同时更是一位富有开创精神并卓有成绩的追随者。他紧随汉布林之后创立的形式方法,是当今学界应用高级符号逻辑分析谬误的典范,包括认知逻辑、模态逻辑、信念逻辑、相干逻辑、直觉主义逻辑等,无一不在伍兹谬误分析的工具箱内。此外,作为区别于旧理论的新式谬误论,伍兹的形式方法要早于爱默伦的语用—论辩术及沃尔顿的新论辩术(the new dialectic)。这也反映了伍兹前期谬误思想的开创性特征。

第三,争议性特征是指:伍兹的形式方法在学界引起了不同意见,学者们从不同学术角度出发对其做出殊异的评价。形式方法的争议性特征与前述的开创性特征相关。前面提到,伍兹前期谬误思想的主旨是形式方法,而形式方法就是运用各种不同的现代高级符号逻辑对非形式谬误进行分析。该方法在谬误分析的过程中充分得益于现代逻辑的精密性与严谨性,与亚里士多德的传统方法以及柯比的标准方法相比具有明显的优势。这充分体现了伍兹在谬误分析之方法论上的开创性。然而,这种具有开创性的形式方法却在学界引起了不同的声音,产生了一定的争议。

虽然形式方法是运用高级符号逻辑系统对谬误进行分析，但并不局限于单一的或特定的逻辑系统。换句话说，形式方法是依据谬误的不同特点选取与之适应的逻辑分析工具，主张不同的谬误类型选配不同的逻辑系统，即具体谬误具体分析。一些学者认为，这种方法论的多元策略具有明显的灵活性和经济性，它既可以充分发挥不同符号系统的理论分析优势，同时又避免了由于谬误的类型不相匹配而对独一的符号系统进行反复修改与调整的麻烦。另一些学者则认为，方法论的多元策略缺乏一般理论应该具有的统一性和系统性。一方面，该策略虽然解决了独一逻辑系统无法适配所有谬误类型的麻烦，但却未能对适配不同谬误的不同逻辑系统之间的关系进行说明，进而使形式方法从总体上看显得松散、不系统；另一方面，受形式方法青睐的符号逻辑系统具有高度的形式性特征，而它所分析的非形式谬误又具有鲜明的实践性及非形式特征。由此，分析工具的形式性与分析对象的非形式性就构成了一对矛盾。学界对此褒贬不一。形式逻辑学家认为，既然作为分析工具的符号逻辑系统具有高度的形式化特征，那么就要求作为分析对象的非形式谬误同样具有这一特征。然而，非形式谬误的本质决定了这一情况很难发生。非形式逻辑学家则认为，伍兹的方法过于注重形式，而非形式谬误这一范畴自亚里士多德以来已经存在了数千年之久，所以不能强迫这些业已获得学术认同的概念范畴违背自身的非形式特性而向符号逻辑的形式特性做出妥协，这有悖于非形式逻辑及谬误研究的初衷。以上便是形式方法之争议性特征的具体表现。

结合前述的"史"的研究思路，并考虑到伍兹前期谬误思想的三个特征，我们将本章的论述形式安排如下：第一节，阐述前期思想的缘起背景，重点是当代非形式逻辑以及汉布林对伍兹前期谬误思想的影响；第二节，论述前期谬误思想的核心内容，即伍兹用于谬误分析的形式方法或称"伍兹—沃尔顿方法"；第三节，介述学界各方对形式方法的评论性意见，这些意见所针对的是方法论的多元主义和形式主义，后者又称"逻各斯中心主义"（logocentrism）。

## 第一节 前期谬误思想的缘起背景

伍兹前期谬误思想的特征之一是具有鲜明的时代特征。之所以这样说，主要源于以下两点：第一，以形式方法为基本内容的前期思想与萌芽于20世纪70年代的非形式逻辑几乎在同一时期出现，这一现象具有某种内在联系；第二，汉布林于20世纪70年代掀起了谬误研究的改革运动，而伍兹的前期谬误思想正是对该运动的响应和延续。可以看到，以上两项重大历史事件都发生在伍兹前期谬误思想的萌芽期。由此而论，若想完整阐释前期谬误思想的缘起背景，下面两个议题是无法绕开的，即议题一"非形式逻辑的萌芽与兴起"；议题二"汉布林谬误思想的观念与方法"。对议题一的讨论旨在回答下列问题：非形式逻辑是如何兴起和初步建立的？伍兹的前期谬误思想与这段历史有何关联？而对议题二的讨论旨在弄清汉布林在具体理论方面对伍兹前期谬误思想产生的影响。事实上，考虑到内容分布的恰当性问题，在第二章第三节的第二目，只述及了汉布林对伍兹影响的前两个方面，而将第三方面的讨论放在此处，即本章第一节的第二目"前期谬误思想产生的理论背景"。

### 一　前期谬误思想产生的历史背景

以形式方法为核心内容的伍兹前期谬误思想发端于20世纪70年代初，其进入成熟期并形成一定理论气候是在80年代初。伍兹前期谬误思想之主要著作的标题"谬误：文选1972—1982"很好地标识了这一时间刻度。无独有偶，这段时期也正是非形式逻辑从理论萌芽到学科建立的阶段。无论是时间上的"重叠性"还是理论上的"互联性"，都体现了二者的密切关系。因此，这里只精要地将非形式逻辑的萌芽和初创期作为伍兹前期谬误思想的历史背景。而若将20世纪60年代末至21世纪初的整个非形式逻辑发展史全部拿来作为伍兹前期谬误思想的背景，这种做法既不恰当，又不经济。例如，如果介绍亚里士多德哲学的历史背景，只是论述与亚氏哲学之年代相近及相关的历史事件和理论发展即可，而绝无必要将整个希腊哲学史全盘托出。

说其在论述逻辑上不恰当是指：伍兹与其前期理论的合作伙伴沃尔顿早在20世纪80年代中期就做出了学术分手。此后，前者逐渐转向基于实践推理与认知经济的自然逻辑谬误论（伍兹的近期谬误理论）；而后者则将学术兴趣毅然投向了爱默伦和格罗敦道斯特的"语用—论辩术"，并在不久之后构建了自己的"新论辩术"。因此，到了80年代中后期，伍兹对其前期理论的研究已经基本停摆，也不再大量新的论文见刊。而到了 90 年代中期，前期理论已经变成各类非形式逻辑史著作所钟爱的话题，抑或只对其中蕴含的逻辑观进行讨论，而罕见真正意义上的理论发展和创新。此时，以爱默伦和格罗敦道斯特为代表的"语用型"谬误论已然成为学界的主流，甚至连伍兹前期思想的合作伙伴沃尔顿也转入语用型谬误论的研究当中。正如约翰逊在总结非形式逻辑的近期发展特征时说："21 世纪，不断发展着的逻辑学科已经来到了它的最新阶段，即以语用学为主要理论依托的阶段，而非形式逻辑的发展与这一步调保持一致。"[1] 因此，将迄今为止非形式逻辑的整个发展历程或理论内容作为伍兹前期谬误思想的历史背景是不恰当的。

说其在论述篇幅上不经济是指：一方面，自 20 世纪 60 年代出现萌芽至今，非形式逻辑的发展可谓理论庞杂、流派纷繁、思想众多；另一方面，伍兹的以"形式方法"为主旨的前期思想在"非形式逻辑学界"并非主流。事实上，80 年代中后期发展起来的以"论辩术"为核心的新思想、新理论与伍兹的形式方法大相径庭，而前者却成了该领域的后起之秀。直到今天，这种谬误分析的论辩理论一直占据着理论主导位置。考虑到上述两点，如果不加分期地将整个非形式逻辑的发展情况作为前期思想的背景，除了会浪费大量不相干的文字篇幅以外，还会出现更为严重的"文不对题"的问题。因此，真正恰当且经济的做法便是只将非形式逻辑的萌芽期和初创期作为伍兹前期谬误思想的背景来阐述。

依据上述分析理路将此处的论证结构设定为：第一，阐述非形式逻辑的萌芽；第二，介述非形式逻辑的初创情况。以上述两方面内容为主，穿插论述伍兹前期谬误思想与非形式逻辑之早期发展的关系。

总体来看，有两个因素对非形式逻辑的萌芽产生了潜在的促发作用，即"社会政治因素"和"教育教学因素"。并且，它们在那个特定的历史时期是彼此联系、相互交织的。

20 世纪的 60 年代至 70 年代初，几乎整个世界都被动荡不安的氛围所笼罩。在西方，以北美尤其是美国为例，其内部黑人民权运动所引起的社会动荡和外部越南战争所引起的政治危机是两个主要的社会政治问题。伯明翰（Birmingham, Alabama）于 1963 年出现了抗议种族隔离的群

---

[1] Ralph Johnson, "Making Sense of 'Informal Logic'", *Informal Logic*, Vol. 26, No. 3, 2006.

众示威。此后不久，又出现了二十余万人参加的"向华盛顿进军"的大规模游行。此时，美国的黑人民权运动达到了顶峰，要求黑人与白人在社会各领域相互平等的呼声此起彼伏。马丁·路德·金（Martin Luther King）在林肯纪念堂发表了《我有一个梦想》（I have a dream）的演讲，成为这一运动的标志性事件。事实上，种族关系在美国的大学校园里是受关注最多的社会问题。各个高校几乎都设有旨在改善和解决种族矛盾的专门机构，包括"学生争取民主社会组织""学生暴力协调委员会"等。以"全国有色人种促进会"为代表，这些组织机构长期致力于改善种族问题的教育活动。除黑人民权运动以外，越南战争在美国国内引起的政治不满，也是困扰当时美国社会的棘手问题。美国国内的反越战运动早在1963年底就已经开始，而政府却在1965年春将战争进一步升级。随后，来自全国百余所高校的数万名师生和反战人士聚集到华盛顿进行演讲游行，并前往国会提交了反战请愿书。在抗议活动的过程中，高校师生组织了各种演讲集会及讨论会。这些活动基本上是以师生之间自由发言、平等参与的形式进行的。自此之后不久，这种在公共场所对社会政治事件进行自由发言、平等讨论的理念和方式被全美高校所效仿。

可以看到，上述史实具有两个突出特征。首先，教育组织或高校学生在社会政治活动中处于主体地位并扮演积极角色。无论是争取国内民权平等，还是反对发动对外战争，教育领域中的学生都是冲在最前面的主力军。其次，学生们通常以讨论、辩论或演讲的方式来表达和宣泄不满情绪及反对意见。而上述两点特征会很自然地涉及一个敏感问题，即是否可以在大学校园中充分自由地发表言论、评论时弊。而当时代表美国政府利益的高等教育机构对这种行为持打压态度。于是，1964年至1965年间，在加州大学伯克利分校爆发了名为"言论自由运动"（Free Speech Movement）的学生集体维权事件。该运动的主要领导者是马里奥·萨维奥（Mario Savio）、迈克尔·罗斯曼（Michael Rossman）、布莱恩·特纳（Brian Turner）、斯蒂夫·韦斯曼（Steve Weissman）、阿特·古德伯格（Art Goldberg）等在校学生。学生们希望借助该运动迫使校方做出如下妥协，即"撤销关于禁止在校园内举行政治集会或相关活动的禁令，并且承认学生的舆论自由权和学术自由权"[①]。事实上，言论自由运

---

① http：//en.wikipedia.org/wiki/Free_Speech_Movement.

## 第三章　前期谬误思想:伍兹形式化方法的早期回溯

动的参与者并不限于学生。言语行为理论（Speech Acts）的创始人，美国著名哲学家约翰·塞尔（John Searle）是当时伯克利的一名年轻教员，他站在学生的立场积极参与并组织了这次运动，且针对该事件于 1971 年出版了《校园战争：对苦痛中的伯克利的同情》[1]（*The Campus War: a sympathetic look at the university in agony*）一书。通过学生以及部分教师的坚决抗争和努力，言论自由运动最终于 1964 年 9 月宣告成功。校方推出了由学生共同参与制定的校园政治活动规则，同时启动了大学教育改革。自此以后，伯克利的学生又可以在校园内从事与政治及各种社会问题相关的公共活动。

而此时，"那些过于激进地反对越南战争乃至逾越了其公民权的学生开始将矛头转向了与他们息息相关的教育质量问题"[2]。他们除了对政治及社会政策不满以外，还对高等学府中的学术规则及教学境况持批判态度。再以言论自由运动为例。该运动的宗旨是要求校方"撤销关于禁止在校园内举行政治集会或相关活动的禁令，并且承认学生的舆论自由权和学术自由权"。可以从中注意到一个细节，即该宗旨最后提到了"学术自由权"，而诸如学术自由之类的问题恰恰与大学之中的教育教学领域密切相关。由此可见，在作为高等学府之重中之重的教育教学领域中，必然存在一些关于教学方法、理论研究、教材编纂以及课程设置等方面的问题。由于加州大学伯克利分校是世界知名学府，因此可以推知，既然如此，著名的教育机构都会出现上述问题，那么这些问题就不应该是伯克利分校的特有现象。换句话说，上述问题应该是美国，甚至北美以及整个西方大学在 20 世纪 60 年代的普遍现象。而它们之中较为突出的便是逻辑学科的教学内容和教材设置问题，而此类问题恰恰是促使非形式逻辑产生或萌芽的最初动因。

在 20 世纪 60 年代的美国或北美的大学中，逻辑学这门课程的内容主要是以现代逻辑为代表的"符号逻辑"或称"形式演绎逻辑"。然而，学生们认为这种逻辑与现实生活以及公民的政治批评需要相却甚远，他们

---

[1] John Searle, *The Campus War: a sympathetic look at the university in agony*, 1st ed., Omaha: World Pub. Co., 1971.

[2] Anthony Blair, "Informal Logic and its Early Historical Development", *Studies in logic*, Vol. 4, No. 1, 2011.

希望逻辑课程所讲授的东西能够更多地与生活中的推理和论辩相关,并且能够现实有效地处理真实事务,即学以致用。而60年代及更早以前的逻辑教材并不能满足这一点。

来自美国马里兰大学的已故学者霍华德·卡恩（Howard Kahane）是著名非形式逻辑教科书《逻辑与当代修辞学：日常生活中的理性应用》（*Logic and Contemporary Rhetoric: The Use of Reason in Everyday Life*）的作者。该书于1971年初版,至今再版十余次。作者在书中生动地回忆了学生们的上述诉求："几年前的一堂课上,授课内容是具有复杂之美的谓词逻辑的量词规则。在授课过程中,有个学生厌恶地问我：他学了一学期之久的东西与约翰逊总统决定升级越南战争有何关联。我含混地说,约翰逊的决定是个坏逻辑,随后强调逻辑导论不是处理此类问题的课程。学生继续追问,哪类课程能够处理此类事务。而据我所知,此类课程尚不存在。这位学生的诉求与当代的大多数学生是一致的,即需要一门与日常推理相关的课程、一门与他们所听所读的论证相关的课程,其内容关涉种族、污染、贫困、性别、核战争、人口爆炸以及人类在20世纪后半叶所面对的一切其他问题。"[①] 卡恩在逻辑学教学一线所经历的这种窘境是非常具有代表性的,同时也强烈显现着这样一层含义,即学生们试图将逻辑学以致用的愿望非常迫切,而20世纪60年代的逻辑教学法和教科书未能及时对这一趋势做出预判,以演绎有效性为核心要旨的形式逻辑无法满足学生的需求。

非形式逻辑的创始人之一,来自温莎大学的安东尼·布莱尔对当时高校关于学生诉求的反应迟缓及教学策略的失误给予了回溯："20世纪60年代,美国及加拿大大学的哲学系普遍流行这样的观点,即如果学生们研习逻辑,那么逻辑素养将得到提升。如果增强批判性思维的能力还略显不够的话,那么提升逻辑素养就是必要的。但是,人们普遍将逻辑视为形式演绎逻辑。因此,这种逻辑就被纳入逻辑学基础教程中用以增进学生们的思考能力。此外,由于逻辑也被看作论证的学科,即利用自然语言中的论证来说明逻辑的演绎关系。所以,逻辑课的教学任务就是教授学生如何分析和评估这样的论证。然而,当学生们对社会和政治现

---

① Nancy Cavender and Howard Kahane, *Logic and Contemporary Rhetoric: The Use of Reason in Everyday Life*, 8th ed., Belmont, CA: Wadsworth, 1997, p. vii.

状感到不满时,他们便开始询问如何应用这种逻辑来分析那些与此相关的论证。而当教师尝试着将这种逻辑诉诸实践时,他们很快便发现了问题。"① 实际上,布莱尔这里所说的问题也就是卡恩在更早之前所洞察到的问题,即逻辑教科书中的"理论逻辑"与学生意愿中的"实践逻辑"之间的矛盾。此外,非形式逻辑的另外一位奠基者,即布莱尔的同事拉尔夫·约翰逊以及英国东英吉利大学的阿莱克·费舍尔(Alec Fisher)也在各自的教学实践中经历了类似于卡恩和布莱尔的"遭遇"。

面对这种情况,工作在一线的教师们开始对旧有的逻辑教学法和教材内容进行改革,旨在适应学生们日益增长的将逻辑理论付诸实践的需求。于是,在20世纪70年代涌现出一大批非形式逻辑的教材或著作。约翰逊对此的形容是:"随着越来越多的教育工作者对这种'觉醒'有了独立的认知与理解,在70年代有关这种新式逻辑教学法的文献迅速激增。在我1980年的文献中②,我将这一现象称作'理智的觉醒'。"③在这些教材或著作中,前述提到的卡恩的《逻辑与当代修辞学:日常生活中的理性应用》是最早的一部关于非形式逻辑的文献,该书的这种历史性意义是回顾非形式逻辑之萌芽时所不得不提的。作者编写该书的初衷是为了协调学生对理论逻辑的不满,以及对实践逻辑的渴求之间的矛盾。于是,这部以生活中的论证及谬误为分析范例的新型逻辑教科书便应运而生。书中的核心观点是,逻辑的基本功能是分析日常生活和公共事务中的一般论证。显然,形式逻辑在这方面先天不足,因为它过于强调"形式地演绎有效"标准,忽视了现实中的推理更多地受主观愿望、情感以及认知偏差等类似因素的影响。而非形式逻辑则涉及日常生活中的非单调推理形式,单调的推理形式仅当服务于前者时才被引入。伍兹和沃尔顿在20世纪70年代末的一篇书评中指出,卡恩以及同期的类似教科书至少在

---

① Anthony Blair, "Informal Logic and its Early Historical Development", *Studies in logic*, Vol. 4, No. 1, 2011.

② 此篇文献是指1978年在温莎大学举办的第一次非形式逻辑国际研讨会的会议记录,即 Anthong Blair, Ralph Johnson, *Informal Logic: The First International Symposium*, Inverness, CA: Edge press, 1980。

③ Ralph Johnson, "Making Sense of 'Informal Logic'", *Informal Logic*, Vol. 26, No. 3, 2006.

教育教学领域具有进步意义:"因格尔[①]和卡恩的著作探讨了相关领域中的标准内容,具有很高的普及和启发意义。并且重点列举了一些实际例证和书后练习,它们题材幽默,旨在让学生们感到愉快和放松。由此而论,那些工作在逻辑学、修辞学、批判性思维、写作以及其他相关领域的教师会发现上述作者所编教材是极为有用的。"[②]

可以看到,非形式逻辑之早期萌芽的一个突出表现便是大批带有该逻辑特色的著作及教科书的集体涌现。除了上面述及的卡恩的《逻辑与当代修辞学:日常生活中的理性应用》以外,这一时期的重要文献还包括:斯蒂芬·托马斯(Stephen Thomas)的《自然语言中的实践推理》(*Practical Reasoning in Natural Language*,1972)、迈克尔·斯克里文(Michael Scriven)的《推理》(*Reasoning*,1976)、罗纳德·曼森(Ronald Munson)的《遣词方法:一种非形式逻辑》(*The Way of Words: an informal logic*,1976)、莫里斯(Morris Engel)的《充分的理由:非形式谬误入门》(*With Good Reason: An Introduction to Informal Fallacies*,1976)、约翰逊和布莱尔的《逻辑的自我辩护》(*Logical Self-Defense*,1977)以及罗伯特·福格林(Robert Fogelin)的《理解论证:非形式逻辑入门》(*Understanding Arguments: An Introduction to Informal Logic*,1978)。1982年,麦格劳希尔(McGraw-Hill)出版社发行了伍兹与沃尔顿合著的《论证:谬误的逻辑》(*Argument: The Logic of Fallacies*)一书,该书是上述一系列同类教科书的延续。这些著作的出现不仅反映了高校对学生需求的重视和对逻辑教学改革的支持,更重要的一点是,它们为此后不久便确立起来的非形式逻辑学科进行了大量的前期理论铺垫,并形成了许多具有启发性甚至是决定性意义的观点和框架,为该学科的诞生奏响了序曲。

综上所述,我们得出如下结论,非形式逻辑萌芽或产生的原因有二:其一是现实原因;其二是理论原因。

首先来看"现实原因"。非形式逻辑萌芽的现实原因包括社会政治因素和教育教学因素。20世纪60年代,西方世界尤其是美国的民主民权运

---

① 指莫里斯·因格尔(Morris Engel)于1976年初版的《充分的理由:非形式谬误入门》(*With Good Reason: An Introduction to Informal Fallacies*)一书。
② John Woods and Douglas Walton, "Book Review: With Good Reason by Morris Engel; Logic and Contemporary Rhetoric by Howard Kahane", *Rhetoric Society Quarterly*, Vol. 6, No. 3, 1976.

动和反战活动轰轰烈烈,使得高校学生广泛接触甚至亲身参与到社会政治活动中。在对国家政策及自身权利的不满与抗争中,他们自身的参政议政和民主平等意识得到极大的唤醒和增强。同时也令他们认识到,参与公共政治事务不仅需要较强的论辩和表达能力,而且需要一种实用的批判性思维工具。由于学生群体毕竟身处教育教学领域,所以,他们在政治运动中得到增强的"参政议政、民主平权"的意识,以及对"论辩表达、批判思维"的需求开始在大学校园中彰显。由此,他们要求校方在教学方法及课程设置方面给予学生更多的自主权和话语权,并且要求将逻辑教科书中那些与现实无关的形式逻辑向非形式逻辑转化,从而获得更多的与生活相关的论证及思维能力。

其次来看"理论原因"。非形式逻辑萌芽的理论原因与其现实原因直接相关。学生们要求在课程设置上的民主参与以及在授课内容上的简洁实用,促使随后出现了一大批具有非形式逻辑特征的文献。这些文献几乎全部由来自北美以及欧洲各大知名院校的教授所著。可想而知,这样的著作必然具有较高的学术水准,进而完全有能力为非形式逻辑的诞生做充足的理论铺垫。毋庸置疑,这些文献的作者为该学科的萌芽起到了关键作用,可将他们视为非形式逻辑之诞生的智力源泉。事实上,要求逻辑尽可能多地关怀现实生活并非学生群体的单方诉求。在高校的教师和学者群中,一直存在着逻辑实用化的呼声和愿望。而20世纪60年代的政治民主运动以及学生的迫切需求,促使学者们将这种由来已久的愿望付诸行动,这种行动直接导致了大量著作及教科书的涌现,进而形成了非形式逻辑的早期理论形态。

从20世纪60年代末开始并几乎贯穿整个70年代,出现了大批带有非形式逻辑特征的著作,它们为该学科的诞生做好了前期的理论孵化工作。事实上,经历了近十年的前期理论积累,到了70年代末,非形式逻辑的理论雏形已基本形成。换句话说,作为一个独立学科的非形式逻辑呼之欲出。它从孕育期过渡到正式诞生的时间节点是20世纪70年代末一次学术会议的召开。此次会议,标识了一门新学科的诞生,而伍兹正是这次会议的主要参与者之一。

会议的官方名称是"第一届非形式逻辑国际研讨会"(First International Symposium on Informal Logic),于1978年6月由加拿大温莎大学承办,会议的发起及组织人是该校的著名学者拉尔夫·约翰逊和安东尼·

布莱尔。此次会议规模庞大，参与者达到八十余人，而且大都来自美国和加拿大的各个知名高校。这些人后来都成为非形式逻辑学界的顶尖学者，为该学科作出了重要贡献。除了来自温莎大学的两位东道主约翰逊和布莱尔，其他耳熟能详的非形式逻辑学家还包括：美国克莱蒙研究大学的迈克尔·斯克里文（Michael Scriven）、加拿大莱斯布里奇大学的特露迪·戈薇尔、加拿大不列颠哥伦比亚大学的约翰·伍兹、加拿大温莎大学的道格拉斯·沃尔顿和罗伯特·平托、美国伊利诺伊大学的罗伯特·恩尼斯（Robert Ennis）以及加拿大麦克马斯特大学的大卫·希区柯克（David Hitchcock）。希区柯克教授在多年之后回忆起这次会议时说："1978年，哲学家们第一次以'非形式逻辑'之名聚集在一起。其间充满了期待新事物产生的美妙感觉，学者之间也有一种莫名强烈的协作愿望。这种美好一直延续至今。"[①] 伍兹在这次会议上做了名为"什么是非形式逻辑"（*What Is Informal Logic*）的报告，辨析了关于非形式逻辑的一些重要概念，并为该学科的未来发展提出了宝贵的意见。在某种程度上说，伍兹是非形式逻辑之诞生的见证者甚至是奠基者。

通过20世纪70年代之前的那段理论酝酿期，与非形式逻辑相关的预备性理论已经积累到了一定程度。依据这一现实情况，约翰逊和布莱尔希望通过会议的成功举行，使非形式逻辑真正成为一门独立且重要的研究型学科。约翰逊作为大会的发起者，也是非形式逻辑的奠基人之一，对这门新兴学科的特征及现状做了最一般的概括："在名为'非形式逻辑的新近发展'（*The Recent Development of Informal Logic*）[②]一文中，我们避免对'什么是非形式逻辑'这一问题进行直接陈述，但有两个趋势是与该领域的发展相一致的。首先，与形式逻辑教科书中的人工论证形成鲜明对照的日常论证开始受到重视。其次，不再迷信形式逻辑能够提供好的论证评估标准这件事。情况已经非常清楚，非形式逻辑是一门独立的学科，并具有谬误理论和论证理论两个分支领域。"[③] 此外，他们还想通

---

[①] David Hitchcock, "Book Review: The Rise of Informal Logic by Ralph Johnson", *Informal Logic*, Vol. 18, No. 2 & 3, 1996.

[②] 此文是约翰逊和布莱尔在第一届非形式逻辑国际研讨会上的参会文章，收录于1996年的《非形式逻辑的崛起：论辩、批判性思维、推理与政治文集》中。

[③] Ralph Johnson, "Making Sense of 'Informal Logic'", *Informal Logic*, Vol. 26, No. 3, 2006.

过会议达到以下目的,即在进一步加强和巩固当下所获成果的同时,对非形式逻辑的未来走向做出全面展望。这样做的意图是使这门学科能够在未来更为持久且兴旺地发展。由此,两位学者给出了非形式逻辑当时正在涉及和未来可能涉及的13个领域,包括逻辑批评理论、论证理论、谬误理论、谬误方法与批判性思维方法的对照、归纳与演绎的区别、论证和逻辑批评的伦理学、预设和前提缺失、语境、提取论证法、展示论证法、教育学、非形式逻辑的性质即研究范围、非形式逻辑与其他研究领域的关系。可以看到,这张列表所规划和预测,几乎全部囊括了三十多年之后的当下非形式逻辑学界的学术领域。

在1978年的温莎会议上,除了对非形式逻辑的已有学术成果、现阶段研究情况以及未来发展走向的讨论,还催生了为这门新兴学科量身打造的专业性杂志,即由约翰逊和布莱尔担任联合编辑的《非形式逻辑通讯》(Informal Logic Newsletter)。这就进一步巩固了非形式逻辑作为一门独立学科的存在资格,为致力于该领域研究的学者们提供了专属的理论家园。约翰逊和布莱尔在该杂志第一期的编者前言中表示,目前的当务之急是创建一个针对非形式逻辑的学术研究和教学讨论的刊物,它的作用是吸引并鼓舞那些对该领域感兴趣的人。刊物的涵盖范围也是非常广泛的,包括涉及谬误和论证理论的"理论主题"、涉及如何恰当地展示日常论证结构的"实践主题",以及如何设计批判性思维课程的"教育主题"。目前熟知的国际知名刊物《非形式逻辑》杂志(Informal Logic),其前身便是缘自1978年温莎会议的《非形式逻辑通讯》。约翰逊回忆道:"自1979年开始,我与布莱尔联合担任《非形式逻辑通讯》的编辑。此后,该通讯于1984年改版为现在看到的《非形式逻辑》杂志,伍兹则是该杂志的编委会成员之一。迄今为止超过35年的时间里,这本杂志一直刊载非形式逻辑方面的重要文献。我相信,它为学者们思考什么是非形式逻辑提供了适当的智力平台。"[①] 由此可见,一份专属的学术型杂志对于一门新兴学科的重要性。同时,《非形式逻辑通讯》以及进一步规范化之后的《非形式逻辑》期刊也增加了它作为一门独立学科的砝码。之所以这样说,是因为此时的非形式逻辑已经具备了成为一个独立学科的基

---

[①] Ralph Johnson, "Making Sense of 'Informal Logic'", *Informal Logic*, Vol. 26, No. 3, 2006.

本要素,即固定的研究对象、确定的研究范围、清晰的概念辨析、高水平的研究群体以及专门化的理论刊物。我们据此说,非形式逻辑作为一门新兴学科已经初步建立。

以上是关于非形式逻辑从萌芽到初创的一系列史实性论述。由于这段历史与伍兹的前期谬误思想在时间上是"前后衔接"甚至"彼此重合"的,又因为伍兹不仅积极参与到非形式逻辑的学科构建之中,而且他的前期谬误思想也是早期非形式逻辑的重要组成部分。由此而论,可将非形式逻辑的早期发展视为伍兹前期谬误思想的历史背景。

## 二 前期谬误思想产生的理论背景

伍兹前期谬误思想的产生除了具有宏观的历史背景以外,还具有特定的理论背景,或称之为"理论诱因"。由此可以发问:以形式方法为主旨的伍兹前期谬误思想,其赖以产生的综合性背景或基础是什么?那么,可以从两方面来回答该问题,即伍兹前期谬误思想分别具有历史背景和理论背景。如前所述,历史背景是指:非形式逻辑的早期发展与伍兹的前期谬误理论在时间上具有前后衔接性和彼此重叠性,后者映衬于前者的这个大的历史背景之下。而理论背景则可以依据不同的视角来进一步细分为两个层面。第一个层面,从非形式逻辑的早期理论构成来看,伍兹的前期谬误思想是其重要的构成部分;第二个层面,从伍兹前期思想之产生的理论刺激源来看,汉布林于20世纪70年代初创建的形式论辩术则当之无愧地扮演了这一角色。下面就对理论背景的双层意涵给予详细论述。

在非形式逻辑的早期发展中,谬误研究所占的比重是非常大的。因为从某种意义上说,非形式逻辑的萌芽及形成是当代谬误理论复兴的直接结果。这里所说的谬误研究主要是指"非形式谬误"的研究。正如约翰逊和布莱尔在20世纪80年代中期的论文《非形式逻辑的现状》中所总结的:"对于大多数人来说,非形式逻辑是与非形式谬误的研究共存共生的。"[①] 从中可以看出,谬误研究在非形式逻辑的早期发展中占有重要地位。事实上,一旦谈及当代谬误理论的研究及复兴,就不得不提到汉

---

① Anthony Blair and Ralph Johnson, "The Current State of Informal Logic", *Informal logic*, Vol. 9, No. 2, 1987.

布林及其1970年的里程碑式著作《谬误》。该书奠定了早期非形式逻辑以谬误研究为主的基调，而伍兹随后的加入进一步确立和夯实了这种基调。正如约翰逊和布莱尔所说："汉布林极具影响力的《谬误》一书将研究重点放在了非形式谬误上，这在一定程度上鼓舞了伍兹和沃尔顿投身该领域并取得了丰硕的研究成果。"[①] 这里提到的"研究成果"便是伍兹的前期谬误理论，即借助现代高级符号逻辑系统来分析非形式谬误的"形式方法"，或称"伍兹—沃尔顿方法"。因此，以上述事实为依据，可以很自然地推定：既然汉布林使谬误研究成为早期非形式逻辑的核心内容，而伍兹又受其激励进而在谬误研究方面取得了丰硕的理论成果，那么后者的理论就必然是早期非形式逻辑的重要构成部分。

约翰逊和布莱尔在三个地方或直接或隐晦地表达了伍兹的前期思想是早期非形式逻辑的重要构成部分。考虑到约翰逊和布莱尔是非形式逻辑的学科奠基者，同时又是非形式逻辑史及理论的学界权威。因此，他们的言论具有极高的历史可信度和理论参考价值。

在《非形式逻辑的现状》一文中，约翰逊和布莱尔分析了20世纪70年代初至80年代中期非形式逻辑的发展情况，这段时间正是伍兹前期谬误思想的黄金发展期。文中，作者对当时的谬误研究文献做了谨慎评论，概述了谬误的不同分析方法和学派观点，并列举了当时非形式逻辑的9个分支，包括谬误理论（A theory of fallacy）、论证理论（A theory of argument）、论证的说服力理论（A theory of argument cogency）、论证和合理性（Argument and rationality）、论证心理学（The psychology of argumentation）、与论证相关的领域（Fields of argument）、非形式逻辑教学（The teaching of informal logic）、非形式逻辑与批判性思维的联系（The connection between informal logic and critical thinking）以及非形式逻辑及其同类领域（Informal logic and cognate fields）。约翰逊和布莱尔认为："在非形式逻辑中，谬误理论是最为精耕细作的一块领域。任何人如果想评论谬误或一般意义上的谬误理论，他都能得到丰富的参考文献。并且，这些文献的

---

① Anthony Blair and Ralph Johnson, "The Current State of Informal Logic", *Informal logic*, Vol. 9, No. 2, 1987.

数量还在继续增长。"① 可以将约翰逊和布莱尔的上述原话分为两部分来辨析。

第一部分，即"在非形式逻辑中，谬误理论是最为精耕细作的一块领域"。作者试图通过该句表达的意思是，较之于其他理论分支，谬误理论在非形式逻辑领域中是受重视程度最高、研究最为广泛以及理论最为精细的一个。这正是约翰逊和布莱尔为何用语气极为强烈的"最为精耕细作"（the most thoroughly tilled land）一词来形容那一时期的谬误理论的原因。

第二部分，即"任何人如果想评论谬误或一般意义上的谬误理论，他都能得到丰富的参考文献。并且，这些文献的数量还在继续增长"。可以从这后一句话中清晰地解读出，从20世纪70年代初至80年代中期，也即非形式逻辑的早期发展阶段，关于谬误的研究文献已经有了大量积累。而谬误研究文献的丰富则在很大程度上意味着谬误理论的精深与系统。并且，作者还强调谬误研究的相关文献仍在持续增长，这也从侧面表明了谬误理论之研究的精细与系统性特征。

非常说明问题的是，作者在表达完上述两层意思之后，紧接着就提到了伍兹的前期谬误理论（形式方法）以及爱默伦和格罗敦道斯特的语用—论辩术，并且只提到了这两种理论。这一论述结构表明：第一，约翰逊和布莱尔前面表达的两层含义是针对伍兹的前期思想和阿姆斯特丹学派的语用—论辩术的，换句话说，伍兹的前期谬误理论具有受重视程度高、理论精细和系统的特征；第二，由于约翰逊和布莱尔在回溯早期非形式逻辑中的谬误理论研究状况时，只提及了伍兹的形式方法和阿姆斯特丹学派的语用—论辩术，这就说明，在当时的非形式逻辑界只有这两种理论占据主导地位，而伍兹的以形式方法为主旨的前期谬误理论便是其中之一。通过上述一系列的分析表明，伍兹的前期谬误理论是早期非形式逻辑的重要构成部分。

在2006年的《"非形式逻辑"的意义澄清》（Making Sense of "Informal Logic"）一文中，约翰逊和布莱尔详细回溯了该学科自萌芽期至今数十年的发展历程，通过历史的线性追踪法系统考证了"非形式逻辑"的

---

① Anthony Blair and Ralph Johnson, "The Current State of Informal Logic", Informal logic, Vol. 9, No. 2, 1987.

理论发展脉络和概念演变轨迹。当论及该学科在理论发展层面的问题时，约翰逊和布莱尔将其归结为三点。第一，如何建立关于第三类推理的推理模型。正统逻辑（orthodox logic）将人类推理形式单调地分为"演绎推理"和"归纳推理"，而非形式逻辑学家对这种区分的恰切性（adequacy）持高度怀疑态度。因此，在非形式逻辑的理论发展过程中，一直存在着寻找并建立第三类推理模式的传统。第二，如何在自然语言的环境下处理实际论证中的前提缺失。在两位作者看来，一方面，前提缺失问题是否处理得当，对实际论证评估的成败具有至关重要的影响；另一方面，当日常生活中的论证涉及形式演绎逻辑时，将使得前提缺失问题变得更为复杂。第三，如何使人们对谬误的理解更为恰当合理。在近、当代的谬误研究领域，怀特莱和柯比的标准方法居于主导地位。这种方法的基本特征是以传统三段论、命题逻辑和谓词逻辑作为谬误分析的工具。汉布林在20世纪70年代初向这一陈腐的理论提出了挑战，进而将"如何更好地理解谬误"这一问题摆在了理论家面前。

重点指出，其中的第三个问题需要给予特别关注。然而，如何更好地理解谬误并非此处关注的重点，此处的重点是通过搜寻相关论据进而证明"伍兹前期谬误思想是早期非形式逻辑的重要构成"这一论点。幸运的是，当约翰逊和布莱尔论述第三个问题时提供了支持这一论点的直接证据。两位作者如是说："伍兹和沃尔顿怀揣着一股热忱，他们开启了更为恰当地理解谬误的工作。此项工作的直接成果便是20世纪整个70年代发表于各类哲学杂志上的一系列文章。这些关于谬误研究的文章是对汉布林之传统谬误批判的接力。伍兹和沃尔顿的此项工作表明，谬误理论研究曾经是一个硕果累累的领域。"[①] 之所以说这段引述提供了支持上述论点的证据，是从三个方面分析得到的。第一，约翰逊和布莱尔以一种相当肯定的语气指出，伍兹和沃尔顿开启了更为恰当地理解谬误的工作。文字背后的含义较为明显，即伍兹的前期谬误理论不仅对于理解谬误大有助益，同时也是该领域的早期探路者或开拓者。约翰逊和布莱尔用"开启"一词很好地表达了这一意思。第二，两位作者指出，伍兹于20世纪70至80年代发表了一系列论文，这些文献是对汉布林批判及改

---

① Ralph Johnson, "Making Sense of 'Informal Logic'", *Informal Logic*, Vol. 26, No. 3, 2006.

造传统谬误论的直接响应。因此,如果说汉布林为早期非形式逻辑的谬误理论复兴埋下了伏笔,那么伍兹的前期理论则在此基础之上进一步加快甚至完成了这种复兴。第三,约翰逊和布莱尔用"硕果累累"一词来形容早期非形式逻辑界的谬误研究情况,并将其主要归功于伍兹和沃尔顿的形式方法,即伍兹的前期谬误理论。这就进一步说明,伍兹的前期谬误理论不仅对早期非形式逻辑之发展具有较大贡献,同时在该领域具有一种经典的、不可取代的特殊意义。通过上述分析可见,约翰逊和布莱尔或直接或隐晦地表达了这样一种意思,即伍兹的前期谬误理论是非形式逻辑早期发展中的重要构成部分。

同样是在《"非形式逻辑"的意义澄清》一文中,约翰逊和布莱尔通过回溯非形式逻辑史来考证"非形式逻辑"这一叫法的最初来源。在考证的过程中,两位作者开启了尘封已久的关于早期非形式逻辑发展的史实性信息。而这些信息正好印证了本书此处的观点,即伍兹的前期谬误理论是早期非形式逻辑的重要构成部分。

约翰逊和布莱尔率先通过追忆三十余年前的"第一届非形式逻辑国际研讨会"来考证"非形式逻辑"这一叫法的缘起。二者回忆,在1978年的那次会议上,"非形式逻辑"是首次被用来指代一个独立的逻辑学科。在此之前,约翰逊和布莱尔使用较为形象化和生活化的"应用逻辑"一词。较之于"应用"(applied),"非形式"(informal)则更为抽象且理论味道更浓。可以看到,从形象性到抽象性、从生活化到理论化,简单的字眼更换却显示了学者们的强烈勇气和决心,即要将非形式逻辑提升到更为深刻的理论层面从而与形式逻辑相对照。随后,约翰逊和布莱尔便从更为严肃的非形式逻辑理论史的角度继续阐述这一问题,而我们此处想要得到的论据正是蕴含于该阐述当中。他们这样说道:"由于学界重新燃起了对'非形式谬误'的研究兴趣,因此我们用与其更为接近的'非形式逻辑'来标识这种教授逻辑的新方法。在我们的课堂上,卡恩那本以非形式谬误为重点的著作[1]被拿来作教材之用,而伍兹和沃尔顿则早已开始了他们雄心勃勃的围绕非形式谬误的研究计划。……我们教授的逻辑不是形式逻辑;我们所说的理解论证的结构并非指理解它的逻辑形

---

[1] 这里所说的著作是指卡恩在1971年出版的《逻辑与当代修辞学:日常生活中的理性应用》(*Logic and Contemporary Rhetoric: The Use of Reason in Everyday Life*)。

式,我们也不把有效性标准作为评估理论的一部分,反而代之以一种与谬误相关的研究方法。又因为我们所研究的是非形式谬误,所以非形式逻辑(informal logic)这个词便显得更为恰切。"①

约翰逊和布莱尔所言有力地支持了此处意欲得出的论点,即伍兹的前期谬误理论是非形式逻辑之早期发展的重要构成。

约翰逊和布莱尔在其论述中提及的"对非形式谬误之研究兴趣的复燃",在一定程度上,是指1970年由汉布林发起的对传统谬误论的批判和改革运动;而在很大程度上,则是指作为汉布林事业之接力的伍兹前期谬误理论。之所以这样说,是因为伍兹和沃尔顿在20世纪70至80年代撰写了大量以形式方法为谬误分析工具的论文,包括1975年发表在《综合》(*Synthese*)杂志上的《预期理由》("Petitio Principii"),1977年发表在《逻辑研究》(*Studia Logica*: *An International Journal of Symbolic Logic*)杂志的《合谬与分谬》("Composition and Division"),1977年发表在《形而上学评论》(*The Review of Metaphysics*)上的《错置因果》("Post Hoc, Ergo Propter Hoc"),1978年发表在《论辩》(*Dialectica*)杂志上的《诉诸无知谬误》("The Fallacy of 'Ad Ignorantiam'")以及1982年发表在《努斯》(*Nous*)杂志上的《辩证游戏中的乞题和积累性》("Question Begging and Cumulativeness in Dialectical Games")。此后,这些文献被收录起来集中出版,即前文提及的《文选》这部著作。如果说伍兹前期的谬误理论可以在20世纪70至80年代这一非形式逻辑的早期发展阶段贡献如此之丰富且连贯的高水平文献,并且又被诸如约翰逊和布莱尔这样的非形式逻辑学界权威定义为"复燃了谬误研究的兴趣",那么我们便没有理由否认,伍兹的前期谬误理论是非形式逻辑之早期发展的重要构成。除此以外,约翰逊和布莱尔也多次在相关文献中表示,谬误研究是非形式逻辑早期发展中的一个重要议题。由此可以得出以下两点结论:第一,在非形式逻辑的萌芽期和初创阶段,谬误理论研究是一个核心领域,它对非形式逻辑学科的产生和确立起到了重要的促进作用;第二,更为具体地说,作为非形式逻辑早期的奠基性理论,谬误理论中的主要流派或风格之一便是以形式方法为要旨的伍兹前期谬误理论。由

---

① Ralph Johnson, "Making Sense of 'Informal Logic'", *Informal Logic*, Vol. 26, No. 3, 2006.

此便可看出，在非形式逻辑的形成初期，伍兹的前期理论即具有很大的影响，将其视作早期非形式逻辑的重要构成部分并非言过其实。

上述线索的搜寻是以约翰逊和布莱尔的权威文本为基础，通过对文本中的一系列观点及意见进行逐句分析和归纳总结，可以较具说服力地得出这样的结论，即伍兹的前期谬误思想是非形式逻辑之早期发展的重要构成部分。由此而论，也可以将早期非形式逻辑的发展理解为伍兹前期谬误思想的背景性因素。

当述及伍兹前期谬误思想的理论背景时，似乎没有哪一种素材比汉布林的相关理论或思想更适合放在这里来讨论了。如果说前面论证过的"伍兹前期理论是早期非形式逻辑的重要构成部分"是在间接的意义上揭示了前者与后者的背景性关联，那么，接下来要论及的汉布林相关思想，则完全称得上是伍兹前期谬误理论得以产生的理论背景或直接诱因。这里所说的"相关思想"是指汉布林于20世纪70年代提出的关于谬误分析方法的两点必备特征，即系统性特征以及与现代逻辑联姻的特征。这两点特征无一不渗透于伍兹的前期谬误思想中，甚至可以这样说，汉布林在谬误分析的方法论层面为伍兹之前期谬误思想的构建提供了强有力的理论指导和智力启发。考虑到汉布林对伍兹的上述影响非常适合作为后者前期思想的理论背景来讨论，因此在第二章第三节的第二目，即专门探讨汉布林对伍兹之影响的部分只是对方法论方面的影响稍有提及，其目的就是将其留在此处这个更为适当的位置加以讨论。

为避免上述这种结构安排给读者造成阅读理解的"断层"，有必要先就第二章第三节第二目所论述的汉布林对伍兹之前两方面的影响做一简要回顾。它们分别是：第一方面，即治学特点方面，伍兹一贯重视谬误理论史的研究并善于从中挖掘、阐发新素材以供其理论研究之用，这是受汉布林的相似治学理念的影响；第二方面，即谬误观或逻辑观方面，完全有理由将伍兹视为汉布林在批判标准谬误论方面的继承者或追随者。前者对标准谬误论的批评理路不仅与后者一脉相承，同时也在很大程度上发展、深化了后者的相关思想。

以上是对第二章第三节第二目提到的前两方面影响的回顾。如前所述，汉布林对伍兹的影响不仅表现为"第一方面"和"第二方面"，而且还有"第三方面"，即汉布林在谬误分析的方法论特征方面对伍兹之前期思想的影响。同时，也可以将其视作伍兹前期谬误思想的理论背景。很明显，对该议题的论证应由两个步骤构成：第一步，详细阐述汉布林所指出的谬误理论应当具备的两点特征；第二步，深入分析伍兹的前期谬误思想是如何贯彻汉布林的两点方法论特征的，即后者如何对前者产生影响。由此，通过上述两个连贯的步骤来完成对该议题的论证。

首先实施第一步，即详细阐述汉布林之方法论特征的具体内容。在汉布林那里，谬误研究应该具备的方法论特征蕴含于他对传统谬误论之方法论的批判当中。因此，可以通过引述和分析后者进而从反面来阐明前者。汉布林对传统谬误论之方法论的批评可归结为以下两点。

第一，系统性特征缺失，逻辑工具古旧落后。汉布林在《谬误》的第一章对传统或标准谬误论进行了全面且深入的批判。其间，他直言不讳地指出："处理谬误的传统方法对于现时代的理论旨趣来说显得毫无系统性可言。然而，如果像某些研究者那样对该方法漠然置之，便会留下一个无法弥合的理论裂痕。就既存的关于正确推理或推论的理论而言，我们根本不具备所谓的谬误理论。"[1] 汉布林所谓的系统性特征是由现代数理逻辑所生发出来的各个逻辑分支的基本特征，而这正是传统谬误论所缺失的。现代逻辑的这种系统性特征是指：逻辑理论是一个具有严格体系结构的整体。从逻辑公理到逻辑定理再到逻辑推演，最终呈现一种系统完整的科学理论形态。换句话说，它是按照系统性原则所构成的具有内在结构的知识体系，而不是将各类孤立的概念、原理进行简单机械的堆叠。由于现代逻辑理论的系统性特征要求其各个要素必须具有前后一贯的内在联系，因而也要求谬误理论必须迎合这种作为当下主流逻辑的系统性旨趣。然而，汉布林以前的谬误研究并不具备该特征，至多是零散地运用传统三段论逻辑、命题逻辑以及谓词逻辑对谬误进行片段式分析。这也正是汉布林认为没有谬误之专属理论的原因之一。另外，作为谬误分析的古老工具，传统三段论、命题逻辑和谓词逻辑本身也存在一些固有缺陷。包括只专注于分析直言三段论和主谓式语句，从而限制了逻辑研究和应用的范围，无法在研究量词的过程中抓住其实质，而只能得出量词的一些次要性质，因而对许多与此相关的谬误类型不可能给出充分的说明。此外，虽然这些传统逻辑使用符号来表达某些思维形式，但却无法完全脱离自然语言，因而会造成一些谬误或歧义现象。以

---

[1] Charles Hamblin, *Fallacies*, London: Methuen & Co. Ltd., 1970, p. 11.

上是从理论层面来分析传统谬误论缘何缺乏现代逻辑之系统性特征的原因。然而，在理论批判的同时，汉布林也道出了做出这一批判的可能的心理因素："就目前来看，我们已经把自己推向了一个更为严苛的理论标准之上。如此一来，我们便不会长时间满足于比那些已然习惯了的逻辑部门中的理论更不系统以及更少分支的理论。"① 事实上，汉布林所说的"更为严苛的理论标准"依然是就现代逻辑的惊人的系统性和体系性来说的，这句话的言外之意是：现代逻辑的强大系统性特征为逻辑学各分支的理论建构树立了典范，而如若作为其中之一部分的谬误理论仍然裹足不前进而停留在传统逻辑的分析水平之上，那么这一境况绝不会令人满意，甚至无法容忍。

第二，与现代逻辑脱节，分析范例乏善可陈。汉布林批判传统或标准谬误论的另一个重要原因是，这些旧式谬误理论几乎与现代逻辑完全不相往来，进而在谬误分析的方法论层面无法借助后者的系统性和严谨性优势。该缺陷的直接后果便是逻辑教科书中的谬误分析范例无一例外地诉诸乏味、简陋的传统逻辑，缺乏应有的新意。由此，汉布林毫无保留地指出："我要强调的如下观点应该不会遭到太多异议，即我们在大多数情况下发现，谬误理论（主要指标准逻辑教科书中的谬误理论）中充斥着粗糙的、古旧的以及教条式的研究方法，它们受传统束缚的程度之高根本无法想象。传统谬误研究不仅缺乏逻辑因素的注入以及理论史考证的意识，而且几乎不与现代逻辑有任何瓜葛。当代标准逻辑教科书在阐发谬误理论时所表现出来的部分特征是，作者首先将逻辑因素抛之脑后，然后通过零散地抛售传统双关语、趣闻典故以及古人的无聊范例来吸引读者。"② 从汉布林的字里行间能够解读出，传统谬误理论未能与现代逻辑发生关联这件事引起了他的极大不满。那么此处就不得不提出这样的疑问，即在20世纪70年代初，汉布林为何如此强调现代逻辑与谬误理论的联姻呢？在我们看来，主要出于两方面因素。一方面，理论史背景的因素。汉布林对传统或标准谬误论的批判始自1970年《谬误》一书的发表，当时的逻辑学界具有两种特征。其一，逻辑学研究自19世纪后半叶发生"数学转向"（Mathematic Turn）以来，正式进入现代逻辑的高

---

① Charles Hamblin, *Fallacies*, London: Methuen & Co. Ltd., 1970, p. 12.
② Charles Hamblin, *Fallacies*, London: Methuen & Co. Ltd., 1970, p. 12.

速发展期。历经"数学转向"至20世纪70年代近百年的时间,现代逻辑已经积累了大量的理论成果,表现为以数理逻辑为基础的逻辑分支层出不穷。在这种情况下,现代逻辑在70年代的逻辑学界占有绝对的优势地位,并具有非常高的理论声望。由此便不难理解汉布林为何倡导谬误理论与现代逻辑的联姻了。其二,在70年代初,非形式逻辑还处于起步阶段,能与现代逻辑之形式方法相抗衡的谬误分析的非形式方法还未成气候,例如较具代表性的爱默伦和格罗敦道斯特的"语用—论辩术"直到20世纪80年代中后期才出现。以上这些特定的理论史背景所造成的必然结果是,汉布林在谬误研究这一问题上向以形式演绎逻辑为核心的现代逻辑靠拢过去。另一方面,现代逻辑自身的因素。汉布林之所以呼吁谬误理论与现代逻辑联姻,是因为现代逻辑自身特有的一些优良素质。例如,现代逻辑以精确性、严密性和清晰性著称,它以明确的概念构成判断,以恰当的判断构成有效推理,再以有效的推理构成论证,进而能够在谬误分析的过程中保持理论的精确性和严密性。此外,数学方法在现代逻辑中的广泛应用,结合传统逻辑在形式化方面的初步成果,以及克服后者局限性的客观要求,使得现代逻辑可以综合各方优势进而从"结构性""有效性"以及"符号化"等重要方面入手,对谬误给予透彻、清晰的分析和刻画。正是上述列举的这些因素,促使汉布林于20世纪70年代初呼吁谬误研究与现代逻辑联姻。

上述关于传统谬误论的两点批判乃是就方法论的层面来说的,即第一点,系统性特征缺失,逻辑工具古旧落后;第二点,与现代逻辑脱节,分析范例乏善可陈。这样一来,便能反向推出汉布林提出的关于谬误理论的两点必备特征:第一点,现代逻辑的系统性特;第二点,与现代逻辑相关联的特征。正如汉布林所说:"我们可能发现的事实之一是,如果拒现代逻辑于千里之外,那么我们所诉求的这种谬误理论便无法被建构起来。"[①] 事实上,汉布林在谬误研究领域的这种"现代逻辑情结"在伍兹那里得到了充分释放。毫不夸张地说,以形式方法为核心的伍兹前期谬误思想,是反映上述两点方法论特征的学界典范。伍兹非但没有拒现代逻辑于千里之外,反而全方位地借鉴与接纳了它,从而构建了汉布林所期许的那种谬误理论。

---

① Charles Hamblin, *Fallacies*, London: Methuen & Co. Ltd., 1970, p.12.

其次实施第二步，即深入分析体现于伍兹前期谬误思想中的上述两点方法论特征。

第一，伍兹的前期谬误思想融入了现代逻辑的系统性特征，这与汉布林的要求是吻合的。以形式方法为要旨的伍兹前期谬误思想积极响应汉布林的号召，将谬误的系统性研究作为其工作的第一要务。正如伍兹所说："我们至少应该设想，非形式谬误自身具有某种程度的系统性（systematicity），这种系统性将增进我们对谬误研究的理解，而这种理解极妙地超越于仅停留在直觉印象上的谬误理解水平。"① 上述内容不仅说明伍兹意欲将谬误研究之系统性特征贯彻到底，而且可以据此做出进一步推论，即伍兹力图使非形式谬误的研究具有系统性特征的做法并非牵强附会，而是从该类型谬误的自身性质出发的。在他看来，非形式谬误可以被系统地分析的基本原理是：现代高级符号逻辑的形式系统并不仅仅拘泥于"形式论证"，它还可以在系统外有效性的基础上展开一系列"非形式论证"，而非形式谬误恰好适用于后一种论证模式。在谬误研究领域中，形式化的分析工具往往可以对非形式化的对象（如非形式谬误）起到刻画、检验、澄清以及系统组织的作用。同时这也意味着，以往那些借助非形式方法对谬误进行评估的结果，必须能够转化为运用形式的方法且在形式系统中所能得到的结果。这一转化过程便是借助形式方法对谬误进行系统化的过程，伍兹前期谬误思想中的形式方法即如此。事实上，伍兹前期谬误思想所做的是一种"联结"或"转化"的工作，即将"以日常语言为基础的谬误的非形式分析及其直观有效性"与"以人工语言为基础的谬误的形式分析及其系统内有效性"相互联结或转化。换句话说，传统的谬误分析模式是利用系统外的有效性原则对谬误给予一种基于自然语言的非形式论证，而伍兹的形式方法则是借助符号逻辑系统之内的有效性原则，对谬误给予一种基于形式语言的论证。事实上，无论是传统谬误的分析方法，还是以现代逻辑为基础的伍兹的形式分析方法，它们在谬误判定的结果上并无分歧，即不会因为分析方法的不同而改变某个谬误之为谬误的理论共识，不同之处则在于分析的过程、结构、有效性原则之运用以及工具语言的性质上。而所有这些因素都映射

---

① John Woods and Douglas Walton, "Post Hoc, Ergo Propter Hoc", *The Review of Metaphysics*, Vol. 30, No. 4, 1977.

## 第三章 前期谬误思想:伍兹形式化方法的早期回溯

着伍兹前期谬误思想的系统性特征。

第二,伍兹的前期谬误思想体现了与现代逻辑联姻的特征,这与汉布林的设想是一致的。事实上,伍兹之所以响应汉布林的号召进而广泛地将现代逻辑与谬误研究相结合,其原始动因首先来自前者与后者在批判传统谬误论上的共鸣。而如前所述,传统谬误论的主要特征之一便是在研究策略或方法论特征上缺乏与现代逻辑的互动与联系。正如伍兹所言:"现代逻辑教科书对旧式传统固守不放,这就将谬误研究与不断进化中的并且具有更为细化之分支的现代逻辑隔绝开来。然而,弥补这种理论资源之丧失的方法,仅仅是单调地增加那些陈腐的谬误分析范例的数量。这对于激发一种揭示不确定性的系统方法(systematic treatment)来说毫无裨益,而这种所谓的不确定性是由标准方法直接施加给学生们的。"[①] 可以看到,伍兹对当时的传统谬误论与现代逻辑相绝缘的理论态势持强烈的批判态度,而无论是其批判的内容抑或批判的口吻,几乎都与汉布林如出一辙。这不仅反映了后者对前者的至深影响,同时更加说明了二者对未来的新式谬误理论抱有共同的理想,即与现代逻辑及其丰富的分支系统进行深度的融合、联系与互动。事实上,现实情况还是较为乐观的。因为现代逻辑经过一百多年的不断发展,已经生发出众多形式严谨的分支系统,即使不能将它们毫无限制地应用于谬误分析,但其显现出来的某些关系类型和分析手段,在被合理改造之后可以变为高效的谬误分析工具。伍兹的形式方法是20世纪70年代初体现上述意志的学界典范。正如爱默伦和格罗敦道斯特所指出的那样:"借助高级逻辑系统对谬误进行分析的系统探究法是伍兹和沃尔顿的特有方法。"[②] 可以看到,在学界权威学者的眼中,运用现代逻辑的高级形式系统对谬误进行研究已经成为伍兹前期谬误思想的标志性特征。至于伍兹具体运用了哪些逻辑系统对何种类型的谬误进行了分析,可以从其本人的叙述中窥得一斑:"伍兹—沃尔顿方法将归纳逻辑(inductive logic)应用于'轻率归纳'和'因果倒置'谬误的诊疗;将似真性逻辑(plausibility logic)作为分析

---

① John Woods and Douglas Walton, "The Fallacy of Ad Ignorantiam", *Dialectica*, Vol. 32, No. 2, 1978.

② Frans van Eemeren and Rob Grootendorst, *Argumentation, Communication, and Fallacies: A Pragma-Dialectical Perspective*, London, New York: Routledge, Taylor & Francis Group, 1992, p. 103.

'诉诸权威'谬误的基础;以论辩游戏理论(dialectical game theory)作为探究'复杂问题'和'预期理由'谬误的工具;征用相干逻辑(relatedness logic)来刻画'结论不相干'谬误;如此等等。"[1] 从中可以看出,现代逻辑的形式系统分支可谓纷繁多样、异彩纷呈,而现代逻辑的这一发展态势正好为伍兹实现汉布林的理想提供了充足的理论基础支持。前者依据不同形式系统的不同旨趣来挑选与之匹配的非形式谬误来分析,例如,既然归纳逻辑的侧重点在于归纳方法,那么就正好用它来分析"轻率归纳"谬误;又如,已知相干逻辑的优势在于对"关系"或"相干性"等概念的解析,那么"结论不相干"谬误就自然成为它的刻画对象。由此可见,汉布林所谓的现代逻辑与谬误研究之"联姻"一词的含义已然被伍兹体现得淋漓尽致了。

以上内容通过"两步四方面"的论述结构,详细论证了以下观点,即汉布林在谬误研究的方法论特征方面深刻影响了伍兹的前期谬误思想。

第一步,详细阐述了汉布林所要求的新式谬误理论应该具备的两点方法论特征。第一方面,新式谬误理论应当具备现代逻辑的系统性特征;第二方面,新式谬误理论应当广泛地与现代逻辑联姻。

第二步,深入分析伍兹的前期思想是如何具备并贯彻汉布林的两点方法论特征的。第一方面,伍兹的前期谬误思想融入了现代逻辑的系统性特征,与汉布林的要求相吻合;第二方面,伍兹的前期谬误思想体现了与现代逻辑联姻的特征,这与汉布林的设想相一致。

由此,通过"两步四方面"的结构性论证,证明了汉布林在谬误研究的方法论特征方面对伍兹的前期谬误思想产生了影响。由此而论,既然汉布林的上述观点对伍兹的前期谬误思想产生了如此深刻的影响,那么自然可以将前者视作后者的理论背景,甚至是直接的理论诱因。

## 第二节 前期谬误思想的核心内容

如果说第一节的内容是对伍兹前期谬误思想之历史及理论背景的考证与阐述,但这种阐释还只停留在理论的外延或背景介绍的层面,那么

---

[1] John Woods, "Is the Theoretical Unity of the Fallacies Possible?", *Informal Logic*, Vol. 16, No. 2, 1994.

本节则将进入该理论的内部一探究竟，从背景介绍的层面深入伍兹前期谬误思想的核心内容中去。一般来看，任何思想学说若想满足"理论"这一称谓，必须具备两个基本要件，即研究对象和研究工具。而伍兹的前期谬误思想作为非形式逻辑之早期发展的重要理论构成，也必然具有其专属的研究对象和工具。具体来说，前期谬误思想的研究对象是在逻辑学科中具有悠久历史的"非形式谬误"，而研究工具则是前面多次提到的以现代逻辑中的高级符号系统为依托的形式方法。由于该方法是由伍兹和沃尔顿共同构建的，因此又称其为伍兹—沃尔顿方法。本节围绕伍兹前期谬误思想的这两个基本理论构件，着力为下列问题提供详细且适当的回答：在研究对象方面：什么是非形式谬误？非形式谬误的历史研究状况如何？在研究工具方面：什么是形式方法？形式方法具有何种特征？形式方法是如何应用于具体的谬误分析的？由此，本节的任务便清晰可见了，即通过对上述若干理论问题的详细解答，将伍兹前期谬误思想的原貌系统地还原出来。

## 一 作为研究对象的非形式谬误

伍兹前期谬误思想的研究对象是非形式谬误。纵观悠久的谬误理论发展史，对非形式谬误的研究主要集中于以下方面：第一，对非形式谬误之基本概念的澄清；第二，对非形式谬误之历史渊源的考证。此两方面对于全面把握非形式谬误这一议题是不可或缺的。因此便以其为蓝本，从两个层面对作为伍兹前期谬误思想之研究对象的非形式谬误进行讨论：第一层面，通过对非形式谬误之基本概念的澄清，回答"什么是非形式谬误"的问题；第二层面，通过对非形式谬误之历史渊源的考证，来体现"非形式谬误的历史研究状况是怎样的"。

第一层面，对非形式谬误的基本概念进行澄清。在非形式逻辑或谬误研究领域，非形式谬误是一个极为重要的研究对象。因此，搞清它的基本概念也就理所当然地成为谬误研究的重中之重。不难想象，作为非形式逻辑或谬误理论的核心概念，必然会有大量且权威的逻辑学教科书或专著对其加以讨论。考虑到这一现实情况，此处就借助三部逻辑学经典著作对非形式谬误的概念进行澄清。这样做的目的在于，尽可能使我们对非形式谬误的认识建立在一个更加深入且稳固的学术基础之上。这些著作包括：由普林斯顿哈尔出版社（Princeton Hall）于 2010 年发行的第 14 版《逻辑学导论》(*Introduction to Logic*)，该书主要作者为艾尔文·柯比；由圣智学习出版社（Cengage Learning）于 2012 年发行的第 11 版《简明逻辑导论》(*Concise Introduction to Logic*)，该书作者为帕特里克·赫尔利；由麦克米兰出版社（Macmillan Publishers Ltd.）于 1984 年发行的第 2 版《推理导论》(*An Introduction to Reasoning*)，该书主要作者为斯蒂芬·图尔敏。此处对非形式谬误之概念的澄清采用与形式谬误相对比的方法。

柯比从标准谬误论的立场出发，认为非形式谬误是对传统三段论之规则的违反。如他所说："只要违反其中的任何一条规则（指三段论的规则）便被视作犯了错误，从而致使三段论成为无效论证。由于该错误属于特殊种类的错误，并且是蕴含于论证之形式结构当中的，因此，不仅可以将其称为谬误，而且更应该称其为形式谬误，用以与非形式谬误相对照。"[1] 与形式谬误相比，柯比认为非形式谬误并非来自论证的纯粹形式结构，而是与自然语言之实际应用和实质内容息息相关的。正如柯比所说的："［形式谬误］是一种见于演绎论证中的错误模式。并且，此类演绎论证具有自身的特定形式。当然，除此以外还有其他的形式谬误。但是，绝大多数的谬误依然是非形式谬误：它们是在语言的日常使用中生成的一种错误形式。我们在本章中[2]详细考察的这种非形式谬误源于一种混淆（confusions），而这种混淆则产生自日常使用之语言的内容。由于无法对日常语言之内容的多样性加以限制，因此，较之于形式谬误来说，揪出非形式谬误的难度更加之大。"[3] 可以看到，柯比是从语言之使用的层面来阐释和界定非形式谬误的，突出的是非形式谬误的实质和实践方面。而赫尔利对非形式谬误的说明则相对简洁，但其核心大意与柯比基本保持一致。后者认为："谬误通常被分为两组：'形式的'与'非形式的'。所谓的形式谬误其实是这样一种谬误，即仅仅通过考察某个论证的形式或结构就能将其辨认出来。此类谬误只在那些具有清晰可辨之形式

---

[1] Irvine Copi, Carl Cohen and Kenneth McMahon, *Introduction to Logic*, 14th ed., New Jersey: Princeton Hall, 2010, p. 190.

[2] 这里指第 14 版《逻辑学导论》的第三章，即"谬误"（Fallacies）这一章。

[3] Irvine Copi, Carl Cohen and Kenneth McMahon, *Introduction to Logic*, 14th ed., New Jersey: Princeton Hall, 2010, p. 70.

第三章　前期谬误思想：伍兹形式化方法的早期回溯

的演绎论证中出现。"[1] 而"非形式谬误是那些仅仅通过考察论证的内容便可被发现的谬误"[2]。由此可见，赫尔利同样强调了非形式谬误与语言之实质内容的紧密联系。图尔敏作为非形式逻辑的奠基者之一，其研究方向和治学旨趣更多地偏向于非形式理论一边。因此，可以从图尔敏对谬误产生之三点原因的总结中，依稀感知到柯比和赫尔利式的非形式谬误概念。图尔敏认为："在讨论实践推理的过程中，如果不列举一些关于谬误的典型实例并对造成谬误的原因进行探究，那么这种讨论将是不完整的。"[3] 由此可见，作者是将非形式谬误置于实践推理的背景下考察的，这就为该类型谬误预设了一种实践特性，这与柯比和赫尔利相类似。进而，图尔敏给出了谬误产生的三点原因：第一，"对理性策略以及论证程序的不当（inappropriate）且不合时宜地（untimely）使用，导致了众多谬误的产生"[4]；第二，"谬误并不为其自身提供整齐划一的统一分类"[5]；第三，"对于一些人来说，困扰他们的最大问题是，在某个语境中是谬误的论证而在另一个语境中却是完全正确的"[6]。可以看到，第一条和第三条体现的是非形式谬误与语言的实际使用和实质内容相关的特征。第二条则间接说明，正因为非形式谬误涉及的是真实的语言而非抽象的形式，因此才无法被整齐划一地统一分类。由此可见，柯比、赫尔利以及图尔敏对非形式谬误之概念的认识是相对趋同的。

通过总结三位权威学者的观点，得出了形式谬误与非形式谬误的以下三点区别。并通过将这些殊异点进行对比参照，可以从中更为明晰地窥得非形式谬误的基本概念。

---

[1] Patrick Hurley, *A Concise Introduction to Logic*, 11$^{th}$ ed., Wadsworth: Cengage Learning, 2012, p.119.

[2] Patrick Hurley, *A Concise Introduction to Logic*, 11$^{th}$ ed., Wadsworth: Cengage Learning, 2012, p.120.

[3] Stephen Toulmin, Richard Rieke and Allan Janik, *An Introduction to Reasoning*, 2$^{nd}$ ed., New York: Macmillan Publishing Co., 1984, p.131.

[4] Stephen Toulmin, Richard Rieke and Allan Janik, *An Introduction to Reasoning*, 2$^{nd}$ ed., New York: Macmillan Publishing Co., 1984, p.131.

[5] Stephen Toulmin, Richard Rieke and Allan Janik, *An Introduction to Reasoning*, 2$^{nd}$ ed., New York: Macmillan Publishing Co., 1984, p.131.

[6] Stephen Toulmin, Richard Rieke and Allan Janik, *An Introduction to Reasoning*, 2$^{nd}$ ed., New York: Macmillan Publishing Co., 1984, p.131.

第一，从"识别方法"方面看，对形式谬误的识别大多是从逻辑形式的不规范层面着眼，尤其是三段论的"中项不周延"现象，以及充分条件假言推理的"否定前件"和"肯定后件"现象。而非形式谬误的识别则必须从语言或思维的实际内容入手，单凭逻辑规律或推理规则是无法识别此类谬误的。

第二，从"产生原因"方面看，一般来说，导致形式谬误的原因基本上是对形式逻辑之推理规则的违背，如在充分条件假言推理中犯肯定后件的错误。而非形式谬误的产生则导源于论证主体对论证之主题及其相关知识的曲解、匮乏和滥用。由此可以进一步推知，形式谬误的产生原因是单一的、趋同的。与此相反，非形式谬误的产生原因则呈现多样态、多渠道的特征。

第三，从"判定标准"方面看，形式谬误涉及推理的形式有效性标准。而非形式谬误的判定标准则另当别论，它更多地与论证过程中的前提对结论的实质性支持方式、支持强度以及语言的歧义性和模糊性相关。总之，形式谬误与非形式谬误之所以在判定标准上存在不同，归根结底还是在于形式与内容、语形和语境的殊异。

通过考察三位权威学者的观点，并对这些观点进行总结，基本上廓清了非形式谬误的一般概念。就伍兹来说，他对非形式谬误之概念的认知与柯比、赫尔利和图尔敏基本保持一致，即非形式谬误的天然居所是现实中的以日常语言为媒介的实践推理行为。

第二层面，对"非形式谬误"的历史研究状况给予阐述。就这一论题来看，其中较为重要且具有争议性的一点是关于非形式谬误的研究渊源问题。而且，对非形式谬误的历史渊源进行简要回顾与梳理，可以反过来进一步促进对其概念的理解。非形式谬误最初作为一个逻辑概念登上理论史舞台，是与"谬误分类"这一主题紧密相关的。又因为对谬误进行分类从古至今就是谬误理论乃至逻辑学中的重要工作，因此，非形式谬误一直以来便是学科中最为重要的研究对象之一。很自然地，一旦论及谬误的分类问题，就不得不首先回溯至亚里士多德那里。

前文提到，在亚里士多德的逻辑学著述中，对谬误进行深入、系统研究的当《辩谬篇》莫属。此书也是逻辑史上试图完整构建谬误理论的第一书。除该书以外，他的谬误思想还零散分布于《前分析篇》和《修辞学》当中。以这三部著作为范围，亚氏关于谬误的全部理论便蕴含于其中。正如著名的亚里士多德研究者大卫·罗斯（David Ross）所说："在分析谬误的过程中，亚里士多德考虑了推理所能遇到的最为吊诡的问题，且为数不少。如同亚里士多德的整个逻辑学说一样，他在谬误理论方面同样是先行者。"① 在《辩谬篇》中，作者对一般意义上的非形式谬误进行了详细分类。他将谬误分为"两大类十三种"：第一类是依赖于语言的谬误，此类谬误又称"言辞谬误"（Verbal fallacies），共6种；第二类是不依赖于语言的谬误，亦可称为"实质谬误"（Material fallacies），共7种。由于此前的部分已经对这些具体谬误类型做过介绍，所以此处不做赘述。实事求是地说，亚里士多德敢于在两千多年前冒着失败的风险涉及谬误分类这一难度极高的研究活动，绝不仅仅是一个智力能否达到的问题，而更加需要的是极大的理论勇气。德摩根道出了个中原因，他指出："并不存在一种关于人们的可能犯错方式的分类系统；而这种分类是否能够办到就更是值得怀疑的。"② 由此而论，亚里士多德于两千多年前对谬误分类的理论初探应该被视为一个标杆。

事实上，此处通过再次回溯亚里士多德的谬误分类情况，是为了表达这样一种观点，即亚里士多德作为西方逻辑史上最早对谬误进行系统构建和研究的学者，无论是其关于谬误的整体分类思想，还是对具体谬误成因的详细阐释，都对后世非形式谬误的概念圈定和研究走向产生了深远影响。

追随亚里士多德，后世学者对非形式谬误的研究也基本围绕谬误分类这一论题。正如霍拉斯·约瑟夫所指出的："最早的也是长期接受下来的谬误分类思想蕴含于亚里士多德《论题篇》的最后一卷，即《辩谬篇》当中……后世学者在一些研究范例中为亚里士多德的某些谬误命名赋予了新的意义；或是为亚氏的某些谬误的特殊形式赋予了新的名称；抑或是将不同种类的错误来源包括进他们的谬误分类表，而将错误的论证形式排除在外；然而令人惊奇的是，亚里士多德的谬误分类表几乎不需要任何的额外补充。"③ 如此看来，将亚里士多德视作非形式谬误的研究先

---

① David Ross, *Aristotle*, 6$^{th}$ ed., London, New York: Routledge, Taylor & Francis Group, 1995, p. 59.

② Augustus De Morgan, *Formal Logic: or, The Calculus of Inference, Neceffary and probable*, London: Taylor and Walton, Bookfellers and Publifhers, 1847, p. 237.

③ Horace Joseph, *An Introduction to Logic*, Oxford: Clarendon Press, 1906, p. 533.

驱，并将其谬误分类思想视作非形式谬误的早期理论渊源是较为恰当的。至少以下一点是可以肯定的，即亚里士多德的谬误分类工作对后世的非形式谬误研究起到了概念启发和类目圈定的作用。这种影响也可以从赫尔利的以下言论中窥得一斑："自亚里士多德以降，各种非形式谬误的分类就不绝于逻辑学家的著作。亚里士多德自己确认了十三种非形式谬误，并将它们分为两组。后世逻辑学家在此基础上发现了更多非形式谬误，由此也使得对其分类变得更加之难。"[1]

以上是对非形式谬误之研究的历史渊源进行回溯与寻根，认为非形式谬误研究的起始点是随附于亚里士多德的谬误分类思想之中。并且，进一步延伸论述了其分类思想对后世学者的深远影响。那么，这种所谓的"深远影响"是如何体现出来的呢？下面就以一些较具代表性的现代学者为例，具体说明他们各自的非形式谬误分类思想是如何受到亚里士多德的影响的。

时至今日，学者们借以对非形式谬误进行分类的基本框架依然紧密地参考亚里士多德。先以柯比的著名教科书《逻辑学导论》为例。《逻辑学导论》一书是流行于西方学术界和教育界多年的经典文本。它虽然被普遍视为教材性质的著作，但经过几十年的岁月洗礼，丝毫没能动摇它的影响力和流行度。该书于1953年初版，经过一连串的再版重印之后，截至2014年已经发行了14版之多。在《逻辑学导论》的早期版本中[2]，柯比对非形式谬误采取类似于亚里士多德的二分法，将总共17种非形式谬误概划为两大类，即相关谬误和含混谬误。这种分法与亚里士多德将13种谬误概划为实质谬误和言辞谬误的做法极为相似，且大类之间相互对应。其中，柯比的相关谬误包括12种，即对反驳的无知（the argument from ignorance）、诉诸权威（the appeal to inappropriate）、复杂问题（complex）、诉诸人身攻击（argument ad hominem）、起自偶性（accident）、起自逆偶性（converse accident）、错认原因（false cause）、乞题谬误（begging the question）、诉诸情感（the appeals to emotion）、诉诸怜悯（the ap-

---

[1] Patrick Hurley, *A Concise Introduction to Logic*, 11$^{th}$ ed., Wadsworth: Cengage Learning, 2012, p. 121.

[2] 此处，以麦克米兰出版公司（Macmillan Publishing Company）于1990年发行的第八版《逻辑学导论》（*Introduction to Logic*）为例本。

peals to pity)、诉诸暴力（the appeals to force）以及结论误推（irrelevant conclusion）；而含混谬误包括 5 种，即一词多义（equivocation）、语句歧义（amphiboly）、错放重音（accent）、合谬（composition）以及分谬（division）。如果和前述亚里士多德的谬误分类表一一比对便可获知，柯比的含混谬误包括的 5 个子类与亚里士多德言辞谬误包括的 6 个子类几乎如出一辙。前者只是将后者的词义双关（homonymy）和表达形式（form of expression）合拢到了自己的一词多义（equivocation）子类名下。而柯比相关谬误的 12 个子类也基本覆盖了亚里士多德实质谬误的 7 个子类。前者较之于后者只是多出了诉诸权威、诉诸情感以及诉诸人身攻击等子类谬误，事实上它们曾被亚里士多德零散地讨论过，因此并不是什么新内容。

通过上面的分析可以看到，柯比的非形式谬误研究受到亚里士多德的深远影响，尤其反映在谬误分类这一环节上。前者不仅在大的谬误类目上与后者相互对应，且各大类目下的谬误子类也基本保持一致，这就充分地说明了"影响"的存在。然而，就非形式谬误的初始性建构，特别是从分类方面来看，亚里士多德对后世学者的影响绝不仅仅体现在艾尔文·柯比一个人身上。来自美国圣地亚哥大学的帕特里克·赫尔利（Patrick Hurley）是与柯比齐名的逻辑学者。赫尔利所著的《简明逻辑学导论》（*A Concise Introduction to Logic*）同样作为一部在西方学界流传甚广的教科书型著作，可以说与柯比的《逻辑学导论》的名望不相上下。该书已于 2012 年由圣智学习出版公司（Cengage Learning）发行至第 11 版。在该书第一部分的第三章，即"非形式谬误"这一章，赫尔利给出了关于该类型谬误的最新分类，他指出："自亚里士多德以降，逻辑学家就已经尝试对各种非形式谬误进行分类。亚氏本人将 13 个谬误分为 2 组（种）。而后世逻辑学家已经使 13 这个数字成倍地增长，导致了非形式谬误的分类工作难上加难。我们此处将 22 个非形式谬误分为 5 组（种），即相干谬误、弱归纳谬误、假设谬误、含混谬误以及语法类比谬误。"[①] 可以看到，赫尔利在述及自己的非形式谬误分类时，可以毫无顾忌地提到亚里士多德的相关思想。这一现象至少可以说明两点：一方面，赫尔

---

[①] Patrick Hurley, *A Concise Introduction to Logic*, 11th ed., Wadsworth: Cengage Learning, 2012, p. 121.

利将亚里士多德的非形式谬误分类思想作为该领域的开创性工作来看待，这一点从其叙述的方式，乃至口吻中已然表露得较为明显；另一方面，赫尔利的上述原话实际上隐晦地传达了这样一个信息，即他关于非形式谬误的分类思想是在亚里士多德的相应基础之上建构起来的，至少可以说是以后者为参照。那么下面就对二者的具体分类情况进行平行比较，旨在进一步论证上面给出的这第二方面的观点。

如上所述，赫尔利将非形式谬误区分为 5 大类目 22 子类。第一类目，即相干谬误（fallacies of relevance），包括 8 个子类：诉诸暴力（appeal to force）、诉诸怜悯（appeal to pity）、诉诸感情（appeal to the people，emotion）、诉诸人身攻击（argument against the person，appeal to hominem）、偶性谬误（accident）、稻草人谬误（straw man）、错漏论点（missing the point，即结论不相干）、偷换话题（red herring）；第二类目，即弱归纳谬误（fallacies of weak induction），包括 6 个子类：诉诸权威（appeal to unqualified authority）、诉诸无知（appeal to ignorance）、轻率归纳（hasty generalization，converse accident）、错认原因（false cause）、滑坡谬误（slippery slope）、弱类比谬误（weak analogy）；赫尔利将第三类目，即假设谬误（fallacies of presumption），第四类目，即含混谬误（fallacies of ambiguity），第五类目，即语法类比谬误（fallacies of grammatical analogy）合而论之，共计 8 个子类：乞题（begging the question）、复杂问题谬误（complex question）、虚假二分（false dichotomy）、隐藏证据（suppressed evidence）、一词多义（equivocation）、语句歧义（amphiboly）、合谬（composition）、分谬（division）。

以上便是赫尔利关于非形式谬误的具体分类情况，如上所示，总共 5 大类目 22 子类。通过将它们尽数陈列出来，便能更为直观地与亚里士多德的谬误分类情况进行平行比较。由于前述已经详列了亚氏的谬误分类表，所以此处不再单独列出。通过将赫尔利的 5 大类 22 子类与亚里士多德的 2 大类 13 子类相比较，得出了相关数据。

相比较而言，在赫尔利的 5 大类目中，相关谬误与弱归纳谬误在一定程度上对应于亚里士多德 2 大类目中的实质谬误。据统计，相关谬误与弱归纳谬误共含 14 个子类；而实质谬误共有 7 个子类。经比较，在赫尔利的 14 个子类中，除了不包括亚氏 7 个子类中的混淆绝对的与非绝对的以外，其他 6 个子类均被覆盖。

经过分析，在赫尔利的 5 大类目中，除上面提到的相关谬误与弱归纳谬误以外，余下的 3 大类目，即假设谬误、含混谬误和语法类比谬误，与亚里士多德 2 大类目中的言辞谬误相对应。据统计，赫尔利的上述 3 大类目共含 8 个子类；而亚里士多德的言辞谬误则有 6 个子类。经比对，在赫尔利的 8 个子类中，除了不包含亚氏 6 个子类中的错放重音和表达形式以外，余下的 4 个子类也均被覆盖。

另外需要说明的是，错放重音和表达形式这两个子类是紧密地依赖于古希腊语言特有的"语音"和"语法"特征而存在的，从哲学层面看并不具备理论普适性，因此赫尔利并未将二者纳入非形式谬误的分类框架中。

以上数据是通过平行比较赫尔利和亚里士多德的谬误分类情况而得到的，借助于对这些数据的分析可以得出结论。

赫尔利在非形式谬误之分类这一问题上深受亚里士多德的影响。上述数据清晰显示，赫尔利的工作其实是在亚里士多德言辞谬误和实质谬误这两大类目的基础上的进一步细化和拓展。他将亚氏的言辞谬误进一步拓展为假设谬误、含混谬误和语法类比谬误，又将亚氏的实质谬误细化为相关谬误和弱归纳谬误，由此便形成了赫尔利特有的具有 5 大类目的非形式谬误分类框架。而且，就赫尔利 5 大类目所包含的 22 个谬误子类来说，基本上覆盖了亚里士多德的全部 13 个子类。由此而论，较之于亚里士多德的谬误分类框架来说，赫尔利的框架只是在大的类目上更为精细，以及在小的子类上更为丰富。除了大类的组织方法以及子类的数量差别以外，赫尔利与亚里士多德并无质的殊异。

由此而论，赫尔利关于非形式谬误的分类方案不仅深受亚里士多德的影响，同时更是对这位先哲的继承与发展。

如果说柯比和赫尔利在某种程度上发展了亚里士多德的谬误分类思想，至少是以后者的分类框架为参考蓝本，那么来自牛津大学新学院（New College, Oxford）的霍拉斯·约瑟夫则在其《逻辑学入门》一书中完全承袭甚至复制了亚里士多德的谬误分类体系。在约瑟夫看来："如果我们不考虑亚里士多德所列举的具体谬误类型，而是着眼于其谬误分类本身，那么我将抬出这样一个观点，即亚里士多德关于谬误分类的传统或标准思想具有自身的价值与优势地位，除此以外的任何可选方案都无法说服我们去冒险一试。"① 通过上述言论可以看出,在非形式谬误分类这一问题上,约瑟夫追随亚里士多德的决心较为坚定。因此,单从这层意义上讲,他较为贴近一个亚里士多德主义者。

以上主要论述了非形式谬误的历史研究状况及其渊源。此处的论述方法贯穿着这样一条逻辑理路。

在先,将非形式谬误的研究历史回溯至亚里士多德,并简要分析了他的谬误分类情况。由此,得出了一个总的结论,或者说强调了一个被学界普遍认可的共识,即亚里士多德作为西方逻辑史上最早对谬误进行系统构建和研究的学者,无论是其关于谬误的整体分类思想,还是对具体谬误成因的详细阐释,都对后世非形式谬误的概念圈定和研究走向产生了深远影响。

随后,通过将柯比、赫尔利以及约瑟夫的非形式谬误分类思想与亚里士多德相比较,得以印证了此前预设的一个论点,即三者关于谬误分类的思路都在不同程度上受亚里士多德经典二分法的影响。尤其以约瑟夫为甚,其在非形式谬误分类这一问题上忠实地遵从了亚里士多德,分类框架与后者保持一致。通过分析这些后世学者在何种程度上对亚里士多德的谬误分类思想给予继承,来进一步强化前面那个总论点,即亚里士多德对于非形式谬误的概念、分类以及理论渊源研究来说,具有重要的历史及理论意义。

最后需要说明的是,前两部分从表层上看是在通过阐述亚里士多德对后世非形式谬误研究的影响来直接证明其在该领域中的重要价值。然而,我们实际上是要通过这样一个论证过程,来间接地达到此处的真正目的,即通过论述亚里士多德的谬误研究概况及其对后世学者的影响,来回顾和梳理关于非形式谬误之主要问题的理论史演进情况。这对于全面深入地把握非形式谬误的相关论题颇有助益。

总而言之,亚里士多德关于非形式谬误的相关思想是一面镜子,通过这面镜子可以映射和引申出该议题的一系列重要史实和发展情况。从这层意义上说,缺少亚里士多德的非形式谬误讨论,必如空中楼阁一般失之基础。依此而论,既然伍兹将非形式谬误作为其前期思想的主要研究对象,那么此处以亚里士多德为主轴来论述非形式谬误就是很自然的事情了。

---

① Horace Joseph, *An Introduction to Logic*, Oxford: Clarendon Press, 1906, p. 533.

## 二 作为研究工具的形式方法

伍兹前期谬误思想的研究工具是形式方法。一言以蔽之，该方法是运用分支于现代逻辑的高级符号系统对不同类型的非形式谬误进行分析、刻画。换言之，是为不同类型的非形式谬误寻找适配的形式分析模型。爱默伦对此给出了较为符合实际情况的评价，他认为："作为加拿大的逻辑学家和论证理论家，约翰·伍兹和道格拉斯·沃尔顿为后汉布林时代（post-Hamblin）的谬误研究作出了最为连贯且丰厚的理论贡献。……他们对不同类型之谬误的处理，诉诸更为尖端的现代逻辑手段，而非因循守旧地依赖于传统的三段论逻辑、命题逻辑和谓词逻辑。"[①] 不难看出，爱默伦强调的后汉布林时代的理论贡献，主要就是指伍兹前期谬误思想中的形式方法，可见其具有重要的理论意义。因此，该部分将从多方面、广角度对形式方法给予综合论述。

关于形式方法的论述将从以下三个方面展开。第一方面，形式方法的一般性概述。回答"什么是形式方法及其具有何种特征"的问题。第二方面，形式方法的承载媒介导引。通过对形式方法赖以表达的文献的介绍，另辟一条不同于理论分析的了解形式方法的路径，同时也是为全面把握该方法提供一个背景性文献导引。第三方面，形式方法的具体应用范例。实际操作一个现代高级符号逻辑系统，以其为工具对具体的非形式谬误进行分析，旨在通过这种实例分析的动态过程来展现形式方法的真实特性及功效。

第一，对形式方法进行一般性概述。形式方法是伍兹分析非形式谬误的主要手段，也是其前期思想的核心议题。

在《文选》一书中，作者运用形式方法分析各类非形式谬误，依据谬误的不同特点选取与之适应的逻辑分析工具，取得良好效果。伍兹表示："目前，在我们对十几种谬误进行的研究中，无一不受益于形式方法的使用。图论和直觉逻辑有助于对循环性进行模化；因果逻辑为因果倒置谬误确定了研究视角；辛提卡的对话系统表征了论辩互换；劳特利的一致与完全性论辩系统阐释了诉诸人身攻击谬误的某些特点；不同版本

---

[①] Frans van Eemeren ed., *Crucial Concepts in Argumentation Theory*, Amsterdam: Amsterdam University Press, 2001, p. 154.

的修辞逻辑对处理诉诸复杂问题谬误是有效的；如此等等。"[1] 汉布林于 1970 年出版的《谬误》一书批判了传统谬误研究的"标准方法"，并试图以形式论辩术取而代之，作为当代谬误分析的新工具，由此开辟了谬误研究的形式化道路。汉布林谬误分析的现代逻辑方案得到了伍兹与沃尔顿的响应："如果我们认同汉布林希望谬误理论至少要与现代逻辑取得某种联系的观点，那么我们就会站在与一些人相反的立场上，这些人认为真实生活中的推理和论证不应受技术性理论说明的约束。"[2] 伍兹和沃尔顿受到汉布林的启发，以现代逻辑中的形式方法为工具积极推动当代谬误研究的发展。在他们看来，该方法的优势在于：形式工具可提供清晰有力的表达和定义；为由不同类型之谬误所引起的争议性观点创造证实的环境。具体来说，通过形式理论的概念描述、形式系统的结构关系，以及选择性地使用恰当的技术性词汇，可以分析诸如经典四词项谬误这样的形式谬误。而且类似于歧义谬误这样的非形式谬误，从技术角度讲不是形式的，但参照逻辑形式，可对其错误原理给予部分揭示。拿循环谬误为例，它在一种相对较弱的意义上是形式地可分析的。事实上，说一个谬误是形式地可分析的是在如下这种意义上，即通过使用逻辑系统的形式结构，各种关于形式逻辑的理论以及常用的技术性词汇，对由这种分析所引起的与谬误相关的概念进行综合描述。在伍兹和沃尔顿看来，依靠技术性词汇、概念以及形式逻辑系统的结构，大多数谬误都能得到有效处理。

方法论的多元主义是伍兹前期谬误思想的突出特征。谬误分析工具之多元化的策略第一次显现于伍兹与沃尔顿合著的《论证：谬误的逻辑》一书中，该策略在随后出版的《文选》中得到进一步发挥。方法多元化的实质是针对谬误的不同特点选取与之适应的逻辑分析工具，主张不同的谬误类型选配不同的分析方法，即具体谬误具体分析。该策略认为，谬误本身决定它可能在理论上如何被处理，而不试图构造适用于所有谬误类型的统一方法。伍兹指出："'WWA'（'伍兹—沃尔顿方法'）从未

---

[1] John Woods and Douglas Walton, *Fallacies: Selected Papers 1972 – 1982*, London: College Publications, 2007, pp. 223 – 224.

[2] John Woods, *The Death of Argument: Fallacies in Agent-Based Reasoning*, Dordrecht: Kluwer, 2004, p. xxi.

## 第三章 前期谬误思想：伍兹形式化方法的早期回溯

打算成为一种论证的一般理论或非形式逻辑的全面表述，它是谬误研究的一种主流方法……"① 在上述著作中，用于分析非形式谬误的逻辑类型多种多样，包括一阶逻辑、相干逻辑、似真理论、认知逻辑、概率论、决策论、聚集论等。就此而言，虽然传统逻辑对谬误的分析并不成功，但可利用众多的现代高级逻辑系统加以弥补。伍兹本人对这种多元主义方法论坚信不疑，甚至称自己为"永不忏悔的多元主义者"。

第二，形式方法的承载媒介导引。形式方法作为伍兹前期谬误思想的核心内容，必然要以一定量的著作作为其表述媒介。因为"通过一系列的合作文章、书籍以及若干部独立完成的出版物来看，他们［指伍兹和沃尔顿］正在将有关'标准谬误论'的批判思想实体化"②。所以，将这些充分体现形式方法的著作归总起来，并进行详细的内容介绍和结构性解读就成为必要的工作。关键还在于，这种文献导引的方法可以作为理论分析法的辅助手段，二者相互配合补充，旨在获得关于伍兹形式方法的更为深入且全面的认识。

伍兹前期谬误思想的时间跨度是从 20 世纪 70 年代初直至 80 年代中后期，粗略算来大概不足 20 年的时间。在这相对较长的时间里，有两部文献被学界公认为是伍兹形式方法的代表作。按出版年代的先后依次为：《论证：谬误的逻辑》（1982，2000，2003）以及《文选》（1989，2007）。此处，均依据它们的最新版本加以分析和介绍。

首先来看《论证：谬误的逻辑》。1982 年，麦克劳希尔出版社发行了伍兹与沃尔顿合著的《论证：谬误的逻辑》一书。在此后若干年中，该书从结构到内容经历了大面积的调整与补充，于 2000 年由普林斯顿霍尔（Princeton Hall）出版社重印并更名为"论证：批判性思维、逻辑和谬误"（*Argument: Critical thinking, Logic and the Fallacies*）。新著的作者除了伍兹与沃尔顿以外，不列颠哥伦比亚大学的安德鲁·艾尔文也参与其中，并于 2003 年发行了第二版。

在新著中，伍兹等人通过指出形式逻辑、论证活动以及非形式谬误

---

① John Woods, *The Death of Argument: Fallacies in Agent-Based Reasoning*, Dordrecht: Kluwer, 2004, p. xxi.

② Frans van Eemeren ed., *Crucial Concepts in Argumentation Theory*, Amsterdam: Amsterdam University Press, 2001, p. 154.

之间的密切关联,向读者展示了如何将论证理论与形式逻辑相结合来研究具体的谬误类型。正如爱默伦所说:"伍兹—沃尔顿方法[即形式方法]在《论证:谬误的逻辑》一书中得以展示。旨在提供一个比'标准谬误论'更好、更系统的谬误分析方法。其中,伍兹和沃尔顿采用理论逻辑[即现代逻辑或形式的演绎逻辑]的框架作为研究的建基点。"[1] 全书共分三部分。第一部分介绍与实际生活相关的论证理论,以及存在于其中的各种问题,包括谬误的概念、逻辑与修辞的区别,以及如何识别各种常见的错误。作者试图从现实的、宽泛的角度来看待论证这一概念。第二部分主要介绍有关形式逻辑的基本知识,论述了与逻辑相关的若干概念,包括演绎有效性、归纳强度,以及论证与其自身逻辑形式的区别。与此书的第一部分不同,作者在此处以理论的、狭义的视角看待逻辑,并且在书中表达了这样一种观点,即虽然可以通过观察以及各种科学学科来探索与人类推理相关的特定领域中的论据,但逻辑的任务则是揭示论据如何以及在何种情况下能够证明结论是恰当的。此书的第二部分还介绍了几种基本的形式逻辑系统,如经典命题逻辑、亚里士多德的传统逻辑、相干逻辑、三值逻辑、模态和道义逻辑以及谓词演算。作者用这些不同的逻辑来说明逻辑学家怎样运用系统、科学的方法去表现逻辑后承关系。此外,作者还竭力强调应将自然语言应用于分析、阐释现实生活中的各种论证活动。在此书的最后部分,即第三部分,作者将前两部分所介绍的广义的论证观和形式逻辑的基本知识相结合,继而以之为工具来展示如何在现实情境中发现并处理不同类型的非形式谬误,包括如何在法律、经济以及人工智能等领域中恰当地处理谬误推理问题。除了上述内容,此书的第三部分还讨论了蕴含于逻辑哲学中的一些基本问题,并将它们与次协调理论以及合理性理论相联系,在一定程度上拓展了谬误研究的理论视野。

总体来看,《论证:谬误的逻辑》及其最新版本探讨了形式逻辑、论证活动以及非形式谬误之间的密切关联,展示了如何将论证理论与形式逻辑相结合来研究具体的谬误类型,这是该书最为突出的特点。正如作者所言:"那些看上去是好的,但事实上却并非好的论证,它们被赋予了

---

[1] Frans van Eemeren ed., *Crucial Concepts in Argumentation Theory*, Amsterdam: Amsterdam University Press, 2001, pp. 154 – 155.

一个特殊的名字：谬误。处理这类似是而非的论证时，就需要逻辑的介入了。"① 这种联系的观点在某种程度上开阔了谬误理论的研究思路，体现了形式方法的开放性。

其次介述《文选》。该书是运用形式方法分析非形式谬误的代表作，也是集中反映伍兹前期谬误思想的精华读本。因此，其理论意义甚至要大于稍早之前的《论证：谬误的逻辑》一书。《文选》于1989年由福瑞斯出版社初版，并于2007年由学院出版社再版，邀请戴尔·杰奎特撰写了长篇导言。导言从新时期、新角度对书中阐述的谬误思想进行了客观评价与历史定位，认为此书的内容"经受住了时间的考验"②。

全书共选取19篇论文：从文章的写作形式来看，伍兹与沃尔顿合著16篇，伍兹独著1篇（*What is Informal Logic*? 第17篇），沃尔顿独著2篇；从文章的写作内容来看，涉及乞题谬误（petitio principii）6篇，涉及诉诸权威谬误（ad verecundiam）2篇，涉及诉诸人身攻击谬误（ad hominem）2篇，接下来的7篇文章分别论述了诉诸暴力谬误（ad baculum）、诉诸无知谬误（ad ignorantiam）、诉诸流行谬误（ad populum）、因果倒置谬误（post hoc）、诉诸模糊性谬误（Equivocation）、复杂问题谬误（Many Questions）以及合谬与分谬（Composition and Division）。除了上述17篇论文外，还有2篇不直接讨论具体的谬误类型，而是从逻辑的视角探讨逻辑与谬误的关系问题，以及形式方法在谬误研究中扮演的角色。该集选取的这19篇论文全面反映了20世纪70年代初至80年代末伍兹与沃尔顿运用形式方法对非形式谬误进行研究的整体理论取向。

这部合集在谬误研究领域的贡献是多方面的，这不仅由于其讨论范围几乎涵盖了所有重要的谬误类型，更重要的是关于形式方法的广泛且有效的应用。正如伍兹所说："目前，在我们对十几种谬误所进行的研究中，没有一种不是受益于形式方法的应用。图论和直觉逻辑有助于对循环性进行模化；因果逻辑为因果倒置谬误确定了研究视角；辛提卡的对话系统有趣地表征了论辩互换；劳特利的一致与完全性论辩系统阐释了

---

① John Woods, Andrew Irvine and Douglas Walton, *Argument: Critical Thinking, Logic and the Fallacies*, 2$^{nd}$ Canadian ed., Englewood Cliffs: Princeton Hall, 2003, p. xi.

② John Woods and Douglas Walton, *Fallacies: Selected Papers 1972 – 1982*, London: College Publications, 2007, p. xv.

诉诸人身攻击谬误的某些特点；不同版本的修辞逻辑对处理诉诸复杂问题谬误是有效的；如此等等。"① 上述提到的这些现代逻辑的分支系统在《文选》中俯拾皆是，征用过来作为谬误分析的基本工具。此外，伍兹还强调不要将"运用形式的方法"混同于"构造形式化的公理系统"。因为形式方法的主旨只是在于针对不同的谬误类型使用不同的逻辑分析工具，即具体谬误具体分析，而不试图构造适用于所有谬误类型的唯一的形式化公理系统。由此可见，形式方法具有典型的理论多元主义的方法论特征，主张对不同的谬误类型运用不同的分析工具，这些分析工具虽然是形式化的，但绝不受限于单一的形式公理系统。伍兹还指出了形式方法的两点优势："第一，提供清晰有力的表达和定义。第二，为由不同类型的谬误所引起的争论性观点创造证实的环境。"② 形式方法主张灵活地运用形式化手段来应对不同谬误类型的不同特点，这种理论策略在文集中得到了广泛应用并取得良好效果。

总而言之，《文选》所诠释出来的形式方法已经达到了较为合理乃至熟练应用的程度。因此，较之于早先的《论证：谬误的逻辑》一书，《文选》应被看作伍兹形式方法的成熟之作。

对上述两部著作之内容和结构的熟知，是透彻把握伍兹形式方法的基本前提。正是基于这个原因，此处对它们进行了详细介述。力求从不同于理论分析的文献导引方面进一步加深对形式方法的理解。然而，文献导引的方法毕竟是一种较为间接和表层的手段，而若想对形式方法有一个直观的本质性把握，就必须包括理论分析的环节。在接下来的第三点中，便深入这一环节中去。

第三，形式方法的具体应用。关于形式方法的具体应用，可通过对诉诸无知（Ad Ignorantiam）的实例分析加以展示。

诉诸无知是一种古老的非形式谬误，亚里士多德的《论题篇》已经涉及对类似论辩现象的探讨。③ 该问题的经典讨论来自近现代的约翰·洛

---

① John Woods and Douglas Walton, *Fallacies: Selected Papers 1972 – 1982*, London: College Publications, 2007, pp. 223 – 224.

② John Woods and Douglas Walton, *Fallacies: Selected Papers 1972 – 1982*, London: College Publications, 2007, p. 224.

③ 沃尔顿在其名为"诉诸无知谬误"（*The Appeal to Ignorance, or Argumentum Ad Ignorantiam*）的论文中简要介绍了该谬误的讨论史。参见该文第367—377页。

克和艾尔文·柯比。洛克认为:"人们经常使用另外一种方式驱使或强迫他人接受自己的判断,或在辩论中接受自己的观点,这就要求对手承认自己的断言是一种证明,或指出一个更好的证明。这就是我称之为'诉诸无知'的论证。"[1] 柯比则在《逻辑学导论》中说:"当命题之实仅仅基于它未被证伪,或命题之伪仅仅基于它未被证实,那么无论何时,这都是一个错误。"[2] 上述关于诉诸无知谬误的论述较具代表性。然而伍兹认为:"关于诉诸无知谬误,甚至这两个最清晰和最有助益的看法似乎也缺少真正的共识或方向上的一致。"[3]

事实上,柯比的论述更接近于当代诉诸无知谬误的含义。对该谬误的形式化分析也是基于类似柯比的语义规定。如上所述,诉诸无知的语义解释是:"没人证明 p 为真(假),因此 p 为假(真)。"很明显,其中"证明"(prove)一词带有典型的认知色彩。因此,将该谬误视为认知谬误,借助现代逻辑中的认知逻辑系统(epistemic logic)对其进行形式化说明。

首先,按照认知逻辑的形式化规则,将"诉诸无知"谬误的语义内容表述为下列结构:

($A_1$) $\neg\,(\exists x)\,Kx\,p$　　　($A_2$) $\neg\,(\exists x)\,Kx\,\neg\,p$
Therefore, $\neg\,p$　　　　　Therefore, $p$

"K"是一个认知算子,"x"代表某个认知主体,"Kx"表示某个认知主体所做的认知行为,或证明行为;p 代表一个命题。其中,($A_1$) 读作:不存在一个认知主体 x,此 x 证明 p(p 为真),因此 $\neg\,p$(非 p 为假);($A_2$) 读作:不存在一个认知主体 x,此 x 证明 $\neg\,p$(非 p 为假),因此 p(p 为真)。

然而,仅因无人证明 p 为真,不能推出 p 为假。反之,仅因无人证明 p 为假,不能推出 p 为真。由此可知:($A_1$) 和 ($A_2$) 是谬误。此外,伍兹

---

[1] John Locke, *An Essay Concerning Human Understanding*, London: printed for T. Tegg and Son, 73, Cheapside; R. Griffin and Co., Glasgow; and Tegg. Wise, and co., Dublin, 1836, p. 524.
[2] Irving Copi and Carl Cohen, *Introduction to Logic*, 8$^{th}$ ed., New York: Macmillan Publishing Company, 1990, p. 93.
[3] John Woods and Douglas Walton, "The Fallacy of Ad Ignorantiam", *Dialectica*, Vol. 32, No. 2, 1978.

和沃尔顿指出，无论在辛提卡的认知逻辑还是在任何标准逻辑系统中[①]，($A_1$) 和 ($A_2$) 都是无效的论证形式。因为，"在上述系统中，对任何一个 a[②] 来说，'Ka p ⊃ p' 和 'Ka ¬ p ⊃ ¬ p' 是定理，但 '¬ Ka p ⊃ ¬ p' 和 '¬ Ka ¬ p ⊃ p' 则不是定理"。[③] 因此，可通过对比下列两组表达式之间的不同来展示谬误的产生机制。

第一组：

($A_3$) ¬ Ka p　　　($B_1$) Ka ¬ p
Therefore, ¬ p　　　Therefore, ¬ p

第二组：

($A_4$) ¬ Ka ¬ p　　($B_2$) Ka ¬ ¬ p
Therefore, p　　　　Therefore, p

可以看到，($A_3$) 和 ($A_4$) 不符合前述认知逻辑系统中的定理形式，($B_1$) 和 ($B_2$) 则符合。伍兹和沃尔顿认为，与 ($B_1$) 和 ($B_2$) 相比，($A_3$) 和 ($A_4$) 将否定符号 "¬" 非法地转移到算子 K 的左侧，这就使它们趋同于 ($A_1$) 和 ($A_2$) 的结构。因此 ($A_3$) 和 ($A_4$) 同样为谬误。按形式方法的解释，诉诸无知谬误的产生源于对相关逻辑表达式中否定符号的非法位移。

在日常语言中，与人工语言这种非法移动否定符号现象对应的是否定词的滥用。由于日常语言的表达带有随意性和模糊性，否定词的错位现象常常不易察觉，从而使人们在日常论证中被诉诸无知谬误所蒙蔽。除认知逻辑外，伍兹和沃尔顿还借助证实理论（confirmation theory）和论辩游戏（dialectical game）理论来分析诉诸无知谬误。这也体现了形式方法的多元主义特征。

通过对形式方法的一般性概述、重要文献导引以及具体应用范例的综合论述，其基本性质已然见得端倪。事实上，形式方法并不是某个具体理论体系的名称，更不是一个旨在为谬误分析打造的专属形式系统，

---

[①] 由于篇幅所限，关于认知逻辑的具体内容在此处稍加省略。辛提卡（Jaakko Hintikka）的《知识与信念：关于两个概念的逻辑入门》（*Knowledge and Belief: An Introduction to the Logic of the Two Notions*）对此给予了详细说明。

[②] 与前述的 "x" 相同，"a" 在此处同样表示认知主体，即 "agent" 的首字母。

[③] John Woods and Douglas Walton, "The Fallacy of Ad Ignorantiam", *Dialectica*, Vol. 32, No. 2, 1978.

而是借助现代逻辑中的不同的高级符号系统对各类非形式谬误进行分析，即依据非形式谬误的不同特点及其可能被形式化的程度或样态，选取与这些因素相适配的逻辑系统。很明显，在这一过程中，最为关键的步骤便是，如何发现以及确定形式系统与非形式谬误之间的这种"匹配性"。换句话说，即如何在日常语言的层面将非形式谬误的语义或语法关系通过转码，从而在人工语言的层面用符号逻辑系统的语形结构表达出来。其中的"转码"过程实际上就是"匹配"的过程。总而言之，面对既存的高级符号逻辑的众多分支系统，形式方法所做的只是在这些逻辑系统与非形式谬误之间构造一种"匹配关系"。由此而论，形式方法既不创造新的逻辑系统，也不生产新的非形式谬误类型，它的职能只是在二者之间构造一种由语义表述转换为语形结构的形式关系。这是形式方法的基本性质或功能。

## 第三节 前期谬误思想的学界回声

20 世纪 70 年代初，汉布林对传统谬误论进行了颠覆性的批判。自此之后，学界出现了新的气象，新式理论如雨后春笋般迭出不断。其中较具代表性的包括爱默伦和格罗敦道斯特的"语用—论辩术"、巴斯和克莱布的"形式论辩术"、沃尔顿的"语用方法"以及主要以伍兹为代表的"形式方法"。它们被学界统称为后汉布林（Post-Hamblin）时代的谬误理论。

众所周知，"语用—论辩术""形式论辩术"以及"语用方法"都或多或少地带有日常论辩的或语用的因素，而唯独伍兹的"形式方法"主要以形式演绎逻辑作为谬误分析的工具。然而，这样一来便会在直觉上产生一种非常直观的困惑，即如果说"语用—论辩术""形式论辩术"以及"语用方法"中的论辩及语用因素与非形式谬误的气质具有天然的契合性或贴近性，那么以现代演绎逻辑为分析工具的"形式方法"，是否能够恰切地调和其与非形式谬误之辩证和语用特性之间的冲突？换言之，现代演绎逻辑的形式性（formality）是否可以有效地调节或适应非形式谬误的"非形式性"（non-formality）甚至是"反形式性"（anti-formality）？

由于这种反直觉的意味，形式方法在学界引起了较于其他谬误理论更为广泛的关注和回声。正如伍兹本人所指出的：："伍兹—沃尔顿方法（即形式方法）成型于1972年至1985年间，在随后的若干年中，由伍兹继续坚守并使之占据了逻辑学研究的核心地位。然而，该方法也招致了两种批评。其一认为，作为一种研究日常推理的手段，形式方法笃信'逻各斯中心主义'（logocentrism），这就使其在人类的心理层面显得过于不真实。其二认为，作为一种分析谬误的途径，形式方法缺少'理论的统一性'（theoretical unity）。"[①] 而事实上，学界对于形式方法既有质疑也有认同，可将这些观点提炼总结为以下两个问题：其一，形式逻辑是否适合作为非形式谬误的分析工具，二者迥异的性质能否相互适配？其二，形式方法的方法论多元主义策略，即依据非形式谬误的不同特点选取与之适配的形式系统，是否比方法论的一元主义优越？前者能否应对非形式谬误的类型多样性？围绕上述两大问题，学界展开了积极讨论，发出了各不相同的学术回声。下面依据上述两方面问题对与之对应的回声给予介述。

## 一　谬误分析之形式主义评论

形式方法以其强烈的技术性风格成为当时学界的一道独特风景线。而学界所重点关注的也正是蕴含于这种技术性风格背后的"形式主义"或称"逻各斯中心主义"。学者们围绕该问题形成各自不同的观点。由于这些观点基于不同的学科背景和理论视野，因此相互间缺少某种内在关联，以至于乍看起来略显凌乱。此外，观点形成的年代有远有近，借以发表的文献形式多种多样（包括专著、论文、书评和前言）。基于这种情况，此处对这些观点进行搜集、整理和解读，并深入探寻它们之间的内在逻辑关联。

阿姆斯特丹大学的范·爱默伦和罗勃·格罗敦道斯特认为，汉布林之后对谬误领域贡献较大的当属伍兹、沃尔顿，指出："伍兹—沃尔顿方法的重要特征是在分析谬误的过程中系统地探讨高级逻辑系统。"[②]标准方

---

[①] John Woods, *Seductions and Shortcuts: Fallacies in The Cognitive Economy*, to appear.

[②] Frans van Eemeren and Rob Grootendorst, *Argumentation, Communication, and Fallacies: A Pragma-Dialectical Perspective*, London, New York: Routledge, Taylor & Francis Group, 1992, p. 103.

第三章　前期谬误思想:伍兹形式化方法的早期回溯

法①之所以颓败，因为它只依靠命题逻辑、谓词逻辑和经典三段论逻辑，而伍兹和沃尔顿借现代逻辑来改善传统谬误研究之不足。在《语用论辩视角下的谬误》(*Fallacies in Pragma-Dialectical Perspective*) 一文中，爱默伦和格罗敦道斯特甚至主张将形式的方法纳入语用论辩的框架，"因为该理论框架可以将逻辑学家的谬误分析工作置于一个更恰当的视阈下"②。

如果说荷兰的语用论辩家们对伍兹和沃尔顿的形式方法持温和的支持态度，那么来自凯尼休斯学院的乔治·博格则是通过批判非形式逻辑以及谬误研究中的心理主义，进而表达了对形式方法的异议。

在《论证推理中的错误》(*Mistakes in Reasoning about Argumentation*) 一文中，博格首先指出了非形式逻辑和谬误研究中的心理主义倾向，认为心理主义必然对逻辑知识体系的客观性构成威胁，并对非形式逻辑学家和谬误理论家不加批判地倒向心理主义表示了不满。博格认为，这种心理主义倾向在很大程度上抑制了好的谬误理论的产生，因为"当非形式逻辑学家们强烈肯定了好论证和坏论证中参与者的相对性；当他们强调论证之认知的甚至是主观意向的方面；当他们在逻辑领域内拥抱一种'超逻辑'(extralogical) 概念时；并且当他们强调一个论证发生于其中的谈话语境和语用学时，这其实是对创建好的谬误理论的严重损害。而创建好的谬误理论在他们看来又是十分重要的。一种异常明显的心理主义导向普遍萦绕于非形式逻辑学家对谬误和论证的思考当中，挥之不去"③。在博格看来，当批判性思维、语用—论辩术以及非形式逻辑的研究者们表述论证理论、论辩理论或谬误理论这些术语时，他们经常认为一个论证不仅是命题的集合，而且包含更丰富的内容。并且一个论证存在于而

---

① 在1826年的《逻辑要义》中，理查德·怀特莱主张以逻辑为工具处理谬误，那种能够将谬误划分为逻辑的和非逻辑的原则是很重要的，以此原则为基础，谬误研究中的所有混乱均得到澄清。随后，这种思想逐渐成为谬误研究界的主流，并被当代学者称为谬误分析的"标准方法"。柯比、科恩、布莱克、希柏等学者将该方法广泛用于逻辑教科书中的谬误案例分析。柯比的《逻辑导论》中阐发的谬误理论，被认为是当代"标准谬误理论"的代表。然而，标准方法遵循亚里士多德传统，以三段论、谓词逻辑和命题逻辑为工具。谬误研究史已经证明，传统逻辑不能恰当有效地担负起谬误分析工作。

② Frans van Eemeren and Rob Grootendorst, "Fallacies in Pragma-Dialectical Perspective", *Argumentation*, Vol. 1, No. 3, 1987.

③ George Boger, "Mistakes in Reasoning about Argumentation", *Mistakes of Reason: Essays in Honour of John Woods*, Toronto: University of Toronto Press, 2005, p. 419.

非局限于一组前提当中，据称这些前提是伴随着改变某人信念的目的来支持一个结论的。对持有这种观点的非形式逻辑学家来说，一个论证就是一种动态关系，事实上也是一种社交活动。在这种情况下，他们认为自己研究的是真实生活、自然语言以及各种论证和情境。

在博格眼中，伍兹和沃尔顿的形式方法正是为克服这种心理主义倾向所做的尝试："约翰·伍兹和道格拉斯·沃尔顿意识到了非形式逻辑学家的认知主义（同'心理主义'）倾向。他们通过一些具体措施来融通现代逻辑中的两个传统，进而避免心理主义对非形式逻辑的侵蚀。"[①] 博格所述的现代逻辑中的两个传统，即形式逻辑和非形式逻辑，而所谓"措施"实际上就是伍兹和沃尔顿运用形式方法分析非形式谬误的具体学术活动。简言之，伍兹和沃尔顿之所以用形式逻辑的方法来分析非形式谬误，就是为了克服或削弱非形式逻辑中的心理主义倾向。然而，伍兹和沃尔顿的这一工作是否完全成功呢？博格的回答是否定的。在他看来，伍兹与沃尔顿似乎在形式与非形式之间游移不定，这种摇摆表现为模棱两可地使用形式的（formal）一词。例如，伍兹坚信一种谬误理论的创建不需要依循某种符号逻辑的公理系统。并且，这样一种符号的公理系统在任何情况下都是不可能的。然而，伍兹又补充说，形式的公理系统的非必要性并不代表形式的方法也将在谬误的分析活动中失去活力。从伍兹的上述话语中可以看到，他所说的形式的公理系统中的"形式"似乎与形式的方法中的"形式"并非同一概念，因为在逻辑的公理系统以外，很难想象还有什么方法能称得上是"形式的"。而伍兹和沃尔顿也确实并未就此问题给予详尽说明。这样一来，博格便认为，由于伍兹和沃尔顿的形式方法摇摆于形式与非形式之间，从而不可避免地为心理主义的滋生提供了温床。

博格对形式方法的评判大体分为两个层面：一方面，博格指出，伍兹和沃尔顿以现代形式逻辑为工具对非形式谬误进行分析，这种学术活动本身表明，他们是在为去除非形式逻辑中的心理主义倾向做努力。正如博格所说："伍兹和沃尔顿的许多工作旨在对日常话语中推理的某些方

---

① George Boger, "Mistakes in Reasoning about Argumentation", *Mistakes of Reason: Essays in Honour of John Woods*, Toronto: University of Toronto Press, 2005, p. 421.

面进行形式化。这在他们大量的谬误研究工作中是显而易见的。"① 甚至连伍兹本人也承认："博格正确地看到了这一点,即我和沃尔顿在 1972 年至 1985 年间对谬误理论做了长期不懈的大量研究,这些研究都是在主流逻辑的范围内进行的。事实上,伍兹—沃尔顿方法的主旨是,关于谬误的大多数有价值的内容都可以被归入逻辑系统中加以说明,甚至是那些经过改动并已经在逻辑领域赢得认同的系统。"② 就此而论,博格对形式方法的上述判断基本正确。但从另一方面来看,博格认为,形式方法似乎摇摆于形式与非形式之间,从而也无法避免广泛散布于非形式逻辑中的心理主义倾向。然而,博格的这种指摘似乎过于苛刻了。形式方法之所以不能也无法完全倒向形式逻辑一边,是由该方法的研究对象决定的。形式方法的研究对象是非形式谬误。非形式谬误本身与现实世界联系紧密,其中一些涉及人的心智与情感,如诉诸人身攻击谬误和诉诸怜悯谬误等。非形式谬误的这种性质与心理主义和认知科学具有先天的契合性。因此,非形式谬误的自身性质决定了,它们不可能被纯粹地形式化为可供逻辑公理系统分析的对象。虽然其中的一部分可以归入逻辑系统中加以说明,但伍兹强调："对于谬误理论来说,它没有义务必须成为一个数学系统(同'逻辑的公理系统')……"③

诚然,博格看到了形式方法试图通过融通形式与非形式逻辑,进而去除后者心理主义倾向的努力,然而,当他指出该方法摇摆于形式与非形式之间,进而未能达到绝对地祛心理主义的目的时,似乎就不那么令人信服了。事实上,固守于"形式主义"或"逻各斯中心主义"的立场,未能从非形式谬误自身的性质出发看待问题,是博格认为形式方法失之偏颇的主要原因。

伍兹和沃尔顿的形式方法之所以在当时引起学界的广泛关注并得到基本认同,主要在于其用形式逻辑刻画非形式谬误。这种思路在某种程度上沿袭于汉布林的形式论辩术,在当时的学术界是一种新生力量,符

---

① George Boger, "Mistakes in Reasoning about Argumentation", *Mistakes of Reason: Essays in Honour of John Woods*, Toronto: University of Toronto Press, 2005, p. 423.

② George Boger, "Mistakes in Reasoning about Argumentation", *Mistakes of Reason: Essays in Honour of John Woods*, Toronto: University of Toronto Press, 2005, p. 449.

③ John Woods and Douglas Walton, *Fallacies: Selected Papers 1972 – 1982*, London: College Publications, 2007, p. 222.

合大的趋势。然而，质疑的声音也是有的，具有代表性的批评意见来自加拿大温莎大学的莱奥·格罗克。

格罗克认为，就重要方面而言，伍兹和沃尔顿未能令人信服地为他们所恪守的形式主义进行辩护。伍兹曾在《什么是非形式逻辑》(What is Informal Logic) 一文中表示："将谬误理论作为一种形式理论是最好不过的。不仅如此，如果我们抑制谬误理论的形式特征，那剩下来的东西将很难称得上是纯粹的理论。"[①] 此外，他还认为，运用形式方法对谬误进行分析具有两点优势：第一点，形式工具可以提供清晰有力的表达和定义；第二点，为由不同类型的谬误所引起的争论性观点创造证实的环境。在伍兹看来，形式性 (formality) 是谬误分析不可或缺的因素，同时也是该理论获得真正意义上的理论形态的标准，如果没有形式性因素的参与，所谓谬误理论至多是一些假说和个人观点的集合。然而，格罗克对此不以为然。在他看来，如果伍兹关于形式方法与谬误理论之关系的上述看法是对的，那就无异于让非形式逻辑学家接受如下观点：第一，如果谬误理论不是一种充分发展了的形式理论，那它就不是逻辑的；第二，谬误理论最好呈现为一种形式理论的形态；第三，如果抑制谬误理论的形式特征，依此构建出来的东西就没有资格被称为理论。然而，在格罗克看来，迫使非形式逻辑学家接受这种带有强烈形式主义色彩的观点是不实际的，也是不必要的。事实上，其关键问题还不在于非形式逻辑学家是否愿意接受它们，而是伍兹和沃尔顿缺乏用以支撑这些观点的有力论证和辩护。正如格罗克所说："许多有影响力的非形式逻辑学家对这些观点持怀疑态度。而我在伍兹和沃尔顿那里也未发现对这些观点的辩护。"[②] 格罗克正确地认识到，用以支撑形式方法背后思想的典型特征是把形式理论的建构摆在谬误研究的核心位置，作为形式方法的核心要素，形式性是不可替代的，如果抛弃了这些基本原则，就不可能期待一种好的谬误理论。至于如何对这一思想进行辩护，格罗克给出的建议是，通过把形式逻辑作为范式来展示我们可以更好地理解日常生活中的论证，并且

---

① John Woods and Douglas Walton, *Fallacies: Selected Papers 1972 – 1982*, London: College Publications, 2007, p. 228.

② Leo Groarke, "Critical Study: Woods and Walton on the Fallacies, 1972 – 1982", *Informal Logic*, Vol. 8, No. 2, 1991.

需要把形式方法应用于对日常论证之具体事例的分析中。但遗憾的是，伍兹和沃尔顿并没有这么做。

上述议题的讨论在很大程度上涉及"形式主义的正当性"问题。事实上，伍兹和沃尔顿的形式方法是将这种正当性最大化、绝对化的结果。格罗克认为，形式主义之正当性可以被预先默认的时代已经结束，但详述其结束的原因是一项有价值的工作。在他看来，将形式主义的方法及理论应用于非形式逻辑范畴能否产生预期效果值得怀疑。首先，"质疑来自形式方法的'不可亲性'（inaccessibility）"[1]。形式方法预设了其使用者要具有严格的技术性训练的背景，但从表面上看，这种背景对于评估日常生活中或好或坏的论证来说不是必要的。很明显，日常语境中的某人可以在没学过数理逻辑的情况下仍然是个好的推理者，而研习过数理逻辑的人照样可以是个糊涂蛋。这就意味着，日常推理处在一个与数理模式的推理截然不同的领域。这就反过来说明，某人即使没有经过形式方法的技术性训练，也应该有能力搞清好论证与坏论证之间的不同。有人甚至会发难说，形式的方法会引起一种政治性厌恶，因为它使得好的推理变成了那些不接地气的技术性专家的私有财产。其次，"对日常语境中或好或坏的论证的理解是非形式逻辑的目标，而形式的方法在许多方面不仅没有增进这种理解，而事实上还模糊、阻碍了它"[2]。可以这样说，对形式方法的笃定有可能干扰对非形式推理的理解，因为形式的方法排除了那些或许更为妥当的可选方案。例如，考虑一下伍兹和沃尔顿对循环论证的说明。他们的如下主张是正确的，即循环论证应该被看作一种认知谬误，它与个体人的知识和观点相联系。某人可以通过建立一种恰当的认知逻辑来应付该谬误的这一特点，但有种方法似乎更为简单和妥当，即诉诸经过大众长时间复杂讨论过的那种修辞学，以及其在论证中所扮演的角色。然而，格罗克认为，考虑到"伍兹—沃尔顿方法"对形式主义的坚定不移，上述那种更为简单和妥当的策略可能不会被采纳。最后，除上述两点以外，形式地说明非形式推理的复杂性会大大妨碍人

---

[1] Leo Groarke, "Critical Study: Woods and Walton on the Fallacies, 1972 – 1982", *Informal Logic*, Vol. 8, No. 2, 1991.

[2] Leo Groarke, "Critical Study: Woods and Walton on the Fallacies, 1972 – 1982", *Informal Logic*, Vol. 8, No. 2, 1991.

们的理解能力,而这种理解力是一个想要在日常语境中分辨好论证与坏论证的人所必须具备的。

格罗克关于形式方法的观点与博格恰好相反,这是由于二者所处立场不同。博格站在纯粹形式主义的立场,认为伍兹和沃尔顿的形式方法还不够"形式化",需要进一步祛除其心理主义因素。相反,格罗克站在非形式逻辑和日常论辩的角度,认为伍兹和沃尔顿过于强调"形式性"(formality)在谬误分析和谬误理论建构中的作用,甚至把形式特征作为谬误理论的必备形态,从而忽略了对日常生活中具体谬误和论证实例的考察。由此可见,视角的不同会导致所得观点的不同。另外,我们认为,即使格罗克对伍兹和沃尔顿的上述分析是对的,那么后两者的形式方法也未尝不可辩护。辩护理由如下,首先应该明确的是,伍兹和沃尔顿的形式方法以现代高级符号逻辑的形式化手段为支撑,它大大区别于汉布林以前的传统谬误理论(主要指"标准谬误论")。旧式方法遵循亚里士多德的传统,以三段论、谓词逻辑或命题逻辑为工具。谬误研究史已经证明,经典逻辑不能恰当有效地担负起谬误分析的工作。事实上,在汉布林之前的很长一段时间里,谬误研究已经呈现出停滞不前的颓败景象。而伍兹和沃尔顿的形式方法以现代逻辑为基础,依据谬误类型的不同特点,采用与之适应的逻辑分析系统,较之于谬误分析的传统方法具有很大优势。其次应当知晓的是,伍兹和沃尔顿所处时代也决定他们必然选择谬误分析的形式主义道路。伍兹和沃尔顿的谬误研究工作始于20世纪70年代初,那个时代具有三个鲜明特征。第一,在当时,汉布林发起了谬误研究的大变革,呼吁废止传统谬误研究的标准方法,进而与现代逻辑联姻。第二,现代逻辑的各种理论蓬勃发展,以数理逻辑为基础的逻辑分支层出不穷,源于数理逻辑的形式主义在当时占主导位置。第三,非形式逻辑还处于兴起之前的酝酿期,以日常论证和实践推理为研究对象的各种非形式理论还未形成气候。这些特定的时代背景在很大程度上决定了伍兹和沃尔顿必然走上谬误分析的形式化道路。然而,这在格罗克这样一位典型的非形式逻辑学家看来似乎有些激进。事实上,正是当时的学术大环境塑造了伍兹前期谬误思想中的形式方法,即综合因素使然。

博格、格罗克以及爱默伦和格罗敦道斯特从各自观点出发,或正或反地对蕴含于形式方法中的形式主义特征进行评价。这些学者的观点在西方谬误研究领域较具代表性。除此以外,其他学者的评论散见于书评或著作的导言中,虽然篇幅不大,但对于了解形式方法也具有一定价值。加拿大的学者特露迪·戈薇尔认为:"伍兹和沃尔顿似乎采用了这个方法,他们通过发展形式的说明模型来提升我们对所谓非形式谬误的理解,目的在于使我们更加精深地把握这些谬误所涉及的推理中的错误。"[1] 戈薇尔对形式方法的评价是正面的,她看到了其特有的明确性和严谨性。与戈薇尔不同,来自瑞士伯尔尼大学的戴尔·杰奎特从反面剖析了该方法的缺陷,认为形式符号逻辑的性质可能与非形式谬误的特点产生冲突,从而给研究工作带来风险,因为"一旦符号逻辑满足了它自身,即符号逻辑通过自身欠妥的推理形式证明了一个给定的谬误是演绎无效的,那么形式的符号逻辑就不会有更多的兴趣去关心该谬误的内容。唯独形式逻辑完全保持沉默的问题是,为什么在一些时候思考者倾向于犯那些他选择犯的错误,以及为什么论证的接收者有时候被无疑是演绎无效的论证所说服"[2]。

通过上面的讨论可知,一方面,形式方法以现代高级符号逻辑为工具,清晰性和严谨性是它的优势。但另一方面,形式符号逻辑的自身性质与非形式谬误存在某种程度的冲突,对日常论证的分析显得刻板教条。这其实是形式方法面临的最大难题。

## 二 谬误分析之多元主义评论

在伍兹的形式方法中,多元主义是与形式主义并列的典型特征之一。如果说学者们是从逻辑观的角度对形式方法的形式主义特征进行解读与点评,那么形式方法的多元主义策略,则典型地属于方法论层面的问题。各派学者也正是从这一角度出发对该策略展开了深入讨论。

来自荷兰格鲁宁根大学的埃里克·克莱布为伍兹和沃尔顿的《文选》撰写了书评。文中,克莱布对二者的工作给予了肯定,认为来自加拿大的谬误理论家们承袭了汉布林对传统谬误研究的挑战,继续在该领域开展重要的理论工作。这种努力的结果便是大量的论文产出,论文内容是关于将多种多样的哲学逻辑系统用于处理与众多谬误相关的问题。任何

---

[1] Trudy Govier, "Who Says There Are No Fallacies?", *Informal Logic*, Vol. 5, No. 1, 1983.

[2] John Woods and Douglas Walton, *Fallacies: Selected Papers 1972 – 1982*, London: College Publications, 2007, p. xii.

对谬误理论或特殊谬误感兴趣的人很可能从这些工作中获益。克莱布之所以对伍兹和沃尔顿的工作持肯定态度,在某种程度上是因为多元主义方法论在谬误分析中的有效运用。克莱布重点指出:"作者(即伍兹和沃尔顿)并没提供一个统一的谬误理论,他们似乎也并不渴求得到这样的理论。"[1] 克莱布事实上看到了形式方法的主要特征就是,用多种现代形式逻辑系统处理不同类型的非形式谬误。他进而强调,如果将形式方法看作用单一的逻辑(或逻辑系统)来处理不同的谬误的话,这将是对该方法的一种误解。然而,该方法并不妨碍人们使用多种形式手段来分析一种以及相同的谬误。举例来说,在分析诉诸无知谬误时,作者运用了辛提卡的认知逻辑、汉布林的形式论辩术以及克里普克的直觉逻辑语义学。并且,上述这三种逻辑也被应用于处理乞题谬误。也就是说,形式方法的方法论多元主义策略不仅意味着用"多种"逻辑系统分析"多种"谬误类型,并且,也可以将"多种"逻辑系统应用于"同一种"谬误类型的分析中。即分析工具与分析对象之间可以是"多对多"的关系,也可以是"多对一"的关系。至于哪种逻辑系统适合于哪种谬误类型,则完全取决于各自的性质是否匹配,不能一概而论。

在《非形式逻辑的现状》一文中,拉尔夫·约翰逊和安东尼·布莱尔分析了20世纪从70年代初至80年代末非形式逻辑的发展情况,这段时间也正是伍兹前期谬误思想的发展黄金期。作者认为,在非形式逻辑中,谬误理论是最为精耕细作的一块领域。任何人如果想评论谬误或一般意义上的谬误理论,他都能得到丰富的参考文献。并且,这些文献的数量还在继续增长。文中,约翰逊和布莱尔对当时的谬误研究文献做了谨慎评论,概述了谬误的不同分析方法和学派观点,并且对争论的主要问题进行了澄清。在分析到形式方法时,他们指出:"伍兹和沃尔顿的谬误理论认为,对所有非形式谬误来说,没有那种唯一的、包含一切的说明模型。并且,每一种论证类型都有属于自己的或多或少的典型非逻辑特征。"[2] 依据上述引文可知,在当时,形式方法的多元主义特征已经被

---

[1] Erik Krabbe, "Book Review: Woods J., Walton D. Fallacies: Selected Papers 1972 – 1982", *Argumentation*, Vol. 6, No. 4, 1993.

[2] Anthony Blair and Ralph Johnson, "The Current State of Informal Logic", *Informal logic*, Vol. 9, No. 2, 1987.

学界的权威学者们注意到了,否则就不会在这种学科现状综述类的文章中提及。这种论述某一学科发展现状的综述类文章要求在有限的篇幅内道出大量的信息,它要将某一学科内的不同观点或理论进行综合比较和介绍。在这种情况下,所涉及的内容必然是学科内最为重要或受关注度最高的。由此可见,在当时,非形式逻辑界的权威学者在将形式方法认作谬误理论界的最新发展的同时,也关注到了其中蕴含的多元主义方法论特征。

如果说克莱布、约翰逊和布莱尔只是较为平实地叙述或提及伍兹谬误思想的多元主义特征,而未过于明显地表达自己的观点。那么,杰奎特、爱默伦和格罗敦道斯特则立场鲜明地摆出了他们对该问题的看法。

2006年,杰奎特受邀为新版的《文选》撰写导言。在这篇名为"扭曲的推理:伍兹—沃尔顿入门"("Reasoning Awry: An Introduction to Woods and Walton")的导言中,他表达了对多元主义方法论的支持:"准确地说,在伍兹和沃尔顿关于谬误的集中讨论中,并没有一种试图对所有谬误进行统一说明的理论。这一点令我赞赏和钦佩。"[①] 杰奎特进一步表示:"使伍兹和沃尔顿这部著作历久弥新的优势之一是,他们并没有受限于特殊的方法计划,而是极力建议在谬误分析中使用各种不同的方法。在这些方法中,他们所选择讨论的那些谬误会得到恰当的安排。"[②] 由此可见,在杰奎特那里,多元主义思想在伍兹和沃尔顿的工作中具有重要价值,正是这种谬误分析的多元主义策略,使不同的谬误类型能够找到与之适配的最佳逻辑分析工具,从而使谬误分析工作更为经济,避免了对同一理论进行反复调整甚至重建的麻烦。与杰奎特不同,阿姆斯特丹学派的爱默伦和格罗敦道斯特认为,形式方法的多元主义策略在某种程度上不利于对谬误的性质进行完整、全面的刻画和分析,进而呼吁将所有的谬误分析统一于一种理论之下。在他们看来:"每种谬误都需要一个能够对其进行解释的专属逻辑。从现实的目标来看,这种方法论是不切实际的……人们只能得到关于各种谬误的片段性描述……理想的情况是,

---

[①] John Woods and Douglas Walton, *Fallacies: Selected Papers 1972–1982*, London: College Publications, 2007, p. viii.

[②] John Woods and Douglas Walton, *Fallacies: Selected Papers 1972–1982*, London: College Publications, 2007, p. x.

有一种统一的理论能够处理所有不同的谬误现象,这样的理论将会是首选。"① 当然,爱默伦和格罗敦道斯特的上述观点很可能是从自身的学术背景中得出的,因为他们自家的语用—论辩术在某种程度上是对谬误的统一说明,即将谬误看作对一系列批判性讨论(critical discussion)之规则的破坏。因此,任何对批判性讨论规则的破话,都将被看作一种谬误。这样一来,谬误就被统一到批判性讨论的规则之下。

方法论意义上的多元主义是形式方法的基本特征之一。这种谬误分析策略在学界引起了一定关注,学者们对此的评论除了视角不同所带来的偏颇以外,基本上还是公正客观的。

通过本章的一系列论述可知:一方面,以形式方法为主旨的伍兹前期谬误思想得到了学界的普遍关注,其中不乏权威学者的积极肯定;另一方面,从现时代来看,伍兹的前期思想又具有较高的理论史研究价值,尤其是就非形式逻辑的起源和发展而言。基于上述两方面原因,对伍兹的前期谬误思想给予重视就成为一种必要且合理的学术选择。然而,目前的情况似乎并非如此。普遍来看,伍兹的前期谬误思想在海外学界早已出现研究落潮的现象。这里的原因有二:其一是伍兹前期谬误思想的活跃年代距今确实相对久远,随着伍兹谬误思想的整体转型(即转向以实践推理和认知经济为基础的自然化逻辑理论)以及后来新发展起来的各家理论,对前者的研究动力已然逐渐减弱;其二是学者们对伍兹的前期思想,尤其是形式方法褒贬不一,最终没有达成较为统一的认识意见。由此也使其受关注的程度逐渐下降。国内的情况是,针对伍兹的研究文献本就寥寥无几,仅有的也是以介绍其近期思想为主。在我们看来,伍兹前期谬误思想的这种现有研究境况与其自身的学术价值并不相称,亟须加强。基于上述这种思考逻辑,本章在探讨伍兹的前期谬误思想时,不惜花费篇幅与思考力,旨在对该理论有一个尽量详细、全面的论述,从而对复兴伍兹的前期谬误思想研究作出一些贡献。

---

① Frans van Eemeren and Rob Grootendorst, *Argumentation, Communication, and Fallacies: A Pragma-Dialectical Perspective*, London, New York: Routledge, Taylor & Francis Group, 1992, p. 103.

# 第四章

# 近期谬误思想：伍兹自然化逻辑的最新发展

自然化逻辑（Naturalized Logic）是伍兹最新发展起来的一种谬误逻辑学说，同时也是其近期谬误思想的核心内容或主打观念。自然化的逻辑将处于当代学术前沿的心理与认知科学、经济学以及自然化的认识论加以逻辑地改造与融合，进而形成一种具有独特理论风格及反传统特征的学科交叉型理论。其中涉及对传统谬误论、主流逻辑观以及重大逻辑哲学问题的批判、发展甚至重建。基于此，自然化的逻辑理论正在逐渐成为当下西方学界的热点议题。

从宏观层面看，自然化逻辑的整体思想由三个部分有机地构成：基于实践推理与认知经济的实践逻辑；通过对实践逻辑进行拓展、丰富与升华，进而形成的自然化逻辑的最新理论内容；关于逻辑学之自然转向的新观点、新预测。之所以说此三者是伍兹近期学术思想的有机组成部分，是它们之间极为密切的理论关联使然。由此，以自然化逻辑的上述三个有机组成部分作为本章的基本论述结构，在诠释各自理论内容的同时，充分探究它们之间的内在联系。

此外，考虑到自然化逻辑这个名称将频繁出现在本章的论述内容中。因此，在正式展开讨论之前，首先对本书使用"自然化逻辑"一词时所取含义做出说明。总的来看，自然化逻辑一词具有两层含义：其一是整体或一般意义上的自然化逻辑；其二是局部或特殊意义上的自然化逻辑。前者是包括在先构建的实践逻辑、以实践逻辑为基础发展而来的最新理论内容，以及逻辑的自然转向观点在内的一般性称呼。而后者则特殊地指称上述三项之一的那个"以实践逻辑为基础发展而来的最新理论内容"。本书在使用自然化逻辑一词时，取其前一种意义，即整体或一般的意义。若文中某处需在特殊的意义上使用自然化逻辑一词时，会特别标注。

需指出的是，伍兹最新文献中出现的自然化逻辑一词是在上述特殊意义上使用的。但通过多方面的谨慎评估之后，我们认为，既然最新提出的自然化逻辑理论是在稍早以前的实践逻辑的基础上发展而来的，那么就没有必要将伍兹的近期谬误思想表述为由实践逻辑和自然化逻辑这两个概念所共同构成，这样一来，反而会让读者误认为自然化逻辑和实践逻辑是两个关系疏松的独立学说，而事实上二者的理论关联甚为紧密。为了在最大限度上避免这种误解，一方面，我们本着将学术问题尽量简明化、清晰化的研究宗旨；另一方面，考虑到实践逻辑是自然化逻辑的理论底基，而自然化逻辑则是实践逻辑的进一步丰富与拓展，因此，我们依据理论事实，将实践逻辑视为自然化逻辑的一部分，并将伍兹的近期思想统一地称为自然化逻辑的思想，而非一分为二地将其理解为实践逻辑与自然化逻辑的叠加形态。这里所遵循的正是类似于奥卡姆（William of Ockham，1285 – 1349）的"如无必须，勿增实体"的学术经济原则。

## 第一节　自然化逻辑的理论底基

从联系与发展的角度看，自然化逻辑的思想绝非一朝一夕便达到了当下这种相对系统与完善的状态，而必然要经历一个理论开拓及奠基的初始化过程。在我们看来，这个初始过程集中体现为 21 世纪初由伍兹和嘉贝创立的基于实践推理与认知经济的实践逻辑理论。后者吸纳了心理与认知科学以及经济学的重要成果，为自然化逻辑的思想体系奠定了坚实的基础。我们将实践逻辑视为由三个相互联系的理论模块共同构成的综合体。这三个模块分别是实践逻辑与实践推理、推理主体与认知经济以及关于传统谬误的崭新视角。此处，依据这种结构对作为自然化逻辑之理论底基的实践逻辑展开讨论。

### 一　实践逻辑与实践推理

实践逻辑是伍兹近期谬误思想的奠基之说。依照学术惯例，在对实践逻辑的具体内容进行论述之前，务必先对其定义给予一番澄清。此处的研究思路是，以伍兹对实践逻辑之定义的表述为线索，依据定义中所给出的关键概念以及概念间的关系，对实践逻辑的整体结构及其所蕴含的丰富思想给予描绘和分析。亦即从实践逻辑之定义这个"点"出发，循序渐进地拓展到实践逻辑之整体思想这个"面"，从而由点到面地对实践逻辑给予综合、深入的研究。此外，实践推理是实践逻辑的重要概念，二者关系如此紧密，以至于无法分别对它们给予论述。因此，在对实践逻辑的讨论中，会穿插地对实践推理给予说明。

总体来看，实践逻辑并非通俗易懂，其中涉及的概念、范畴为数众多且关系盘根错节。因此，相关文献中对实践逻辑的界定并不是唯一的。而是有三种形式，包括肯定式界定，即"实践逻辑是……"的形式；否定式界定，即"实践逻辑不是……"的形式；间接式界定，即通过对实践推理这一与实践逻辑密切相关的概念进行说明，来进一步规定实践逻辑的意义边界。

首先，来看实践逻辑的"肯定式界定"。在《认知系统的实践逻辑》的第一卷，即2003年的《行事相关性：形式语用学研究》中，伍兹指出："实践逻辑是一种关于实践主体思考、反省、谋划、决策以及实施了什么的理论。"[1] 可以看到，此时关于实践逻辑的定义还略显简陋。然而，如果考虑到上述著作正值实践逻辑的理论构建期，一些观点和概念尚未构思成熟，那么也就不难理解此时实践逻辑的定义为何如此"简陋"了。在经历了两年的发展之后，伍兹在2005年《哲学逻辑手册》的《逻辑的实践转向》一文中，再次给出了实践逻辑的界定，他如是说："实践逻辑是这样一种逻辑，即它对真实地发生于人类身上的一系列推理现象给予说明。经验事实已经向我们表明，大多数的人类思维是在一种潜意识的（subconsciously）或次语言的（sublinguistically）环境下工作。换句话说，这是一种'潜层'（down below）推理；而对这种'潜层'推理给予说明的便可称之为'潜层'逻辑。"[2] 可以看到，实践逻辑在经历了两年的发

---

[1] Dov Gabbay and John Woods, *A Practical Logic of Cognitive Systems*, volume 1: *Agenda Relevance A Study in Formal Pragmatics*, Amsterdam: Elsevier, North-Holland, 2003, p. 14.

[2] Dov Gabbay and Franz Guenthner, eds., *Handbook of Philosophical Logic*, 2nd ed., Vol. 13, Berlin: Springer, 2005, p. 47.

展之后，其定义显现为进一步深化、丰富的特征。其中最为显著的变化当属在实践逻辑的定义中突出强调了实践推理的概念，即那个"真实地发生于人类身上的一系列推理现象"，并明确地将实践推理规定为一种"潜层"推理。

其次，如果说上述的"肯定式界定"较为全面、深入地指出了实践逻辑的研究对象、基本特征，乃至与其密切相关的实践推理的运作模式，那么，接下来要阐述的"否定式界定"则从一种完全相反的层面来对实践逻辑给予定义。简而言之，即通过尽量周全地指出实践逻辑"不是什么"，从而达到阐述实践逻辑"是什么"的目的。伍兹如是说："实践逻辑并不局限于对日常事务之推理的研究。没有什么可以阻止某个推理者在其著作截稿的最后期限前爆发惊人的能量，进而完成一个艰巨的证明。……实践逻辑也不是'形式化'的敌人。在适当情况下，实践逻辑也会对逻辑形式的具体操作给予表述。甚至，当某些推理并不如形式化所要求的那样具有严格的形式结构时，实践逻辑也有义务对此类推理给予较弱程度上的形式处理。……实践逻辑并非天然地与模糊推理相关，但却可以延伸至模糊逻辑（fuzzy logic）或含糊逻辑（logic of vagueness）的领域。……实践逻辑包含而非限于亚里士多德所说的实践三段论。"① 毋庸置疑，较之于前述的"肯定式界定"形式，此处的"否定式界定"更具启发性。且值得注意的是，它将实践逻辑的定义从"内涵的性质描述"层面拓展至了"外延的理论联系"层面，如实践逻辑与形式化、模糊逻辑、亚里士多德之三段论的关系等。

最后，来看实践逻辑的"间接式界定"。间接性定义是通过对"实践推理"这一基础术语进行说明，来间接地把握实践逻辑的意义边界。这样一来，也达到了对实践推理本身进行论述的目的。前文有述，实践逻辑与实践推理的关系极为近密。完全可以说，实践逻辑无非就是对产生于现实生活中的推理现象给予分析和刻画的逻辑，这类现实中的推理便是实践推理。总体来看，实践推理通常是在以下两个层面上得到理解的："其一是内容层面；其二是评估标准层面。在内容层面，实践推理通常被看作关于如何解决问题以及实施哪些行动的推理。而在评估标准层面，

---

① Dov Gabbay, Ralph Johnson, Hans Ohlbach and John Woods, *Handbook of the Logic of Argument and Inference: The Turn towards the Practical*, Amsterdam: North-Holland, 2002, p. 28.

## 第四章 近期谬误思想:伍兹自然化逻辑的最新发展

较之于那些'纯粹的'或'形式的'逻辑的评估标准来说,评估实践推理的标准被认为在理论性和严格性方面相对缺乏。"[1] 由于实践逻辑和实践推理的紧密关系,无妨将上述对实践推理的描述和界定看作对实践逻辑的一种间接式界定。通过这种间接式界定的方式,至少可以对后者的概念有更为全面且深入的把握。

如前所述,实践推理这一概念与实践逻辑的关系甚为紧密,以至于在论述实践逻辑的同时,不可避免地要对实践推理给予一番程度相当的阐述。正如前文所展现出来的那样,我们可以通过适当地阐释实践推理的某些方面,来间接地诠释何为实践逻辑。以此为据可进一步推知:一方面,这种间接定义的可行性较为直观地说明了实践推理与实践逻辑的紧密关系,否则,间接定义将成为不可能;另一方面,能够明显地发现,实践推理与实践逻辑同时为实践(practical)一词所修饰乃至规约。因此,很自然地,可以通过在先地考察实践一词的含义来达到澄清实践推理的目的。事实上,通过对实践一词的辨析来探知实践推理于伍兹之语境中的本有含义,不失为一种另辟蹊径的研究方法。

由于实践逻辑以及实践推理的概念均依赖于对实践一词的解释,因此,对该词之意义的澄清可以说是探究自然化逻辑理论的前提或基础。实践概念具有悠长的学术研究传统,远至亚里士多德的"实践三段论"(practical syllogism),近到康德的"实践理性"(practical reason),众多学者都在津津乐道地使用这一概念。依据传统解释,所谓的实践是与身体行动相关并涉及行动中之意向的词汇。若由此来看,那么很自然地,并非所有的推理都是实践的,毕竟有些推理与行动本身无关。另外,伍兹指出,如果抛开实践一词的传统观念,那么便完全可以说,推理是对某个问题的回答、对某个难题的解决,并以事实材料为据得出一个结论,抑或在更多的事实被了解之前,将对其的探索进行废止。从这层意义上说,所有推理都是实践的。

事实上,后一种意义更接近伍兹对实践一词的概念设定。由此出发,他从逻辑学的角度对实践给予进一步澄清,进而说明实践推理在实践逻辑乃至自然化逻辑中的应有之意。伍兹详细列出了实践以及与其相对照

---

[1] Dov Gabbay and John Woods, *A Practical Logic of Cognitive Systems*, volume 1: *Agenda Relevance A Study in Formal Pragmatics*, Amsterdam: Elsevier, North-Holland, 2003, p. 6.

的一系列性质（左侧为实践的性质，右侧为与实践相对照的性质），通过直观比较的方法，来为实践推理的说明铺设基石。详情如下：

> 日常的、普通的 vs. 难懂的、专门化的
> 谨慎的 vs. 真值的
> 道德的 vs. 事实的
> 非形式的 vs. 形式的
> 模糊的 vs. 精确的
> 行动型结论 vs. 命题型结论
> 行动型前提 vs. 命题型前提
> 以目标为导向的 vs. 去语境的
> 应用的 vs. 理论的
> 具体的 vs. 抽象的
> 容忍不可通约性 vs. 不容忍不可通约性
> 实践的 vs. 严格的 ①

可以看到，左侧的一系列性质属于实践的性质，而右侧的众多性质与实践形成对照，包括真值的、去语境的、不容忍不可通约性、精确的、严格的以及抽象的等。右侧意指的是形式演绎逻辑，所对照的其实是实践推理与"演绎推理"之间的性质差异。

伍兹认为，实践推理除了已经具有的上述性质以外，还特别地具备一种在理论上富于成果且直觉上凸显吸引力的特性，即实践推理是由实践主体做出的推理。因而，可将实践主体的行为设想为由两个相互结合的构成要素所支配。其一，促使实践推理之成功所必需的认知资源，如信息、时间和计算能力。其二，实践推理之主体所意欲的认知目标的难易度。伍兹认为，由于上述两个因素通常会存在程度上的差异，因而，实践行为是一个相对的概念。如果以上述有关实践推理的思想来看待谬误问题，那么完全可以合乎情理地得出如下观点，即关于实践推理的逻辑亦称为实践逻辑，是对主体的认知手段及其认知目标有一种天然的敏觉性。依此而论，如果

---

① Dov Gabbay, Ralph Johnson, Hans Ohlbach and John Woods, *Handbook of the Logic of Argument and Inference*: *The Turn towards the Practical*, Amsterdam: North-Holland, 2002, pp. 10 – 11.

试图评估某个实践推理是对是错，就必须严格参考推理者之认知任务的难易，以及执行该任务所须认知资源的多寡。事实上，可以明显看到，伍兹所说的实践或实践推理更多地表现为：一种与现实的推理现象及其可能造成的谬误密切相关的"稀缺资源认知经济"（scant-resource cognitive economics）。毫不夸张地说，实践推理与认知经济（cognitive economy）是实践逻辑的支柱性概念。伍兹对此的解释是："在我的观念中，'实践的'（practical）一词既不指某个推理的内容，也不指该推理被期待表达的那种精确程度。在我们的方法中，实践推理是这样一种推理，即它借助于有限的信息、时间和计算能力，实时地在心理空间中工作。"[1] 可以看到，伍兹所说的这种推理实际上是结合认知经济这一特有概念来说的。所谓实践推理就是遵守认知经济原则的推理，即主体应该依据信息处理的实际情况，对认知资源进行有效配置，从而得以在时间、信息以及计算能力相对贫乏和薄弱的情况下进行实时思考。依据这种观点，推理的合情理性是主体认知资源之本质和范围的函数，根据眼前任务的本质和完成该任务所能利用的资源，来确定评估目标的恰当性。因此，伍兹认为，传统观念中被定性为谬误的东西，事实上是一种"可接受的稀缺资源调节策略"（acceptable scant resource-adjustment strategies）。有关谬误认知的稀缺资源调节策略思想，将在本节的第二目给予详细讨论，此处不做赘述。

实践推理是实践逻辑乃至自然化逻辑思想不可忽略的重要概念，如何强调都不算过分。然而，逻辑观问题作为逻辑理论的基本问题，同样需要给予积极的关注。我们认为，任何具体的逻辑理论必然有其专属的逻辑观作为哲学基础，实践逻辑也概莫能外。在这方面，伍兹有自己独到的见解。凭借对逻辑史发展脉络及规律的深刻把握，伍兹提炼出以下两种逻辑观，即语言的逻辑观和智能体的逻辑观。语言的逻辑观认为，逻辑是关于论证的理论，论证诉诸语言的抽象结构，而逻辑研究的应该是这种抽象语言结构的性质及规律。事实上，语言的逻辑观是长久以来被逻辑共同体所普遍接受的"标准（演绎）逻辑观"。而在智能体的逻辑观看来，逻辑是一种关于推理的理论，推理涉及现实场景中的主体如何思考以及行动，而逻辑研究的应该是蕴含于认知主体之所思、所想、所

---

[1] Kent Peacock and Andrew Irvine, *Mistakes of Reason: Essays in Honour of John Woods*, Toronto: University of Toronto Press, 2005, p.448.

行中的性质和规律。后一种逻辑观对应的正是实践逻辑。它将突破标准（演绎）逻辑的囹圄，从而拥抱更多新的领域。

然而，在当代主流逻辑学界，这种将逻辑视为"论证研究"的语言逻辑观却长期处于统治地位。伍兹认为，这一固有势力之所以如此顽强，是因为其根源可以回溯至亚里士多德那里。具体来说，亚氏逻辑思想的核心概念应属三段论，而"三段论"这个词极易被后世学者所误解，即他们倾向于认为，逻辑学是对具有严格的格式规范的论证形式的静态操作，如亚里士多德在《前分析篇》中给出的三段论的3个格及其所包含的14个式。毫不夸张地说，这种误解自亚里士多德之后一直流传至今。就此，逻辑学家几乎一边倒地认为，逻辑是一种关于论证或语言形式的理论，而非关于智能体之推理的理论。正如伍兹所说："并不是每一种关于论证的在逻辑上有意义的观念都像这样是语言的，但在该学科的每一次主要发展中，逻辑都找到了容纳这样一种观念的空间。"[①]

不可否认，当逻辑学发展到21世纪的今天，它已然在语言逻辑观的统辖下取得了令人瞩目的发展。换句话说，当逻辑将其研究的焦点放在命题的逻辑后承关系上时，它的这种发展已经达到了无以复加的地步。然而，推崇语言逻辑观的形式演绎逻辑在取得上述成就的同时，必将付出相应的代价。具体来看，语言的逻辑观不屑于，更不善于对日常生活中的实践推理给予说明。由此而论，与其相对的智能体的逻辑观在上述事务中必然更胜一筹，从而更易于且乐于为大多数的实践推理者所接受。事实上，持语言逻辑观的学者似乎并不死心。几个世纪以来，此类逻辑学家一直试图通过语言的结构形式来刻画、模拟实践主体的所思所想和所作所为。现在看来，这种做法似乎并不妥当。然而，如果把逻辑当作一种推理的理论，即对其持一种智能体的逻辑观，那么事情就会呈现出截然不同的一面。毕竟，智能体逻辑观的本质便是指导具体的逻辑理论对实践主体之推理给予研究，因为"较之于语言型逻辑来说，智能体的逻辑才是实践推理的天然归宿"[②]，这种所谓的智能体逻辑即"实践逻

---

[①] John Woods, "Frontiers of Practical Logic", Trans. by Liu Ye-tao, *Journal of Peking University* (*Philosophy and Social Sciences*), Vol. 44, No. 1, 2007.

[②] Dov Gabbay, Ralph Johnson, Hans Ohlbach and John Woods, *Handbook of the Logic of Argument and Inference: The Turn towards the Practical*, Amsterdam: North-Holland, 2002, p. 33.

辑"。如果说业已取得统治地位的语言逻辑观旨在研究语言论证的静态结构关系,那么,智能体的逻辑观则是对现实的推理主体之所思所为给予动态的刻画。若二者择其一的话,伍兹的实践逻辑必然取后者作为它的指导性观念。

总体而言,作为自然化逻辑之理论底基的实践逻辑持逻辑的行为观点。该逻辑推崇实践主体的现实思维,承认实践推理的相对有效性(relative validity)。依据逻辑的行为观点,逻辑的旨趣在于推理而非论证,即关于主体做了什么,以及在他们身上发生了什么的理论。依此而论,所谓实践逻辑,便是关于实践主体思考以及反省了什么,以及如何决策行动的逻辑。如果说论证的概念使得逻辑学家所关心的东西表现为一种语言的静态结构,那么,实践逻辑所持的行为观点,则使他们更为关心实践主体到底为何物。这些便是实践逻辑以及实践推理理论所要考察的基本内容。

## 二 推理主体与认知经济

如果说实践逻辑是自然化逻辑的早期形态或先在基础,那么毫无疑问,推理主体(包括实践推理在内)以及认知经济则是实践逻辑的两座拱顶石。由此而论,可以将二者同样视为自然化逻辑的基础性概念。一方面,在新近定型的自然化逻辑理论中,伍兹对推理主体给予了较之实践逻辑阶段更重的强调,这在某种程度上是对该概念的进一步发展和深化。我们由此认为,自然化逻辑是一种"亲主体的逻辑"(Agent-embracing Logic)。另一方面,毫不夸张地说,认知经济是伍兹近期谬误思想的亮点。由于作者极具创造性地将传统谬误问题置于认知经济的框架中加以审视,因而产生了惊人的理论后果,即传统上被视作谬误的推理现象,在认知经济看来不仅不是谬误,反而成为一种应对人类认知资源贫弱的有效策略。如此一来,那种久未批判进而被视为理所当然的传统谬误观被彻底颠覆了。此部分主要围绕上述两个重要概念展开论述。

推理主体或认知主体是实践逻辑的主要研究对象。如前所述,实践逻辑是一种关于实践推理的逻辑。因此,这种逻辑也必然是关于推理主体做了什么,以及在其身上发生了什么的理论。由此可见,推理主体在实践逻辑中处于基础性地位。在伍兹看来,推理主体的概念并不复杂,无非是一种能够"感知、记忆、相信、欲望、反省、慎思、决策以及推论"①的实践智能体（practical agency）。事实上，自20世纪70年代以来，西方学界发起了规模浩大的逻辑的"实践转向"运动。在这场延续至今的运动中，推理主体已然被严肃地视为一种逻辑学研究的必备要件。举例来说，认知逻辑、道义逻辑、时间逻辑、动态逻辑、非单调逻辑、游戏理论逻辑、缺省逻辑、概率和回溯逻辑、信念动态学逻辑、决策论逻辑、实践逻辑、非形式逻辑等，无不将推理主体纳入自己的理论视野。可以看到，大量当代非经典逻辑都预设了对推理主体的考察，而其中较具代表性的当属非形式逻辑。伍兹指出，非形式逻辑的重要特征之一便是将自身的理论建立在对主体之研究的前提之上。

然而，实际情况似乎并不如前面叙述的那般乐观。目前来看，一些过于注重形式化的逻辑仍然以实际的理论形态表明，应该将推理主体的研究后置于推理本身的研究，甚至将推理主体排除在一般的逻辑研究范畴以外。如此一来，推理主体便失去了本该具有的理论地位，最终沦为无关紧要的附属概念。然而，在伍兹看来，这种研究策略犯了一种"顺序错误"，因为"如果不对推理者为何物这一问题进行独立思考，那么，对正确推理的考量就会像没有支点的杠杆那样失之基础"②。由此联系到谬误理论，造成该理论在当代的发展如此困难的主要原因似乎是，逻辑学家们未能在本体论的层面对推理与推理者之间的孰先孰后、孰轻孰重之关系给予透彻探究。此外，伍兹还补充道："对于人类个体来说，也许最重要的事就是认识到，他们在某种程度上是一种认知的生物。他们具有充分的动机并且渴望知道应该相信什么以及如何行事。"③ 由此可见，如果让逻辑学家们首先意识到推理主体意欲何为，那么，他们便可以说出推理所蕴含的更为丰富的内容。完全可以这样理解，固执地忽略推理主体本身以及与其相关的一系列现实因素，而一味地将注意力集中在推

---

① Dov Gabbay and Franz Guenthner, eds., *Handbook of Philosophical Logic*, 2$^{nd}$ ed., volume 13, Berlin: Springer, 2005, p. 60.

② John Woods, *Errors of Reasoning: Naturalizing the Logic of Inference*, London: College Publications, 2013, p. 13.

③ Lorenzo Magnani and Li Ping, eds., *Model-Based Reasoning in Science, Technology, and Medicine*; John Woods, *The Concept of Fallacy is Empty: A Resource-Bound Approach to Error*, Verlag, Berlin: Springer, 2007, p. 75.

理的静态形式上,这无异于是在过度强调逻辑的理想化思想。

事实上,相较于前述那些借势于实践转向而成长起来的非经典逻辑来说,内嵌于逻辑之经典理论中的缺陷不可谓不明显。后者实际上过度理想化了推理主体,并试图依据一种人为设定的认知目标及标准来诠释所谓好推理的条件。举例来说,在归纳逻辑中,设定的目标是扩充的可靠性,而标准则是超高的条件概率;在演绎逻辑中,设定的目标是保真性,而标准是形式的有效性。正如一位逻辑学家要完成一个形式演算证明,该证明若想达到目标,那么当且仅当该证明是有效的。显而易见,该证明正确的标准是有效性。如果证明是无效的,那么逻辑学家相当于未能达到其目标,可以将其错误视为对有效性标准的违反。再如,一个药品开发小组正在实施一个痢疾药研发试验,其标准是该痢疾药的安全性以及其他方面的试验证实。在这个例子中,试验证实是一个超高标准的目标。该目标蕴含着一个严格的达到归纳强的标准,包括按照基于适当的随机样本的抽样条件概率。如果未能达到这种归纳强的标准,就说明未能达到试验的目标。在这一个事件中,其错误便是违反了该标准。

可以明显看到,上述的演算证明以及药品试验的例子并不典型,因为它们并不属于现实中的最一般的情况,推理主体在类似的情况中也显得并不自然。原因在于,如果说上述两种情况是推理主体在现实生活中所面临的通常情况,那就无异于说下述这一事例并非荒唐之事,即某个刚刚结束下午训练的棒球运动员正在为如何婉拒其大学同窗的颇为乏味的圣诞晚会邀请而苦恼。此时,无论是寻找关于他不必出席之命题的保真证明,还是通过一个严格随机样本实验来找到那个支持他不必出席的归纳有效的数据,都将被视为一种荒唐行为。事实上,该棒球运动员更为合理的做法是,对其"不出席圣诞晚会"的命题给予一种可废止的或似真性的支持。依据这种可废止的、假设性的以及似真性推理,他足以找到支持其不出席圣诞晚会的理由,而无须运用严格的演绎运算和高标准的归纳实验。真实情况是,现实生活中的推理主体几乎不响应如此之高的演绎和归纳强的目标。逻辑理论家们通常认为,那些能够满足最严格之目标的推理是最完美的推理。然而恰恰相反,当我们把目光转向现实生活中最常见的人类推理主体时,所谓最严格即最佳的观点便失去了光环。通过上面的一系列论述可以发现,推理主体的概念在实践逻辑中占有核心地位,后者是根据前者的众多相关性质来展开自身的理论建设的。

在实践逻辑的理论框架中，若想深入把握推理主体的概念，就必须涉及主体层级分类（hierarchy of agency types）的知识。按照伍兹的观点，主体有个体主体（individual agent）和机构主体（institutional agent）之分，前者又被称为实践主体（practical agent），而后者亦可被称作理论主体（theoretical practical）。在很大程度上，这里讨论的推理主体是指主体层级分类中的个体主体或实践主体。据此，我们将对推理主体的讨论放置在对主体层级分类的讨论当中，且尤以对个体主体或实践主体的讨论为主。

伍兹是在论述主体层级分类思想的过程中，对个体主体或实践主体给予了定义的，他说："一个主体层级体系 H 是由不同类型的主体集结而成的。该体系设定的规则是，主体的认知目标越高，所需要的认知资源 R 也就相应地越多。依据认知目标的高低以及所需认知资源的多寡，按由高到低的顺序加以排序。在 H 中，排序或位阶较低的主体是实践主体（个体主体），而排序或位阶较高的主体则是理论主体（机构主体）。……从某种意义上说，实践主体通常是在一种认知不利的条件下运作的。……需给予强调的是，实践主体几乎无法达到机构主体所能满足的那种认知标准。原因在于，前者用来满足认知目标的资源远远少于后者。"[1] 通过上面的论述可知，对于主体来说，所处的认知环境对它是否有利，从根本上取决于其确立的任务的本质以及可能利用的认知资源。如果说某个实践主体或个体主体遇到了一个绝对不利于它的认知情况，这说明它为自己设定的认知任务过高，从而无法得到足以满足该任务的认知资源。事实上，认知主体达成其目标的量度由三个因素决定：主体的认知目标或议程；完成目标所必要达到的标准；足以达成该标准的认知手段。由此可见，个体主体或实践主体的认知目标和认知资源是相互影响的。总体来看，个体主体的认知目标相对简单。一方面，个体主体坚持似真的或合情理的信念；另一方面，在迫切需要给出认知回应的情况下，科学的或数学的精确性和必然性皆无必要，退一步说也是不可能的。某个人类个体最好不要怀有远超其能力范围的想法，其原因在于，

---

[1] Dov Gabbay and Franz Guenthner, eds., *Handbook of Philosophical Logic*, 2$^{nd}$ ed., Vol. 13, Berlin: Springer, 2005, p. 35.

如果他的抱负或认知意象是其力所不能及的,那么他将很难对其给予实现。在现实的认知环境中,个体主体通常会设立一个他所能达到的目标,如果有所偏差的话,也不会超出其能力过远,并且应该已经具备了大体达成这一目标的手段。用伍兹的话来说:"就个体的目标以及用以完成该目标的执行标准来看,与其说该个体是一个最优控制器,还不如将其视为一个实实在在的满足者。"[1] 个体主体的这种"易满性"并不是它所独有的,而只是说它所能完成的目标以及可利用的资源相对较少,从而最好不选择那些过分艰巨的任务。事实上,与个体主体相对的机构主体,在设立并达成其目标的大多数情况下,也会如个体主体一样选择相对较易完成的任务。有所不同的是,后者在选择目标的旨趣以及完成目标的资源等方面都要高于且多于前者。毕竟,无论是个人主体还是机构主体,都要以最终完成任务为目的。

以上内容是对实践逻辑之主体层级分类思想的精要阐述,同时对个体主体(实践主体)以及机构主体(理论主体)的大致意涵给予了说明。然而,前文有述,此部分讨论的推理主体实际上就是伍兹所说的作为单个认知主体的个体主体。因此,下面就通过将个体主体与机构主体进行比较的方法,来进一步阐释个体主体的特性,进而达到对推理主体进行澄清的目的。

事实上,之所以要提出个体主体和机构主体这两个相互对照的概念,是因为出于伍兹的另外一个目的,即构建一种能够与人类的实践推理相适应的全新的推理理论。正如前面提到的,如果将不同主体的行为类型归拢在一起,那么将呈现出一个具有层级差别的复杂多元系统。在该系统中,不同主体具有高低不同的位阶,而位阶的划分依据是主体所支配资源的多少以及其所设定目标的难易。较之于系统中的机构主体,人类的个体主体通常具有更模糊的认知信息、更短暂且紧迫的认知时间,以及更薄弱的计算能力。此外,他们为自己设定认知目标更加轻而易举。人类的个体主体在达成其认知目标的过程中,通常是在手头现有的信息以及第三方规定的期限下来行事,并且还要受到来自不同认知目标的复杂性处理及控制技术的限制。在这种情况下,个体主体所不得不面对的

---

[1] Dov Gabbay and Franz Guenthner, eds., *Handbook of Philosophical Logic*, 2$^{nd}$ ed., Vol. 13, Berlin: Springer, 2005, p. 36.

问题便是，如何在资源有限的情况下，尽量多、快、好、省地完成自己的任务，并需要具备一种将不利的认知条件转化为有利的认知条件的能力。

反观机构主体，它的情况与个体主体大相径庭。首先以两个较为典型的机构主体为例，如荷兰国家航空航天实验室和国际货币基金组织。毋庸置疑，类似于此类规模的机构主体拥有难以想象的相关专业信息，以及在一定限度内任其自由划定的时间期限，它们的认知目标会在这样一种极为丰富及宽松的认知环境中达成。此外，如果此类体系庞大的机构主体再恰当地辅以现代计算机网络技术，那么它所拥有的达成认知目标的能力将远超个体主体，即使后者同样配备高性能的个人计算设备及网络。伍兹由此指出："位于高位阶的主体更易于在一种优化的状态下达成其认知目标。它们拥有足够长的时间对所有信息给予深入分析，并能对它们的行动议程给予精确彻底的演算。"①

此外，个人主体与机构主体在信息处理方式上也存在较大差异。通常情况下，所谓个体主体实际上就是日常生活中的个人，而人是一种能够思维及具有意识的生物体。全面地看，人的意识既是一种资源，同时也是一种制约或限制。意识所具有的信息处理带宽如此狭窄，以致大部分的信息在某个具体时间段中都是不可加工的。伍兹就该问题指出，如果人类感知系统中的五种官能同时运作，那么我们将会接收到超过每秒一千万比特的信息流。然而，在那种情况下，只有不超过40比特的信息量进入意识中。更严重的是，人类的语言活动要比感觉系统包含更大的信息熵值。据测量，人类的语言信息交换活动只有每秒16比特的带宽。人类的意识表现为一种线性流动的样态。换句话说，个体主体无法也不可能使自己的意识状态在同一时间沿着不同方向并行流动。这两个事实暗示意识的线性操作定义，伍兹就此认为，认知经济所给出的人类意识的线性流动过程以更为节约的方式进行。它能够有效减慢信息流动的速度，从而使个体主体本就不太宽敞的信息感知通路变得更为流畅。

从上述对推理主体的分析可以看出，人类的认知实践活动不完全依循正确的路径发展，恰恰相反，它具有一种可错性（fallibility）。换句话

---

① Dov Gabbay and Franz Guenthner, eds., *Handbook of Philosophical Logic*, 2$^{nd}$ ed., Vol.13, Berlin: Springer, 2005, p.34.

说，频频出现于人类认知活动中的谬误，并非由于愚蠢而引起的毫无价值的思维垃圾，而是具有自身存在价值甚至是不可或缺的正确思维的催化剂。正如伍兹所说，一些错误可以严重到足以毁灭我们自身，而另一些错误则与我们的生存和繁荣并行不悖，甚至有助于此。虽然人类推理极易犯错，但我们却得以存活至今，这一事实足以说明问题。

前文阐述了与推理主体（同个体主体）相关的一系列重要内容。事实上，伍兹在其关于实践逻辑的代表性文献中一再强调，推理主体是一种必然遵循认知经济原则的主体类型。

前文有述，个体主体通常会设定相对容易达成的认知目标，这是由其在主体层级中的较低地位决定的。恰恰是这种低位阶决定了它必须遵循认知经济的原则。在这种情况下，个体主体最好成为一个高效节约者，并将认知资源的不足逆转为有利条件。在这一过程中，个体主体需要做两件事：第一件，有效应对认知资源的贫乏；第二件，在应对的过程中，尽可能地保全自身。在伍兹看来，生活中的几乎所有个体主体都有极强的倾向成为一名仓促的概括者。他指出，穆勒的如下观点是一种先见之明，即人类个体绝不具备为某个归纳命题提供完整的条件概样本的能力。这种通过收集严格且齐全的样本，进而对它们进行精确概括的常规操作，超过了个体人力所能及的范围。这种操作的适当实施者应该是机构主体而非个体主体。由此可见，推理主体具有避开"全称量化条件命题"的本能。与此不同，个体推理主体所给出的概括通常是一种概称推论（generic inference）。在大多数情况下，它们的推理模式绝不是命题A："对所有的x来说，如果x是老虎，那么x有四条腿。"即$\forall x\,(Fx \supset Gx)$，而恰恰是命题B："老虎有四条腿。"可以看到，仅仅证明存在一只在打斗中失去一条前腿的老虎就可以轻松否定A，而B则能经受住不同残疾程度的老虎的否定而始终保持自身的正确性。由此可见，从个体主体之实践推理的角度来看，A与B的差异在于："全称量化条件陈述是高度脆弱的，而概称陈述则比较具有韧性。"[①] 可以从对概称推论的描述中发现，伍兹所说的关于主体推理的认知经济是与"可错主义"（fallibilism）相联系的，认知经济是被"缺省"（defaults）概念所描述的经济理论。缺省

---

① John Woods, "Frontiers of Practical Logic", Trans. by Liu Ye-tao, *Journal of Peking University* (*Philosophy and Social Sciences*), Vol. 44, No. 1, 2007.

亦即在缺乏反面证据的情况下而被确定为真的东西，其最鲜明的特点便是"无即错"。从这层意义上说，缺省推理是一种相对保守且可废止的推理。说缺省推理是保守的，是因为它极为看重约定俗成的大众常识；而说它是可废止的，则是表明其尽量避免为了接受新观念而必须耗费的认知资源。如此看来，这与认知经济原则是不谋而合的。

此外，个体主体在实践推理方面的认知资源限制是认知经济原则得以成立的另一个重要前提。按照伍兹的观点，个体主体必然在信息、时间、记忆存储量及修复能力、心理计算能力等方面面临严重的资源不足情况。伍兹对当下许多前沿学科未能注意到上述人类现实表示遗憾，他认为，有关信念动力学、理论变化理论、决策论以及众多的经济学、认知心理学和理论计算机科学，都没能对人类的认知现实给予足够重视。即使这些学科承认人类认知的这种特点，也只是将其视为一种认知层面的失败，进而将其归为降低人类认知合理性的负面特征加以排斥。然而，如果用一种启发式（heuristics）的思考模式去看待该问题，那么事情将呈现完全不同的一面。我们可以认为，推理主体并非要逃避或摆脱不利的认知条件，毋宁说是要努力求得如何应对这一境况的方法。因此，对人类个体之行为的定义条件应该是，个体主体在相对贫乏资源的压力下尽量好地完成其工作。由此，我们也可以借用此处的认知经济原则对前述的实践推理概念给予重新定义，即实践推理，是推理主体或个体主体在相对短的时间、相对少的信息以及相对弱的计算能力的条件下，对其周遭的现实情态所做出的一种具有可错性特征的推理。

以上便是对认知经济原则的讨论。从中可以看出，实践逻辑中的实践推理、推理主体以及认知经济等核心概念之间具有极为紧密的理论关联，它们彼此连接、相互支撑，进而形成了一个围绕人类现实推理现象而展开的概念体系网。

伍兹实践逻辑思想的主旨是通过对人类推理之现实状况的分析来进一步深化对谬误问题的探讨。这一探讨的最终结论是：蕴含于实践主体之推理过程中的谬误是一种"贫乏资源调节策略"。正如伍兹所指出的："根据一种标准构想，谬误被错误地记在了实践主体的账上。这一观点要么认为，谬误不是实践主体所实施的推理模式，或者当它们是的时候，这些谬误直接指向了一个目标。该目标在相对弱的程度上要求一种标准，这种标准需要借助将认知行为实例化的方式来满足。在某种情形下，上述这种谬误是成功的 SRAS——认知资源调节策略。"① 在上述认知经济原则的指导下，我们可以对现实中的推理和谬误现象给予某种新的阐释，即首先，人类个体总是倾向于依据他们所能利用的认知资源来设定一个恰当的目标；其次，只有考虑或参照某事物的认知目标及其想要达到的标准，才能说该事物是否是一个谬误；最后，依据前两点，基本可以得出一个阶段性结论，即有些类型的谬误不仅不意味着坏事情，反而是一种体现经济原则的认知美德（virtues of cognition）。按照前述实践推理的理论，推理所具有的合情理性实际上是依据两个因素而变化的，其一是主体能够利用的认知资源的本质及范围；其二是对当前须完成之目标的评估恰当性。换句话说，只有相对于主体的类型、该类型主体可以利用的资源以及适当的目标任务执行标准，才能评判一个对话或行动是否为谬误。完全可以这样说，仓促推理对于占用大把资源的中央国家安全委员会的标准来说一定是谬误，而对于并无太多认知资源，甚至多数时候处于资源贫乏状态的单个推理者来说则是正确的。在伍兹看来，谬误应该是一个相较于主体来说的概念，自然地，逻辑也应该是一种基于主体的逻辑。谬误是一种看上去不像错误的错误，因此，它们是一种自然形成的、多见的以及不易改正的错误。

总而言之，一方面，主体层级中位阶较高的主体，其认知目标各不相同，资源足够充沛。因此，对其执行认知目标的评价标准也就相应要高。在这种情况下，所实施的那些具有谬误外表的认知实践更有可能是谬误。另一方面，主体层级中位阶较低的主体，它们的认知目标通常趋于单一，认知资源较匮乏。由此，对它们执行认知任务的评判标准也就必然相应宽松。这样一来，它们在执行认知任务时所犯的谬误就很可能是一种实用的贫乏资源调节策略。

### 三 传统谬误的崭新视角

前述内容是对实践逻辑的主体框架、核心概念以及基础理论的综合论述，其中涉及的主要议题包括实践推理、推理主体、主体的层级分类、认知经济以及认知资源调节策略等。然而，按照实践逻辑的创立初衷，

---

① Dov Gabbay and Franz Guenthner, eds., M *Handbook of Philosophical Logic*, 2<sup>nd</sup> ed., Vol. 13, Berlin: Springer, 2005, p. 56.

这些颇费篇幅且极致细腻的体系、概念的建构工作明确地指向一个目标，即意图将实践逻辑作为近期谬误思想的基石，进而对折磨逻辑学已久的传统谬误问题给予不留"后患"的彻底诊疗。为了集中展现并深入探讨实践逻辑这一颇具理论勇气的目的，在本部分中，我们意图让实践逻辑理论与传统谬误问题正面交锋，看一看前者对后者的所谓"诊疗"是如何发生的，及其疗效如何。

正如一位医生对任何病患的诊疗必然遵循两步相互联系的规程，即首先确定病因，接着提出对该病患的具体诊疗计划。依此而论，对传统谬误问题的诊治自然也要一分为二地进行，即首先对传统谬误论提出批评，指出其病因所在；而后依据病因给出如何看待或解决传统谬误问题的观点或方法，亦即提出诊疗方案并实施。深入具体问题中，伍兹在确定病因的环节中所提出的核心观点是"概念—列表错位说"（concept-list misalignment thesis）；而在制订诊疗计划的环节中给出了颠覆性的"认知价值理论"（cognitive virtue thesis）。实践逻辑正是要通过上述两个环节来对传统谬误问题给予一劳永逸的诊疗。在后面的相应部分，我们将对这种"一劳永逸"的可行性给予批判性讨论。

如前所述，"概念—列表错位说"是传统谬误论的病因所在。由之，此处便以该概念为出发点正式开启诊疗之旅。所谓的"概念—列表错位说"，用伍兹的话来表述便是："传统谬误实例表中列举的那些谬误项，其概念与传统意义上赋予它们的概念并不相同。"[①] 将这一概念稍加放大来说，即理论史上被约定俗成并开列出来的非形式谬误项，与传统意义上赋予它们的观念或特征并不相符，由此，便可以典型地表述为一种"概念"（concept）与"列表"（list）的"错位"（misalignment）。"概念—列表错位说"这一概念由此而生。

通过对"概念—列表错位说"之基本概念的解析，可以清楚地看到，其中包括"概念""列表"以及"错位"这三个子部分，需要给予独立说明。

首先，对"概念"之意涵给予阐明。依据伍兹的定义，"概念—列表错位说"中的"概念"是指传统理论史赋予非形式谬误的一系列固化特

---

[①] John Woods, *Errors of Reasoning: Naturalizing the Logic of Inference*, London: College Publications, 2013, p. 6.

征。在其他学者那里,如迈克尔·斯克里文、特露迪·戈薇尔以及大卫·希区柯克也都持相似看法。伍兹将理论史的研究情况与同时代权威学者的类似观念相结合,进而给出了传统上关于非形式谬误的标准特征或概念。指出,谬误作为一种推理错误(Error)具有三个特质,即吸引性(Attractive)、普遍性(Universal)和成瘾性(Incorrigible)。为了书写便利,用"Error""Attractive""Universal"和"Incorrigible"的首字母构成缩写词"EAUI",用以指代这些特征。其中,谬误的"吸引性"指:"较之于正确地推理所付出的代价而言,错误推理的代价并不高昂,无须付出更多的时间和努力,因之具有所谓的吸引性"[1];谬误的"普遍性"指:"在大多数情况下,人们具有一种犯错的自然倾向(natural tendency),并且犯错的频度非常之高。"[2] 而对谬误的"成瘾性"一词的简短解释是:"它们如同在诊断后期反复发作的病情一样。""它们是坏的习惯。它们是非常不易被打破的,在这层意义上说,它们是成瘾的。"[3] 事实上,该词也含有一种"知错难改"的意思,但如果译为"知错难改性",其字数就略显冗长。考虑到这一点,再结合伍兹本人的解释,作者认为,将"Incorrigible"译为"成瘾性"更为恰当。以上,便是"概念—列表错位说"之"概念"子部分所蕴含的意义,即该"概念"所指代的是谬误研究史所赋予非形式谬误的传统或标准概念。

事实上,传统观点所主张的谬误之"EAUI"特质早在亚里士多德那里就已经有所显露,其渊源不可谓不长。然而,秉持这种传统观念的学者似乎只将注意力集中在"E"(Error)的身上,而多多少少地忽略了谬误的其他三项特质,即:"U"(Universal)、"A"(Attractive)以及"I"(Incorrigible)。伍兹认为,非形式谬误的这后三项特征一日不被重视,那么一种较为完备的谬误理论就永日不能出现。如前所述,按照认知经济的原则,若想对推理过程中的错误给予准确说明,就必须对推理主体之认知目标,以及借以实现该目标的认知资源加以关照。换句话说,当严

---

[1] John Woods, *Errors of Reasoning: Naturalizing the Logic of Inference*, London: College Publications, 2013, p. 5.

[2] John Woods, *Errors of Reasoning: Naturalizing the Logic of Inference*, London: College Publications, 2013, p. 135.

[3] John Woods, *Errors of Reasoning: Naturalizing the Logic of Inference*, London: College Publications, 2013, p. 135.

肃地考虑到推理主体的认知目标时，那么某个具有吸引性、普遍性甚至成瘾性的实践推理将很难被认作错误的推理。进一步说，判断一个推理是否错误，其认知目标是重要的参量，即使某个推理是错误的，那么也仅仅是因为蕴含于该推理目标中的一个标准未被满足。一般而言，吸引性、普遍性以及成瘾性与那些具有更为适中之目标的推理类型相联系，实现这些目标只要满足较低的认知标准即可。因此可以说，具有"EAUI"特质的推理相较于更高的标准来说是错误的，而较之于低标准来说则并非错误。

接着，对"列表"之意指进行论述。顾名思义，"概念—列表错位说"中出现的"列表"一词，实际上指谬误研究传统中出现频率奇高的一批非形式谬误类型，将它们集结起来便构成了这里所说的"列表"。亚里士多德《辩谬篇》中的13种谬误（gang of thirteen）构成了"列表"的主要班底。以此为基础，伍兹将不同时期具有代表性的谬误类型提炼出来，最终集结为18种，齐称它们为"谬误十八帮"（gang of eighteen）。对此，伍兹进一步解释道："谬误十八帮中的'十八'并非是数学意义上被精准规定过的数字。这个数字依赖研究者之旨趣的不同而有所变动，亦即在一些列表上出现的谬误项在另一些列表中将销声匿迹。然而，此处列出的十八种谬误则是具有代表性的谬误范例。我们认为，截至目前，这些谬误是能够体现传统谬误观的典型示例。"[①] 具体来看，所谓的"谬误十八帮"包含如下谬误项：

①肯定后件（affirming the consequent）；②否定前件（denying the antecedent）；③轻率归纳（hasty generalization）；④统计偏差（biased statistics）；⑤赌徒谬误（gambler's fallacy）；⑥因果倒置（post hoc ergo propter hoc）；⑦错误类比（faulty analogy）；⑧诉诸暴力（ad baculum）；⑨人身攻击（ad hominem）；⑩诉诸流行（ad populum）；⑪诉诸权威（ad verecundiam）；⑫诉诸无知（ad ignorantiam）；⑬诉诸感性（ad misericordiam）；⑭乞题谬误（begging the question and circularity）；⑮复杂问题谬误（many questions）；⑯语义模糊（equivocation）；⑰合谬与分谬（composition and division）；⑱对反驳的无知（ignoratio elenchi）。

---

① Dov Gabbay, John Woods and Francis Pelletier, eds., *Handbook of the History of Logic*, volume 11: *Logic: A History of its Central Concepts*, Amsterdam: North-Holland, 2012, p.514.

以上是对"概念—列表错位说"之前两部分的阐述。第一,"概念":传统谬误论对非形式谬误持何种观念并赋予了它们哪些特征,即非形式谬误的"EAUI"特质;第二,"列表":强行与"EAUI"捆绑在一起的非形式谬误项,即自亚里士多德以降沉淀下来的"谬误十八帮"列表。然而,如前所述,"理论史上约定俗成并开列出来的非形式谬误列表与传统意义上赋予它们的观念或特征并不相符"。换句话说,传统上被视为谬误的那些推理形式并不具有所谓"EAUI"特质。伍兹将这一现象称为"概念"与"列表"的"错位"。伍兹甚至更激进地认为,传统谬误并非谬误,因为"在非同寻常的意义上说,传统谬误列表上的谬误项是一种具有认知价值的推理方式"[①],它们是具体情境中的主体依据认知经济原则而实施的推理策略。这种观点即伍兹提出的"认知价值理论"。由此,他呼吁对传统谬误观进行重新思考。

如果说传统理论中关于谬误之"概念"与"列表"的错位是长期困扰谬误研究的病因,那么,实践逻辑的"认知价值理论"则是伍兹为其开出的一剂药方。通过对"十八帮谬误"逐一进行考察可知,其中对认知经济原则执行得最好,从而充分体现其认知价值的谬误项非轻率归纳和诉诸无知莫属。

首先来看轻率归纳。在通常情况下,轻率归纳被理解为一种抽样错误。所谓抽样错误,其最大特征便是样本无代表性亦即样本过少。此外,还有两个问题需注意:其一是概括具有何种含义;其二是过少的样本与其不恰当地支持的概括之间呈怎样的关系。按照传统观点来看,概括以命题的方式体现出来,是一种全称量化的条件句陈述,而过小的样本集合无法为其提供高条件概率或归纳强的支持。然而,按照"认知价值理论",谬误是相对于推理主体的认知目标和资源来说的。如果说轻率归纳能够成其为谬误,那也只是在上述这种意义上来说的。此外,认知主体的不同类型也影响对轻率归纳的判别标准。在前述"推理主体与认知经济"部分已经提到,认知主体由机构主体和个体主体构成。对前者来说,根据未达到一定数量和质量的样本进行概括所得出的结论确实应视为谬误。与此不同,对于后者来说,经验事实有力地体现了以下三个相互联

---

① John Woods, *Errors of Reasoning: Naturalizing the Logic of Inference*, London: College Publications, 2013, p.7.

结的事实。第一，对于现实生活中的个体主体来说，通过小样本进行概括的事件司空见惯，或将其称为一种普遍的实践（universal practice）。第二，总体上看，轻率归纳事实上遵循一种"够用规则"（enough already principle）。这种规则旨在说明，个体主体应满足于用有限的时间来从事那些有利于我们的基本生存、进步以及繁荣的现实事务。第三，个体主体之轻率归纳的经验记录暗示着全称量化条件命题在现实生活中的不恰当性。此类超高认知资源消耗量的概括命题，并非个体主体在现实生活中遇到的典型情况。暂时抛开技术层面，如果从实践推理的角度来看，那么全称量化条件概括是极为脆弱的，任何一个单一的否定实例就可以令其垮塌。与此不同，概称陈述（generic）则具有极大的容谬空间，乃至在面对一个真实反例时，它仍然可以是说得通的。具体来说，当一个全称量化条件命题遇到一个否定实例时，它所能做的必然是放弃该否定实例的反面，亦即必须放弃该全称量化条件命题所做的概括推理。举例来说，将一个全称量化条件命题表述为"对所有的 x 来说，如果 x 是狮子，那么 x 有四条腿"，即 $\forall x\,(Fx \supset Gx)$。此时，如果突然出现一只由于同类之间的打斗而失去左前肢的狮子，即一个否定实例，那么作为一种概括，该全称量化条件命题将会彻底失效。反观"狮子有四条腿"这一概称陈述，即使出现三条腿的狮子，那么该概称陈述也并不能算错，而只需对其给予一定程度的修正即可。因此，"如果将某人的概括命题限制为概称陈述，那么将会取得明显的经济效益"[①]。通过前述可知，在大多数情况下，个体主体的认知目标满足于一种感性生活的合理性，而不是理性科学的纯粹性。从这层意义上说，轻率归纳是个体主体所施行的贫乏资源调节策略，具有明显的认知价值。

其次分析诉诸无知。诉诸无知是一种古老的非形式谬误。亚里士多德的《论题篇》已经涉及对类似论辩现象的探讨。该问题的经典讨论来自近现代的约翰·洛克和艾尔文·柯比。事实上，后者的论述更接近于当代诉诸无知谬误的含义。他在《逻辑学导论》中说："当命题之实仅仅基于它未被证伪，或命题之伪仅仅基于它未被证实，那么无论何时，这

---

① Lorenzo Magnani and Li Ping, eds., *Model-Based Reasoning in Science, Technology, and Medicine*; John Woods, *The Concept of Fallacy is Empty: A Resource-Bound Approach to Error*, Verlag, Berlin: Springer, 2007, p.82.

都是一个错误。"① 按照柯比的定义，可将诉诸无知表述为以下二式：①对 A 无知；② 因此，非 A。一般来说，式②不能如此武断地从式①推出。乍看起来，确实如此。但如果同时注意到做出此类推理的论证环境，便不难发现，其非常类似于一个省略了自认知条件句前提的省略推理。该前提的基本形式为：如果 A 是如此的，那么我就会知道它是如此的。长久以来，工作在计算机领域中的人们不懈地关注着在"缺失即否定"的环境中生效的这类前提。举例来说，如果你在某大型超市的购物网站上没有看到针对某个品牌的烤面包机的功能介绍，那么你便可以推论不存在这个牌子的烤面包机。无须多言，这是一个无效推论。但该推理在某种意义上说也是好的推理。因为类似的自认知假设错误并非个体主体在日常生活中所经常触犯的。由此而论，上述类型的诉诸无知推理与所谓的"EAUI"特质并不相符。而体现于诉诸无知谬误中的"缺失即否定"的推理理念具有两种认知价值。"第一，当我们现实地求助于诉诸无知推理时，它一般地倾向于正确而非错误。第二，诉诸无知是颇具效率的。相对于时间和信息这两种极为受限的认知资源，诉诸无知推理的运用获得了较为突出的经济效应。"②

以上是通过轻率归纳和诉诸无知来说明，"谬误十八帮"中的谬误项非但不具有传统上赋予它们的"EAUI"特质，反而体现出明显的认知价值。除此以外，如诉诸流行、诉诸权威甚至是乞题谬误，也都在遵循认知经济的原则并富于认知价值。正如伍兹所指出的："当我们所犯的错误是关于推理的真实错误之时，它们所展现出来的东西既没有'普遍性'和'吸引性'，同时也不具备谬误的 EAUI 概念所要求的那种'成瘾性'。一言以蔽之，这里压根就没有此类谬误。"③ 综上所述，实践逻辑的"认知价值理论"是与认知经济和贫乏资源调节策略息息相关的。换句话说，

---

① Irving Copi and Carl Cohen, *Introduction to Logic*, 8$^{th}$ ed., New York: Macmillan Publishing Company, 1990, p. 93.
② Lorenzo Magnani and Li Ping, eds., *Model-Based Reasoning in Science, Technology, and Medicine*; John Woods, *The Concept of Fallacy is Empty: A Resource-Bound Approach to Error*, Verlag, Berlin: Springer, 2007, p. 81.
③ Lorenzo Magnani and Li Ping, eds., *Model-Based Reasoning in Science, Technology, and Medicine*; John Woods, *The Concept of Fallacy is Empty: A Resource-Bound Approach to Error*, Verlag, Berlin: Springer, 2007, p. 87.

"谬误十八帮"列表中的谬误项在实践逻辑的视角下凸显着自身的认知价值。

## 第二节 自然化逻辑的理论形态

自然化的逻辑是在实践逻辑的基础上发展而来的，因此可以说后者是前者的理论底基，前者是后者的进一步拓展与深化。很自然地，当论述自然化逻辑之理论形态时，不应该也不可能完全脱离前述的实践逻辑的理论。正如本章一开始所指出的，如果从整体或一般意义上来理解自然化的逻辑一词，那么它必然蕴含着实践逻辑。换句话说，实践逻辑是自然化逻辑之整体思想的一部分，或称其为自然化逻辑的理论前身（theoretical predecessor）。然而，理论层面上不可忽略的一个事实是，既然自然化的逻辑是在实践逻辑的基础上发展而来的，那么这个所谓的"发展"就必然是实践逻辑所不具备，但也绝非与其冲突的"新东西"。具体来说，即关于谬误分析以及逻辑观建构的新工具、新范畴甚至新观念。因此，本节的核心任务是对自然化逻辑的上述新发展给予重点关注，用以在一定程度上区别于前述的实践逻辑的内容。当然，这种区别只是同一理论内部经由发展而体现出来的理论的扩充及深化，而绝非两种独立理论之间的相互抵触或分歧。依据上述思路，并结合揭示新内容、阐发新知识的宗旨，首先对自然化逻辑的发展简史做全面梳理，以此为基础，对自然化逻辑的界定和特征给予详细讨论，最后，以前述的实践逻辑为参照，着重阐发在其基础之上，自然化逻辑都生成了哪些新概念或新范畴，以及它们是如何被应用于与谬误以及逻辑观相关的理论分析当中的。

需要强调的一点是，较之于实践逻辑重谬误分析的特点来说，自然化逻辑则更偏向于对主流逻辑观的批判性反思。然而，这种理论旨趣的不同并不是绝对的。其原因在于，如果说基于实践推理与认知经济的实践逻辑旨在对传统谬误论进行彻底的否定与质疑，那么，融入了自然化的认识论，以及当代经验科学的自然化逻辑，则在实践逻辑的上述批判的基础上，将理论触角深入隐藏于具体谬误问题背后的谬误观的更深层次。事实上，所谓的谬误观，最终还是能够还原为基本的逻辑观问题。在这层意义上说，实践逻辑处理的是较为表层和具体的谬误理论问题，而自然化的逻辑则在此基础上，将谬误问题深化为更加一般且抽象的逻辑哲学问题。由此可见,从实践逻辑到自然化逻辑的这一发展过程,正是一种由浅入深、由表及里的理论深化过程。本节也会就这些问题给予针对性的讨论。

### 一 自然化逻辑的发展简史

伍兹的近期谬误思想经历了由早期的实践逻辑向自然化逻辑的发展。因此,有必要对这一发展的历史概况做一般性的梳理与回顾。需要再次强调的是,实践逻辑和自然化逻辑并非两个互不相干的理论,恰当地说,它们是同一理论之发展的不同阶段,实践逻辑是自然化逻辑的理论前身,而自然化逻辑则是伍兹对实践逻辑给予进一步丰富与深化的结果。毋庸置疑,实践逻辑是隶属于自然化逻辑的一部分。因此,若想阐述自然化逻辑的发展历程,理所当然地要从早期的实践逻辑讲起。具体的阐述思路是,以伍兹独著及其与嘉贝合著的一系列代表性文献为线索,对自然化逻辑从最初的思想萌芽到最近的基本定型这一动态演化过程做一编年史式的精要介绍,以便读者能够从时间的线性推进角度,对自然化逻辑的宏观发展走向有一个纲要性的把握。

我们认为,自然化逻辑思想的发展简史可分为四个时期。这四个时期对应它所达到的四个不同阶段或高度:思想萌芽期、理论探索期、初具规模期、基本定型期。

任何理论无论其繁简,都必然经过最初的萌芽或草创阶段,自然化逻辑也概莫能外。如果对自然化逻辑思想最初浮现于学界的时间给予精确定位的话,那么可以回溯至 21 世纪初的 2001 年。这一年,《IGPL 逻辑学杂志》(*Logic Journal of the IGPL*) 发表了伍兹与嘉贝合著的《新逻辑》("The New Logic") 一文,该文初步阐发了实践推理、认知经济以及推理主体等自然化逻辑的基础性概念。因此,可以将这种"新逻辑"看作自然化逻辑的初始形态。此外,通过"新逻辑"这一命名也不难发现,彼时的两位学者还未对这一新提出的逻辑类型冠以专有名称,文献中甚至没有出现作为自然化逻辑之前身的实践逻辑的字样。由此也间接地说明,那时的自然化逻辑思想还处在萌芽和草创阶段,而所谓的"新逻辑"也似乎只是阶段性或临时性的代称而已。事实证明,在伍兹后来的相关著作中,几乎再未以"新逻辑"之名做过任何深入的理论探讨,甚至对该名称也鲜有提及。然而,如前所述,虽然 21 世纪初的自然化逻辑思想甚至还未得到正式的学术名称,但其内容实质上已经包含了后来的实践逻辑乃至自然化逻辑的基本概念及相关论述,包括逻辑主体、主体的层级分类、稀缺资源补偿策略以及心理主义与新逻辑的关系等。其中还涉及逻辑观的相关问题,如作为对逻辑主体之描述的逻辑(Logic as a Description of a Logical Agent)、真值条件—规则—稳态条件(Truth conditions, rules and state conditions)以及后承问题(The Consequence Problem)等。正如伍兹和嘉贝在《新逻辑》一文的摘要部分指出:"有一种逻辑被我们称之为'新逻辑',此文之目的就是传达有关这种逻辑的新近发展。简而言之,所谓的新逻辑是对逻辑主体之行为模型的建构。这样一来,逻辑理论便肩负着两项基本任务。第一,它要对什么是逻辑主体给予说明。第二,它要对如何建立逻辑主体之行为模型给予描述。……需提请注意的是,尽管数学逻辑必然拒斥心理主义,但后者在新逻辑这里则是不可或缺的。"① 毫不夸张地说,《新逻辑》一文不仅为后来的实践逻辑和自然化逻辑预设了基本的概念框架,同时也为该理论在后续发展中更为深刻地探讨有关谬误观和逻辑观的问题埋下了伏笔。综上所述,我们认为,21 世纪初是自然化逻辑思想的萌芽阶段,而促使自然化逻辑之萌芽的代表性文献则无疑是《新逻辑》。

《新逻辑》一文初始性地提出了用以支撑后来的实践逻辑,以及由其发展而来的自然化逻辑的核心概念。就此,伍兹近期谬误思想的基本框架及一般形态得以浮出水面。从这层意义上说,我们将 21 世纪初称为自然化逻辑思想的萌芽期,它的精确时间刻度是《新逻辑》的见刊年份,即 2001 年。随后,自然化逻辑便进入下一个发展阶段,即理论探索期。事实上,从思想萌芽期进阶至理论探索期仅仅用了一年的时间。2002 年,爱思唯尔出版公司发行了《论证和推理逻辑手册:转向实践》一书。作为第一作者,伍兹与另外三人共同为该书奉献了一篇长达 39 页的文章,名为"逻辑和实践转向",并将其设置为首章。该文的重要性在于,作者通过对 20 世纪 70 年代以来的逻辑发展情况进行分析,指出当时的逻辑学界出现了一种新动态、新趋势,并首次将这种变化明确地命名为逻辑的"实践转向"。在此基础上,初步阐发了实践逻辑的概念。此后,伍兹便

---

① Dov Gabbay and John Woods, "The New Logic", *Logic Journal of the IGPL*, Vol. 9, No. 2, 2001, pp. 141 – 174.

很少在其后续著作中提及"新逻辑"这一略显含糊的用词，而是代之以实践逻辑这个名称。然而，由《新逻辑》一文初创的那些基本概念，如逻辑主体、主体的层级分类以及稀缺资源补偿策略等，却被实践逻辑完整地继承下来。结合实践逻辑的特性，伍兹对逻辑的实践转向态势做出了精要阐述："20世纪70年代以来，对数学逻辑的批判蔚然成风。这些批判性意见主要来自两大方面：一方面，是逻辑学外部的各种理论科学，主要为计算机科学、心理学以及语言学；另一方面，也是更为明显的方面，则是来自逻辑学内部之哲学主流的呼声。由于对将标准逻辑（指形式的演绎逻辑）作为评估推理和论证的理论有所不满，尤以论证理论为甚。因此，一些混合了逻辑因素的新兴学科悄然兴起，包括概率论、谬误理论、语篇分析、会话分析、认知科学、计算机科学、司法科学以及修辞学。……考虑到实践推理的独特性，因此它渴望并且应该得到理论上的关注。即使标准逻辑对其置之不理，那么也会有一种被适当修正过的标准逻辑来完成该任务。事实上，这一修正过程不可能只有标准逻辑的参与，而参与的主角应该是一种实践逻辑，该逻辑与那些已然兴起的并为了特定目标而建构的姊妹学科相一致。……我们可以合理地将上述现象称为'实践转向'。"①

综上所述，我们认为，《逻辑和实践转向》一文在自然化逻辑之发展历程中占有重要地位。该文之所以如此重要，并将其视为自然化逻辑进入理论探索期的标志性文献，基于两方面原因。

第一，该文提出的"实践转向"概念是一个全新概念。事实上，在伍兹提出逻辑的实践转向之前，一些逻辑学家就已经喊出了这样或那样的转向，较有代表性的包括逻辑的认知转向、应用转向以及非形式转向。然而，实践转向一词似乎更为准确到位。作为学术术语，它基本上可以涵盖认知、应用以及非形式转向之意。此外，实践转向是对当代逻辑学之发展态势的敏锐洞察，它不仅促使逻辑学家对逻辑学以内的领域给予重视，包括非形式逻辑、论证理论以及谬误理论，同时，也竭力将眼界投向逻辑以外的相关分支学科，包括计算机科学和人工智能科学等。

第二，该文继《新逻辑》之后首次探讨了实践逻辑的概念。一般来

---

① Dov Gabbay, Ralph Johnson, Hans Ohlbach and John Woods, *Handbook of the Logic of Argument and Inference*: *The Turn towards the Practical*, Amsterdam: North-Holland, 2002, p.2.

看，《逻辑和实践转向》一文是对逻辑研究之转向实践的趋势做出说明。较之于此，有关实践逻辑的内容只是在论述实践转向的同时有所提及或预告，而未对其给予综合性、系统性的论述。基本可以说，此时的实践逻辑尚未构思成熟。然而，通过对伍兹近期的一系列文献进行考证可知，初次提出实践逻辑这一概念并对其进行精要论述的正是《逻辑和实践转向》一文，甚至在该文的第27页明确挂出了"Practical logics"的标题，并从最基本的层面对实践逻辑的性质给予描述："实践逻辑并不局限于对日常事务之推理的研究。……实践逻辑也不是'形式化'的敌人。……实践逻辑并非天然地与模糊推理相关，但却可以延伸至模糊逻辑（fuzzy logic）或含糊逻辑（logic of vagueness）的领域。……实践逻辑包含而非限于亚里士多德所说的实践三段论。"[①]

由于该篇文献"初次"以及"初步"探讨了实践转向和实践逻辑的概念，因此在自然化逻辑的发展历程中具有理论探索的意义。

如果说2002年的《论证和推理逻辑手册：转向实践》是自然化逻辑之理论探索期的代表性文献，那么2003年的《行事相关性：形式语用学研究》以及2005年的《溯因推理研究：洞察与试验》则在此前的基础上深化了实践逻辑理论，从而使自然化逻辑的整体思想得到进一步丰富与系统化。由此，我们将这一时期称作自然化逻辑的"初具规模期"。事实上，此处提到的两部文献是伍兹与嘉贝合撰的"认知系统的实践逻辑"系列著作的前两卷。

在2003年的著作中，首次尝试将实践逻辑置于认知系统的框架下来进行阐释，从而使自然化逻辑的整体理论得到了拓展与深化。通过仔细研读可以发现，2001年的《新逻辑》以及2002年的《论证和推理逻辑手册：转向实践》尚未以严肃的形式提出"认知系统"这一概念，而至多是对实践逻辑所下辖的一些基本概念给予阐释。换句话说，处于思想萌芽期以及理论探索期的实践逻辑理论还尚未与此处讨论的认知系统联姻。事实上，首次提出认知系统这一概念，并对其给予适当说明的无疑是2003年的《行事相关性：形式语用学研究》一书，即前文提到的"认知系统的实践逻辑"系列著作的第一卷。依据该书的观点，所谓"认知系

---

[①] Dov Gabbay, Ralph Johnson, Hans Ohlbach and John Woods, *Handbook of the Logic of Argument and Inference: The Turn towards the Practical*, Amsterdam: North-Holland, 2002, p. 28.

统"就是由认知主体、认知资源以及认知任务共同构成的一个三元组，它们之间呈现为实时动态的制约关系：认知主体应具有的能力包括知觉、记忆、信念、渴望、反思、谋划、决策以及推断；认知任务是借助认知主体的上述一系列能力而形成的具体行动意向或计划；认知资源则是在"时间的长短""信息的多寡"以及"认识能力的强弱"等方面，制约着认知主体能够在怎样一种水平上完成其认知任务。伍兹在对认知系统做了一般性描述之后，又不失时机地解释了缘何要将实践逻辑置于认知系统的框架下考察，他如是说："我们所持的观点是，一种关于实践推理的逻辑（即实践逻辑）就是对实践主体之某些方面的描述。但是，并非实践主体所做的或所能做的一切都处于实践逻辑的描述范围之内。因此，我们应该说，实践逻辑是在某种条件下对实践主体之行为的一些方面给予描述，而正是这种条件才赋予实践主体以认知的特征。基于这种情况，如果我们阐发一个'认知系统'的概念并对其给予系统建构，这对于处理实践逻辑的相关问题将是有益的。"[1] 事实上，这里所说的"条件"大体上就是指前述的认知系统三要素，以及它们在认知方面所形成的相互制约关系。此外，2005年的《溯因推理研究：洞察与试验》一书，即"认知系统的实践逻辑"系列的第二卷，在第一卷的基础上继续对实践逻辑与认知系统的理论整合工作进行完善，并增加了一些新观点、新概念，包括概称推理、自然类（Natural Kind）规范性以及默认值（Defaults）等。

通过上面的论述，不难得出如下结论，即问题的关键并不在于2003年的《行事相关性：形式语用学研究》提出了认知系统这一新颖概念，其关键在于，该书将此前并未大加论述的实践逻辑理论与认知系统这个相对新颖的概念进行了大胆的理论整合，即将实践逻辑内嵌于认知系统的框架中加以理解。从某种意义上说，这一做法不仅使实践逻辑理论与此前有了异常明显的区别，同时还意味着在深度和广度方面对理论本身给予了强化。几乎与此同时，2005年的《溯因推理研究：洞察与试验》一书，又在前著的基础上对认知系统的实践逻辑给予概念上的扩充，从而使实践逻辑的理论规模得到进一步发展。综上所述，由于实践逻辑是

---

[1] Dov Gabbay and John Woods, *A Practical Logic of Cognitive Systems*, volume 1: *Agenda Relevance A Study in Formal Pragmatics*, Amsterdam: Elsevier, North-Holland, 2003, p. 7.

自然化逻辑的前身或早期形态，因此，从这层意义上说，2003年以及2005年的著作无疑标志着自然化逻辑在那时已然具备一定规模。而这也正是我们将该时期称为"自然化逻辑之初具规模期"的原因所在。

2013年7月，学院出版社发行了《理性之谬：将推理逻辑自然化》一书。该书是"认知系统的实践逻辑"系列著作的第三卷，是目前为止关于伍兹近期思想的最新力作，当然也是自然化逻辑从初具规模期进阶至基本定型期的标志性文献。因此，我们将2010年代视为自然化逻辑的基本定型期。

如果说系列著作的前两卷旨在对自然化逻辑进行前期的理论铺垫和概念介绍，进而形成了初具规模的实践逻辑，那么借助2013年的新著，伍兹则将这种实践逻辑思想进行更为深入的扩展与升华，从而正式形成了此处将要论述的自然化逻辑体系。由此而论，伍兹此前的实践逻辑思想与其最新的自然化逻辑体系是一脉相承的嫡亲关系。换句话说，前述的实践逻辑是自然化逻辑的理论前身或底色，而自然化逻辑则是实践逻辑的理论定型或成品。

当然，此处难免会让人产生这样的疑问，即如果说标识初具规模期的最为晚近的文献是2005年的《溯因推理研究：洞察与试验》，而基本定型期的代表性文献是2013年的《理性之谬：将推理逻辑自然化》，那么，在间隔八年之久的这段时间当中，难道伍兹就没有表述过任何关于自然化逻辑的思想或观点吗？答案当然是否定的。事实上，从2005年至2013年，伍兹的研究工作从未间断，并且一直在密集地展开着。在此期间，他独撰或与嘉贝合撰了大量相关文献，为《理性之谬》一书之主要观点的形成以及由此促成的自然化逻辑的基本定型做了大量前期工作。此处，将2005年至2013年的一系列重要文献按照出版的先后顺序予以展示。

2007年两篇。第一篇名为"谬误的概念是空的：一种受资源限制的谬误研究方法"（"The Concept of Fallacy is Empty：A Resource-bound Approach to Error"），收录在《基于模型的科学推理：技术与医学》（*Model Based Reasoning in Science, Technology and Medicine*）一书中，由洛伦佐·马格纳尼（Lorenzo Magnani）和李平（Li Ping）编辑出版。第二篇名为

"实用逻辑的新领域"①（"Frontiers of Practical Logic"），载于《北京大学学报》（哲学社会科学版），由国内学者刘叶涛代译。

2008 年和 2009 年各一篇。前一篇是发表于《逻辑研究》（Studia Logica）杂志上的《非单调性的资源之源》（"The resource-origins of non-motonicity"）。后一篇名为"作为认知优势的谬误"（"Fallacies as cognitive virtues"），收录在《游戏：逻辑、语言与哲学的一体化》（Games: Unifying Logic, Language and Philosophy）中，由安德鲁·马杰尔（Ondrej Majer）、阿提维科·皮尔塔瑞南（Ahti-Veikko Pietarinen）和特罗·图登海默（Tero Tudenheimo）编辑出版。

2012 年共三篇。第一篇是"西方逻辑中的谬误史"，收录在《逻辑史手册》的第十一卷中，该卷名为"逻辑学的核心概念发展史"。第二篇是发表于《符号逻辑评论》（Review of Symbolic Logic）的《认知经济与溯因逻辑》（"Cognitive economics and the logic of abduction"）。第三篇名为"逻辑的自然化"②（"Logic Naturalized"），目前尚未公开发表，只是以文档的形式挂靠在伍兹的个人网站上。需要强调的是，该文首次提出了自然化逻辑（naturalized logic）这一概念，并对与其相关的一系列问题给予了详细讨论。该文为 2013 年出版的《理性之谬：将推理逻辑自然化》奠定了基本的思考框架。

完全可以说，以《理性之谬》一书为表达载体的自然化逻辑理论是对上述文献进行统观与综合的结果，由此才使得伍兹的近期谬误思想基本定型于自然化逻辑这样一种理论形态。这样一来，就不得不首先了解《理性之谬》到底具有怎样的思想内容，并且完成了哪些理论工作。来自内华达大学的资深学者毛里斯·菲诺切罗在其为该书撰写的书评中，较为精准地回答了这一问题，他如是说："伍兹的新著完成了三项任务。首先，它构建了一种自然化的逻辑。该逻辑意图成为带有自然化的认识论特征的逻辑理论。其次，它详细描述了关于第三类推理的理论。这类推理既不是演绎的或演绎地有效的，也不是归纳的或归纳地可能的。同时，

---

① 该文标题中出现的"实用逻辑"，其对应的英文名称依然是"practical logic"。因此，它与本书的"实践逻辑"的区别只是在翻译的名称上，而非实质的内容上，"实用逻辑"并非一种新的理论。特此说明，以免给读者造成误解。

② 具体内容可参见 http://www.johnwoods.ca/PrePrints/Logic%20Naturalized.doc.。

它也并未打算如此,因为这对第三类推理来说并不合适。最后,新著对谬误给予了清晰说明,包括如下被认作谬误的论证实践活动,如肯定前件、轻率归纳以及诉诸人身攻击等。"[1]

《理性之谬》是自然化逻辑之基本定型期的标志性文献,从菲诺切罗的口中可以对其内容有一个虽然概括但却不失准确的把握。然而,该著作何以能够将伍兹的近期思想定型于自然化逻辑的形态,或者说,自然化逻辑何以能够通过这部著作使自身成为一个相对完善的理论学说,此类问题还需进一步解释。在我们看来,之所以说自然化逻辑以2013年的《理性之谬》一书为标志步入了它的相对定型期,并初步使自身的理论形态趋于稳定与完善,是五个因素使然。

第一,具有明确的研究对象。《理性之谬》一书对实践逻辑进行了进一步的深化和发展,进而形成了最新的自然化逻辑并使之得以定型。事实上,自然化逻辑得以定型的关键一步便是明确规定了自己的研究对象,即:第三类推理。第三类推理是现实生活中最常见的推理,蕴含大量的经验、心理和认知因素。主体的推理大多是这种推理,同时也是谬误的天然聚居地。这样一来,自然化逻辑就将之前实践逻辑所专注的谬误问题升华为更深层次的推理问题,而研究逻辑推理或论证就必然涉及评估标准的问题。在伍兹看来,谬误研究之所以在很长一段时间内处于举步维艰的境况,正是由于未将第三类推理的可废止性或非单调性作为评估推理或论证的标准,而固执地将演绎推理的有效性,以及归纳推理的可能性作为不二标准。在这种情况下,谬误研究必然困难重重。

第二,具有稳固的基础概念。自然化逻辑的整体思想具有稳固的基础概念作为奠基,较具代表性的包括个人主体与机构主体、实践主体与理论主体、主体的层级分类、稀缺资源补偿策略、概称推理、自然类、规范性以及默认值等。毋庸置疑,这些基础概念的提出还要归功于作为自然化逻辑之前身的实践逻辑。如前所述,甚至在自然化逻辑的思想萌芽期,就已经提出并初步论述了这些概念。在随后的理论探索期又对它们进行了进一步的丰富与完善。到了自然化逻辑的初具规模期,这些概念业已成为该体系不可或缺的理论基石。

---

[1] Maurice Finocchiaro,"Review of Errors of Reasoning:Naturalizing the Logic of Inference",by John Woods,*Argumentation*,Vol. 28, No. 2, 2014.

第四章　近期谬误思想：伍兹自然化逻辑的最新发展

第三，具有新颖的理论框架。毫不夸张地说，如果没有认知系统这一框架对自然化逻辑的整体思想给予支撑，那么它将很有可能沦为一种松散杂乱且缺乏理论黏合度的"短命"学说。从这层意义上看，认知系统是自然化逻辑所不可或缺的理论骨架。前文有述，认知系统的概念是在自然化逻辑的初具规模期加入进来，并与早期的实践逻辑结合在一起的。依据伍兹的观点，实践逻辑的认知系统包括三要素，即认知主体、认知资源以及实时执行中的认知目标。由此，可将实践逻辑视为一种包括认知主体、认知资源以及认知目标的旨在考察人类行动的系统型逻辑。该逻辑的根本任务是，对具有某种认知资源的认知主体如何在实时的情况下完成其认知目标进行原则性的描述。伍兹将实践逻辑的这一基本性质表述为："某个认知主体 X、认知资源 R 以及实时执行当中的认知目标序列 A，是认知系统 CS 的三要素，表达为 {X, R, A}。……而实践逻辑则是要对认知系统之运作模式的各个方面进行系统阐释。"①

第四，具有前沿学科的支持。自然化逻辑并非单一的、封闭的、与其他学科不相往来的理论。恰恰相反，它是一种多元的、开放的，并与同处于当代学术前沿的其他学科广泛联系的理论。与自然化逻辑有密切关联的领域包括，当代心理学、认知科学、经济学相关思想、自然化的认识论、非形式逻辑以及论证理论等。正是通过与这些前沿学科的交叉、融合与借鉴，自然化逻辑才可能具有当下这种较为深邃的理论内容和相对宽广的学术视野。更值得注意的是，自然化逻辑甚至不排斥形式化的因素。正如伍兹所说："实践逻辑不是'形式化'的敌人。在适当情况下，实践逻辑也会对逻辑形式的具体操作给予表述。甚至，当某些推理并不如形式化所要求的那样具有严格的形式结构时，实践逻辑也有义务对此类推理给予较弱程度上的形式处理。"②可以想见，如果实践逻辑已然如此，那么由实践逻辑发展而来的自然化逻辑也必然能够与形式化的逻辑和平共处，甚至取长补短。就在近期，这种观点似乎得到了某种支持。青年学者弗朗西斯科·伯托在其为《理性之谬》撰写的书评中透

---

① Dov Gabbay and Franz Guenthner, eds., *Handbook of Philosophical Logic*, 2nd ed., Vol. 13, Berlin: Springer, 2005, pp. 32 – 33.

② Dov Gabbay, Ralph Johnson, Hans Ohlbach and John Woods, *Handbook of the Logic of Argument and Inference: The Turn towards the Practical*, Amsterdam: North-Holland, 2002, p. 28.

露:"在逻辑学家看来,以下这条消息不失为一条好消息,即伍兹的长期合作伙伴嘉贝正在撰写《理性之谬:将推理逻辑自然化》的姊妹篇,书名暂定为"将谬误逻辑形式化"(*Formalizing the Logic of Error*),这本书极有可能再次引起逻辑学家的兴趣。"[1] 事实上,该书就是要以形式化的方法,对主体的行动、推理以及推理中所出现的谬误现象进行形式的分析和刻画。由此可见,形式逻辑或形式化方法与自然化逻辑并行不悖。

第五,具有专属的逻辑观念。逻辑观属于逻辑学研究的"上层建筑",上层观念决定底层理论的形态、走势以及特征。这一点对自然化逻辑同样适用。前文有述,早先的实践逻辑注重具体的谬误问题分析,而由实践逻辑发展而来的自然化逻辑则在阐发谬误理论的同时,将其重心逐渐转向了对旧有逻辑观的批判以及新逻辑观的建构上。换句话说,自然化逻辑在批判传统逻辑观的同时,形成了指导自身理论建设的专属逻辑观。简言之,自然化逻辑批判的是以演绎逻辑和归纳逻辑为代表的语言的逻辑观,而它所推崇的则是智能体的逻辑观。对这两种逻辑观的明确区分可追溯至2007年的《实用逻辑的新领域》一文,文中指出:"本文区分了两种逻辑观:语言的逻辑观和智能体的逻辑观,前者把逻辑看作一种关于论证的理论,而论证是一种语言结构,逻辑研究论证的结构特性;后者把逻辑看作一种关于推理的理论,一种关于思考者做了什么以及在他身上发生了什么的理论。实用逻辑是一种关于实践的智能体做了什么以及反思了什么的理论,它将大大地突破演绎逻辑的范围,去研究许多新的课题。"[2] 由此可见,智能体的逻辑观是实践逻辑乃至自然化逻辑的基本思考形态,对整个理论起着指导和规约作用。此外,还不难发现,2007年介于自然化逻辑的初具规模期和基本定型期之间,换句话说,2007年的文章对新逻辑观的讨论,为此后不久自然化逻辑步入基本定型期奠定了重要基础。

综上所述,截至2015年,伍兹的近期谬误思想已经基本定型为自然

---

[1] Francesco Berto, "Review of Errors of Reasoning: Naturalizing the Logic of Inference", by John Woods, *Journal of Logic and Computation*, Vol. 24, No. 1, 2013.

[2] John Woods, "Frontiers of Practical Logic", Trans. by Liu Ye-tao, *Journal of Peking University (Philosophy and Social Sciences)*, Vol. 44, No. 1, 2007.

化逻辑理论，并形成了一个相对完善且合理的思想体系。通过上面的论述，我们还对自然化逻辑的发展脉络有了较为清晰的把握。

萌芽期肇始于2001年的《新逻辑》，该文初步阐发了自然化逻辑的一些基本概念；2002年是理论探索阶段，《论证和推理逻辑手册：转向实践》首次论述了逻辑的实践转向，并由此抛出了实践逻辑的概念；2003年至2005年是自然化逻辑的初具规模期，《行事相关性：形式语用学研究》创造性地将实践逻辑置于认知系统的框架中加以表述，而《溯因推理研究：洞察与试验》则对认知系统的实践逻辑进行了进一步的完善与拓展；2013年，《理性之谬：将推理逻辑自然化》标志着自然化逻辑就此定型。该书发展了认知系统的实践逻辑思想：一方面，继续加强它与认知科学和当代心理学的联系；另一方面，加入了诸如"自然化的认识论"这样的新内容、新知识，并有意识地打造属于自己的逻辑观。基本可以说，通过这十多年的发展，自然化逻辑的思想已然在西方逻辑学界占有了一席之地。

## 二 自然化逻辑的综合论述

如果说前述自然化逻辑的发展简史是从纵向的层面对该理论的历史发展脉络进行梳理，那么此部分内容则是从横向的角度对理论内部的一系列重要议题进行综合论述。这些议题包括自然化逻辑与实践逻辑的关系、自然化逻辑的概念界定、自然化逻辑的基本特征以及自然化逻辑的理论趋向。之所以要对这些议题展开论述，基于以下思考：一方面，这些议题较具代表性，能够基本包括以及充分说明自然化逻辑的各个不同侧面，有助于全面、综合地把握自然化逻辑的内涵；另一方面，这些议题具有内在的逻辑关联，彼此之间或多或少地存在着交叉与重叠，对它们进行深入的研究与探讨，是透彻把握自然化逻辑的必经之路。基于上述思考，此处按照先基础后深入的次序对这些议题进行综合论述。

就本书来说，自然化逻辑与实践逻辑的关系问题是一个既重要又无法绕过的问题。然而，限于各章节内容的侧重点有所不同，此前对该问题的表述多为简要的概括，而未对其进行深入、具体的阐释。那么此处，则是对自然化逻辑与实践逻辑之具体关联进行精要论述的恰当位置。问题在于，这种所谓的关联到底表现在哪些具体方面？在我们看来，表现为两方面，即自然化逻辑是对以实践逻辑为代表的已有理论的进一步细化和拓展。

首先，自然化逻辑是对以认知经济为基本原则的实践逻辑的进一步理论细化。换句话说，自然化逻辑不仅在重要观念上与实践逻辑保持一致，而且对它们做了更为深入的阐释与说明。以伍兹对认知经济的阐释为例。他指出，认知经济是自然化逻辑的重要概念。如果从广义上理解经济学，那么自然化逻辑则是它的一个分支。作为经济学之分支的自然化逻辑对知识的生产（production）和分配（distribution）进行干预。伍兹对此给出了较以往更为深入的说明："一个生态系统是有机体与其所在环境相互依存的动态系统。而经济学研究的是关于财富之生产与分配的生态系统。那么，认知经济学考察的则是关于知识的生产与分配的生态系统。"[1] 伍兹进而指出，无论是关于财富还是关于知识，经济学通常具有以下制约因素，即它规定了一种环境，在该环境中，生产者要么是无法生产出他想要的产品，要么是生产所需资源相对匮乏。事实上，较之于实践逻辑来说，自然化的逻辑对认知经济这一概念的阐发更为深入和细化了。

其次，自然化逻辑在实践逻辑的基础之上完成了进一步的理论拓展。伍兹指出，自然化逻辑建基于自然化的认识论（naturalized epistemology）之上，这就在原有的心理学和认知科学的基础上使实践逻辑的理论维度得到进一步拓宽。所谓自然化的认识论发源于奎因，20世纪后半叶获得较大发展，古德曼（Alvin Goldman）和科恩布里斯（Hilary Kornblith）是该领域的代表性人物。然而伍兹认为，若想从该领域中获取恰当的理论支持，必须将它与自然化逻辑区分开来。二者的区别在于，自然化逻辑与数理逻辑、理论计算机科学等逻辑型学科联系紧密，彼此之间既有同盟关系，又是竞争对手。而自然化的认识论则以诸如直觉知识这样的心理变量为研究对象，它是一种更容易操作的分析型认识论。伍兹认为，前者要借鉴的正是这种方法论上的心理化风格。可以说，自然化逻辑在继承实践逻辑的心理化风格方面表现得尤为明显。

事实上，上述对自然化逻辑与实践逻辑之关系的阐释是从更为深入及具体的层面对前面反复提及的一个观点的再次佐证，即实践逻辑是自

---

[1] John Woods, *Errors of Reasoning: Naturalizing the Logic of Inference*, London: College Publications, 2013, p.184.

## 第四章 近期谬误思想:伍兹自然化逻辑的最新发展

然化逻辑的理论基础,而自然化逻辑则是对实践逻辑的继承、深化与发展。

由于自然化逻辑与实践逻辑具有上述这些紧密的理论关联,因此,便可以从两个不同但却相似的层面对前者进行定义,即"作为新近发展起来的独立学说"的定义,以及"在某种程度上趋近于实践逻辑"的定义。前一种定义亦可视为该逻辑的标准定义,指出:"自然化的逻辑是一种'经验敏感型逻辑'(empirically sensitive logic)。它是关于推理的方法。该方法关注的是人们做出推理时的情境,包括他们的行为举止、他们如何聚集在一起以及他们推理时意图达到的目标为何。"[1] 通过对该定义的分析,能够从中提炼出以下重要信息,即自然化逻辑诉诸一般自然经验的理论,其最为根本的学科属性应被归为一种裹挟着人类心理与认知研究的经验科学,而非以当代正统逻辑(形式的演绎逻辑)为典型代表的先验科学或抽象科学。事实上,前者的实践性和经验性已然与后者的抽象性和先验性形成了强烈反差。因此,作为经验科学的一个部门,自然化逻辑就必然包含这样一些因素,如自然化的现实场景,认知主体的推理、行动,以及为达成某种客观目标而产生的心理动因,这些因素均被强调于自然化逻辑的标准定义中。如果精细考察近当代逻辑史便知,上述这种逻辑自然化的倾向其实由来已久。在实用主义者杜威那里,逻辑的自然化是其实验逻辑(experimental logic)的基本原则。当代学者图尔敏也认为:"逻辑……较之于当下所呈现出的先验特征,它的这种特征必然会变得越来越弱……逻辑不仅会变得更为经验化,它也将不可避免地成为更加历史化的学科。"[2]

事实上,如果从另一个角度看,自然化逻辑蕴含的经验性因素恰恰表明了它的实践特性,将其抽丝剥茧之后所剩下的理论内核无非还是一种实践型的逻辑,亦即实践逻辑。由此而论,我们说还可以从趋近于实践逻辑的角度对自然化逻辑给予定义,即:"经验敏感型的自然化逻辑是

---

[1] John Woods, *Errors of Reasoning: Naturalizing the Logic of Inference*, London: College Publications, 2013, p. 11.

[2] Stephen Toulmin, *The Uses of Argument*, Cambridge: Cambridge University Press, 2003, pp. 236–237.

一种关照实践的逻辑"①，并且，"［它］所考察的是实践主体的现实行动，这种主体能够对生活场景中适合他们自身兴趣及能力的琐事进行推理，他们借助这种推理并利用相对贫乏的认知资源来实时地追求各自的目标"②。

以上便是自然化逻辑的双层定义。自然化逻辑之所以会具有这种并不多见的双重定义，无非还是它与实践逻辑的紧密关系使然。并且，这种关系不仅影响了自然化逻辑的概念界定，甚至连其自身所显现出来的基本特征也无法与实践逻辑完全脱开干系。我们认为，自然化逻辑的基本特征是其实践性以及对推理主体的强调。通过前述内容可知，自然化逻辑的实践特征已经在作为其前身的实践逻辑那里显露无遗。很自然地，该特点也被自然化逻辑继承了下来，因此对其不做赘述。而此处重点阐明的则是伍兹在自然化逻辑中所格外强调的推理主体。较之于此前的实践逻辑来说，新近阐发的自然化逻辑将主体摆在了一个更为显要的位置。其表现形式是对现代数学逻辑之"去主体"化的批判，以及对自然化逻辑之"亲主体"性的强调。

众所周知，由弗雷格领衔，发轫于19世纪70年代末的那场"数学转向运动"，使逻辑学的研究旨趣由古典三段论、命题逻辑以及谓词逻辑，转变为以抽象的符号语言为基本特征的现代数学逻辑。自那之后的将近一个半世纪里，逻辑学获得了数理意义上的长足进步。威拉德·奎因在《逻辑方法》（Methods of Logic）一书的前言中如是说："逻辑是一门古老的学科，然而自1879年以来，它业已取得了巨大进展。"③ 但是，现代逻辑在借助人工语言摒弃了自然语言的语义模糊性及其心理熵值的同时，也将作为逻辑学之基本研究对象的推理主体一同泼出盆外。伍兹从自然化逻辑的视角出发，认为"在处于主流位置的现代数学逻辑模型中，主体的踪迹可谓究极难觅。几乎每一个人都认为，符号语言中的去

---

① John Woods, *Errors of Reasoning: Naturalizing the Logic of Inference*, London: College Publications, 2013, p.14.
② John Woods, *Errors of Reasoning: Naturalizing the Logic of Inference*, London: College Publications, 2013, p.42.
③ W. V. O. Quine, *Methods of Logic*, New York: Holt, Rinehart and Winston, 1966, p. vii.

主体性及其独立于语境的特征是逻辑学之数学转向的成功关键"①。由此而论,至少可以从上述观点中解读出两层含义:一方面,数学转向以及发轫于斯的数学逻辑,堪称现代逻辑学发展的成功典范,这种数理意义上的成功在很大程度上得益于其"去主体"及"无语境"的特征;而另一方面,也是在此蓄意强调的是,就经验敏感型的自然化逻辑而论,恰恰是数学逻辑的这种"去主体"和"无语境"的特质,使其与理性和感性、数理和心理相互杂糅在一起的人类现实推理相去甚远。因此必须从实践的、经验的、自然的以及认知的角度对其进行根本性的修正。

在现代逻辑学研究中,之所以会造成"主体丧失"的不合理境况,是如下错误观念使然,即"大多数逻辑系统在对推理进行刻画的同时,并没有进一步深入探究推理者为何物。惯常的想法似乎是,当我们把有关推理研究的这部分工作处理停当之后,随即关于推理者研究的那部分任务便会水到渠成地自行解决。原因在于,如果一个推理能够在如此这般的一种方式下成为好的推理,那么一个推理者也必然是在如此这般的一种方式下成为好的推理者"②。不难看出,较之于推理来说,现代正统逻辑对推理者及其相关问题表现出典型的漠视、排挤甚至抛弃的态度。即使乐观地说,后者也至多是依赖于前者的一个附属研究范畴。正是在这种不当观念的影响下,致使现代数学逻辑中的"去主体"化倾向被"理所当然"地长期放任。然而,伍兹则通过下面这句话异常明确地表明了自己的观点,即"经验敏感型逻辑(自然化逻辑)旨在将上述这种依赖关系反转过来,即如果不对推理者为何物这一问题进行独立思考,那么对正确推理的考量就会像没有支点的杠杆而失之基础。"③ 事实上,这无异于宣称自然化逻辑是一种"亲主体"的逻辑。此外,他还补充道:"推理现象与大多数认知实践息息相关。毕竟,当推理正确时我们受益于它,而当推理错误时我们又为其所累。由此而论,关于推理的逻辑应该

---

① John Woods, *Errors of Reasoning: Naturalizing the Logic of Inference*, London: College Publications, 2013, p. 12.

② John Woods, *Errors of Reasoning: Naturalizing the Logic of Inference*, London: College Publications, 2013, pp. 12–13.

③ John Woods, *Errors of Reasoning: Naturalizing the Logic of Inference*, London: College Publications, 2013, p. 13.

对如何理论地构建人类推理者给予关照。以下两项工作不可偏废：其一是必须尝试着说明什么是对事物的认知，而对这种认知行为背后的认知者进行阐发则为其二。"① 由此可见，推理主体在自然化逻辑的理论中居于显要位置，将这种对主体的强调视为自然化逻辑的基本特征乃至重要标识并非言过其实。

在论述完自然化逻辑的基本特征之后，接下来对其理论趋向进行说明。"理论特征"与"理论趋向"二词乍看起来如此相似，以致在一般的使用场景中几乎不对它们做任何区分。由此便会产生这样的疑问：二者是否真的毫无区别？如果有，区别何在？我们认为，这两个概念是有区别的，并且区别如下：理论的特征是由理论的内部结构和构成要素所决定的，因此通常为某一理论所独有。一般来说，理论的特征蕴含于理论内部并处于相对稳定的状态；而理论的"趋向"是由理论的外部形态或发展走向所引起的一种阶段性趋势，它并不为理论所独有而很可能与他者相互呼应。大体来看，理论的趋向显现于理论外部，并处于动态变化当中。由此可见，特征与趋向具有显著区别。基于上述理解，我们将自然化逻辑的理论特征和理论趋向分开论述。

自然化逻辑思想具有以下理论趋向：第一，自然化逻辑是针对传统谬误论和正统逻辑观的"批判型"逻辑；第二，自然化逻辑是寻求学科间交叉与融合的"多元化"逻辑；第三，自然化逻辑（包括作为其前身的实践逻辑）虽然诞生不久，但却是积累了相对丰富文献的"新生派"逻辑。

首先，阐述自然化逻辑的批判趋向。总体来看，自然化逻辑概念的提出并非旨在解决历史遗留的具体谬误问题。而毋宁说，其目的是对给予这些谬误以合法支撑的传统谬误观进行解构与批判。为了服务于这个目的，一大批新概念应运而生，其中较为典型的包括"概念—列表错位说""认知价值论"以及传统谬误的"EAUI"特质。上述概念是挑战传统谬误论的必要工具，至于它们是如何生效的，按传统观念，谬误作为一种推理错误（Error）具有3个特质，即吸引性、普遍性和成瘾性。为了书写便利，伍兹用"Error""Attractive""Universal"和"Incorrigible"

---

① John Woods, *Errors of Reasoning: Naturalizing the Logic of Inference*, London: College Publications, 2013, p.83.

的首字母构成缩写词"EAUI",用以指代这些特征。传统列表①中的谬误项被认为普遍具有这三个特质。然而,伍兹对此持异议,进而提出"概念—列表错位说",即"传统谬误实例表中列举的那些谬误项,其概念与传统意义上赋予它们的概念并不相同"②。换句话说,传统上被视为谬误的那些推理形式并不具有所谓"EAUI"特质。伍兹甚至更激进地认为,传统谬误并非谬误,因为"在非同寻常的意义上说,传统谬误列表上的谬误项是一种具有认知价值的推理方式"③,它们是具体情境中的主体依据认知经济原则而实施的推理策略。这种观点即伍兹提出的"认知价值论"。由此,引发了对传统谬误观的颠覆性思考。此外,伍兹还阐发了第三类推理的概念。第三类推理是自然化逻辑的重要研究对象,其功用是对处于正统逻辑庇护之下的演绎推理和归纳推理的挑战。

其次,论述自然化逻辑的多元趋向。毫不夸张地说,自然化逻辑是一种兼容并包的开放型、多元化逻辑,它以实践逻辑为基础,遵循一种学科交叉与融合式的发展模式。自然化逻辑与当下较受瞩目的自然化的认识论、当代心理学以及认知和经验科学密切相关。它的这种宽领域、多学科的理论交叉型特征可在伍兹的如下论述中窥得一斑:"逻辑的自然转向是对逻辑学的彻底发展,而与该发展相对应的类似事件则是自然化的认识论对传统认识论的叛离。逻辑学的这一新发展要求废黜概念分析的方法,主要原因在于该方法仅仅建立在实践者的直觉之上。然而,这却并非易事。之所以这样说,部分原因在于,概念分析是大多数逻辑改革者所经受的基本技能训练。另一个相关原因在于,在这些改革者中,能够在第一时间掌握经验科学之最新发展的人相对较少。讽刺的是,对经验科学的这种敏感性正是他们对哲学的基本要求。幸好,上述这种异常情况在近期有所改善。众多的年轻哲学家潮涌般地与认知心理学、实

---

① 通过对谬误研究史的考察,伍兹将不同时期具有代表性的谬误类型提炼出来,共18种,并称之为"谬误十八帮",即肯定后件、否定前件、轻率归纳、统计偏差、赌徒谬误、因果倒置、错误类比、诉诸暴力、人身攻击、诉诸流行、诉诸权威、诉诸无知、诉诸感性、乞题谬误、复杂问题、语义模糊、合谬与分谬、稻草人谬误。参见《理性之谬:将推理逻辑自然化》,第5页。

② John Woods, *Errors of Reasoning: Naturalizing the Logic of Inference*, London: College Publications, 2013, p.6.

③ John Woods, *Errors of Reasoning: Naturalizing the Logic of Inference*, London: College Publications, 2013, p.7.

验心理学以及脑科学结成了研究同盟。"① 依据上述内容不难得出如下结论，即：自然化逻辑的发展方向或基本特征是一种包括心理学、认识论以及认知与经验科学在内的多元化逻辑体系。

最后，指出自然化逻辑的时新特性。所谓时新性，是指包括实践逻辑在内的自然化逻辑的整体思想出现在学界的时间较短。如果对其浮出水面的历史时间点做一精准定位的话，据我们考证，可以追溯至由伍兹和嘉贝于2001年共同撰写的《新逻辑》一文。该文初始性地阐发了自然化逻辑的重要概念和基本思路，毋庸置疑，《新逻辑》是构建自然化逻辑体系的奠基之作。很明显，从2001年至今大抵不过十几年的时间，由此而论，伍兹的自然化逻辑思想不可谓不新。此外，与它的这种"新"形成鲜明反差的是，虽然这种思想的萌生只是近十年的事情，但相关文献的积累（指伍兹的原著及其与嘉贝的合著）已经达到了相对丰富的水平，理论的构思也渐趋严密、精深。自然化逻辑的众多相关文献已经在前面有所列举，此处不做赘述。

综上所述，通过对自然化逻辑与实践逻辑的关系，自然化逻辑的概念界定、基本特征以及理论趋向的综合论述，对自然化逻辑有了更深层次的理解。更为重要的是，这种综合性论述也为下一节阐述自然化逻辑在实践逻辑的基础上有何新发展提供了必要的知识背景。

### 三 自然化逻辑的前沿动态

所谓"自然化逻辑的前沿动态"蕴含着两层重要含义：一方面，自然化逻辑在实践逻辑之众多概念的基础上进一步拓展和丰富，构建了诸如第三类推理（Third-way reasoning）、结论临摹（Consequence-Drawing）和结论保有（Consequence-Having）、因果响应模型（Causal-Response Model）以及寻常与规范的聚合（Normal Normative-Convergence）等若干新概念、新方法、新模型。这些崭新元素的加入无论在理论构思的深度上，还是在概念设定的效度上，都为伍兹的近期谬误思想最终成为一种完备且稳定的理论打下了坚实的基础。另一方面，这些关于谬误研究的新概念、新方法以及新模型并非彼此孤立地简单堆砌，而是相互关联并

---

① John Woods, *Errors of Reasoning: Naturalizing the Logic of Inference*, London: College Publications, 2013, p. 521.

带有目的性地分属于不同的概念范畴。就前述四个概念①而论，第三类推理与"结论临摹和结论保有"属于逻辑推理的研究范畴，而因果响应模型和寻常与规范的聚合似乎更偏向于认识论的研究范畴。伍兹之所以如此这般地设定上述概念，其想要表达的核心要旨是：在人类生活的真实场境中，他们做出这样或那样之推理的最终目的，在一定意义上无外乎就是对事物进行认知，并在认知的过程中获取关于它的某种知识。由此，如果定论说伍兹已然将逻辑学与认识论这两大学科嫁接到了一起还为时过早的话，那么我们至少可以初步地判定，他已经在逻辑学科的范围之内将现实推理的丰富模式与认知过程的一般原理合二为一地加以探讨了。

结合上述两方面原因，我们认为，第三类推理、结论临摹和结论保有、因果响应模型以及寻常与规范的聚合等若干具有代表性的新元素是区别于其前身之实践逻辑的重要标识之一。同时，由于它们在逻辑理论与认识论之间巧妙地架起了一道彼此互通的桥梁，因此，便可以理所当然地将它们视为关于自然化逻辑理论的重大创新与发展。

在伍兹的近期谬误思想中，第三类推理是核心概念。毫不夸张地说，整个自然化逻辑理论便是围绕第三类推理来展开论述的。因此，这里将对其重点论述。第三类推理进一步内含可废止型推理，即"由非单调性推理、缺省推理、其他条件均同推理、行动议程相关性推理以及非一致性适应推理混合而成……"②，呈现出典型的非单调性后承的特征。一个明显的事实是，第三类推理与当代正统逻辑观所推崇的演绎推理和归纳推理有着本质区别。这种区别表现为：前者诉诸认知主体之现实经验中的实践型推理，其要旨是一种推理的"可废止性"，严格的逻辑后承关系对它来说并非必要；而后者则诉诸演绎的有效性和归纳的可能性，亦即必须严格地诉诸逻辑后承关系。如此一来，便将当代逻辑学研究置于异常尴尬的境地：如果说当逻辑学这一古老学科走到了 21 世纪的今天，从而对人类主体及其推理现象的研究理应成为其应有之意的话，那么一方面，作为当代逻辑学研究之主流的演绎和归纳逻辑，它们的有效性和可能性标准并不适合作为人类推理的评估范型；而另一方面，作为自然化

---

① 由于结论临摹和结论保有是相互对照地成对提出的，因此可将二者计作一个概念。

② Francesco Berto, "Review of Errors of Reasoning: Naturalizing the Logic of Inference", by John Woods, *Journal of Logic and Computation*, Vol. 24, No. 1, 2013.

逻辑之研究对象的第三类推理,其核心特征是一种可废止性。与演绎推理的有效性标准和归纳推理的可能性标准相比,第三类推理的可废止性特征与人类思维的运作模式在很大程度上是相似的,天然地适合对其进行描述与评估。然而,由于演绎和归纳逻辑被奉为当代逻辑学的正统,这就在很大程度上导致了自然化逻辑及其蕴含的第三类推理理论无法得到善用。正如伍兹所指出的:"如果现实中除了正在发生着的经验性事态以外别无他物的话,那么人类的绝大多数推理则呈现为第三类推理的形态。如果为它们选择一种适切的评估标准,那么演绎的有效性以及归纳的强度标准势必不在候选范围之列。不加区分地将二者强加于人类推理的所有类型,这将带来严重的冲突,它将使所有人成为'推理错乱者'(inferential-misfits)。同时也将导致人类推理遭受怀疑论的侵蚀。"①

演绎的有效性以及归纳的可能性标准之所以无法完整且恰当地担负起评估人类推理的工作,根本原因就在于它们与真实境况中的人类推理相去甚远。而前文有述,人类的绝大多数推理又呈现为第三类推理的形态。由此,便形成了以下推理过程,即首先,人类推理的恰当研究范畴是区别于演绎推理和归纳推理的第三类推理;其次,第三类推理的基本特征是一种可废止性。正如伍兹所说:"我们试图对第三类推理进行一番通透的研究。而其特殊旨趣则在于可废止性这一概念。"② 通过上述两个前提便可推演出以下这一结论:评估日常推理之好坏的标准既不是演绎推理的有效性,也不是归纳推理的可能性,而恰恰是第三类推理的可废止性。

就哲学以及逻辑学领域来看,关于可废止性这一概念的代表性界定来自温莎大学的道格拉斯·沃尔顿和亚利桑那大学的约翰·波洛克(John Pollock)。前者在《可废止性推理和非形式谬误》("Defeasible Reasoning and Informal Fallacies")一文中指出:"可废止性这一概念蕴含了以下预设,即一个可废止性推理必然包含若干指称着实体(entity)的定义,而当这些实体所在的情境发生变化时,那些指代它们的定义就变得不再适

---

① John Woods, *Errors of Reasoning: Naturalizing the Logic of Inference*, London: College Publications, 2013, p. 10.
② John Woods, *Errors of Reasoning: Naturalizing the Logic of Inference*, London: College Publications, 2013, p. 220.

切了。换句话说,当某些新情况发生时,实体是否还能与此前它所具有的定义相匹配就成了疑问。"① 可以看到,沃尔顿是从偏于哲学的角度来说明可废止性这一概念的,其强调的是定义与其所描述之实体的关系,而可废止性则是用来形容这种关系在现实情境中的变幻不居。与此不同,波洛克则从推理与信念及信息的关系方面界定可废止性,他在《一种关于可废止性推理的理论》("A Theory of Defeasible Reasoning")中指出:"借助于推理,我们不仅可以对由之而来的信念给予采纳,同时还可以对它们给予撤销或收回。哲学对这一现象给出的描述便是推理的可废止性。"② 此外,波洛克还对逻辑学界由来已久的演绎中心主义(deductive centralism)提出批评,并强调了非演绎型推理或可废止性推理的重要意义,并借此对后者给予进一步的细化界定,指出:"就推理问题来看,普遍存在这样一种错误观念。它认为,所有推理概莫能外地为演绎,且好的推理必是逻辑地由其前提推得结论。在现阶段的哲学以及人工智能领域,已然将非演绎型推理普遍视为与演绎型推理平起平坐的一般推理形式,且一种合理的认识论必须使二者融洽共处。……说一种推理是可废止的,是如下这层意义使然,即前提本身使我相信某个结论是可接受的,而当额外的信息后补进来时,该结论又变得不再可接受了。"③ 需要指明的是,波洛克的上述界定是现阶段关于可废止性推理研究的标准定义。通过对沃尔顿和波洛克的定义进行提炼与归纳可知,事实上,可废止性推理是建立在对现实情境的一般状态和特殊状态之区分的基础上的。在此类推理中,其结论是可以被废止的。举例来说:首先,设定一条缺省规则——哺乳动物在一般情况下是胎生的。如果知道一种动物是哺乳动物,便能够根据这条缺省规则得出该种动物是胎生的结论。然而,如果我们进一步获悉这种所谓的哺乳动物是鸭嘴兽,那么以上推得的结论就会被收回。换言之,考虑到鸭嘴兽实际上是被孵化出来的,因此,它乃胎生的这一结论即被废止。由此一来,在上述这种可废止性推理中,鸭嘴兽是胎生的结论也就无法再被推出。

---

① Douglas Walton, "Defeasible Reasoning and Informal Fallacies", *Synthese*, Vol. 179, No. 3, 2011.

② John Pollock, "A Theory of Defeasible Reasoning", *International Journal of Intelligent System*, Vol. 6, No. 1, 1991.

③ John Pollock, "Defeasible Reasoning", *Cognitive science*, Vol. 11, No. 4, 1987.

通过对这个较为简明但却最为典型的可废止性推理之实例的分析，可将其基本结构表述如下，即 A 是 B 的一个可废止性理由，当且仅当 A 是 B 得以推出的一个理由（或前提）；但是，当新的信息被注入之后，A 与 B 之间的这种逻辑链条便会出现断裂。

事实上，上述对第三类推理之性质的描述旨在从某个侧面说明：在自然化逻辑的理论视野中，主体的推理类型并非僵死地限制于演绎和归纳推理，而恰恰呈现为丰富多样的形态。在现实生活的情景中，演绎推理的保真性和归纳推理的样本强度概念并非司空见惯，而绝大多数是介于演绎和归纳之间的第三类推理形态，如溯因推理、概称推理、缺省推理以及假设性推理等，其中以溯因推理最为典型。不无遗憾地说，上述推理类型在很大程度上受到现代逻辑的忽略甚至排斥。伍兹由此呼吁，为了重拾第三类推理在逻辑学研究中的重要性，有必要对与其息息相关的如下概念给予重新的思考与定位，包括后承、认知、假设、常识、谬误、似真性、相干性、必然性以及心理主义等。

第三类推理是自然化逻辑理论的重要概念，对其如何强调都不过分。这种重要性的另一种表现便是由其衍生出了与谬误问题相关的一系列其他概念。其中，较具代表性的是结论临摹和结论保有。前文有述，所谓第三类推理，是与演绎推理和归纳推理有着本质区别的推理类型。事实上，从伍兹的论述中可以推知，结论临摹与第三类推理的运作模式相对应，而结论保有则与演绎和归纳的推理模式相对应。由此一来，便可以参考前述第三类推理以及归纳和演绎推理的特征，来对结论临摹和结论保有的各自性质及区别进行阐述。同时，后两个概念也是分别从正面及反面对第三类推理思想给予的进一步深入分析与描述，而第三类推理又恰恰是自然化逻辑的重点研究对象，因此，结论临摹和结论保有这两个概念必然是对自然化逻辑的崭新发展。

顾名思义，所谓结论临摹是指推理者在由前提得出结论的过程中，会从自身现有的认知条件和资源出发，来得到一个符合当时推理境况的并具有合情理性的结论，这种经过资源权衡过的结论也可以被视为推理者的一个目标或任务。这一过程就如同画作临摹一样，任何一个画家都会受其手头颜料之齐缺和画布质量之好坏的限制。在对其画作之可以利用资源的统观与权衡之后，画家会对他的创作任务有一个较为务实的认识，即如果颜料齐全并且画布上成，那么就可以创作较为细致多彩的作品，反之则不然。通过这种资源权衡从而最终得到一个适当的画作或结论。显然，结论临摹的过程与第三类推理的特征如出一辙，均以主体为中心、以目标为导向并受认知资源的限制。反观结论保有，则与结论临摹的上述性质大有不同。在伍兹那里，结论保有是对应演绎及归纳推理来说的，是对后两种推理之性质的进一步深化描述。很显然，所谓"结论保有"型推理如演绎和归纳推理那样严格地诉诸后承关系，在从前提到结论的推展过程中毫无保留地对蕴含于现实思维中的可废止性和非单调性给予排斥。因此，结论保有中的"保有"（having）一词也带有刻板、保守、单调以及权威的含义。

从上面的论述中可以明显看到结论临摹与结论保有的大相径庭。伍兹在其新著《理性之谬》中对两个概念的不同之处给予了一针见血的回答，即："'结论保有'归属于逻辑空间，而'结论临摹'发生于推理者的意识当中。"[①] 其他学者也发表了各自的观点。来自墨西哥国立自治大学的马修·方丹（Matthieu Fontaine）认为："毋庸置疑，具有相关性的后承关系表现为典型的'结论临摹'而非某种形式的'结论保有'。前者与基于主体的推理相联系，而后者则只是一种相介于命题之间的关系。"[②] 与方丹的论述方式稍有不同，来自阿伯丁大学的弗朗西斯科·伯托则从因何要对结论临摹与结论保有进行区分的角度发表了自己的看法，他认为："与我们无异的真实世界的认知主体不只是一种受资源限制并易犯错误的存在，同时也被那种与实践及可能利益相关的认知议程所驱使。如果对它们予以认真审视，那么便需要这样一种推理逻辑，即该逻辑不仅与认识论相关，同时须借鉴心理学。换句话说，我们需要在'结论保有'与'结论临摹'之间发现更多不同之处。"[③]

通过伍兹以及相关学者的观点可以推知，结论临摹与第三类推理的关系是极为近密的。在这层意义上，说前者是对后者的进一步深入阐述与剖析并不为过，"甚至在'结论保有'的领域内，大多数的人类推理也

---

[①] John Woods, *Errors of Reasoning: Naturalizing the Logic of Inference*, London: College Publications, 2013, p. 24.

[②] Matthieu Fontaine, "Review of Errors of Reasoning: Naturalizing the Logic of Inference", *Journal of Applied Logic*, Vol. 12, No. 2, 2014.

[③] Francesco Berto, "Review of Errors of Reasoning: Naturalizing the Logic of Inference", by John Woods, *Journal of Logic and Computation*, Vol. 24, No. 1, 2013.

可以被视为伍兹所说的第三类推理：对于这种混合了非单调性、默认性、其他条件不变性（ceteris paribus）、议程相关性以及不一致自适应性（inconsistency-adaptive）的推理来说，标准的演绎有效性和归纳强度都无法胜任对其进行评估的重任"[1]。在这种情况下，如果说第三类推理是自然化逻辑研究的重中之重，而结论临摹概念又是对第三类推理的进一步细化和发展，那么就有必要在此处重点着墨，以便对结论临摹这样一个重要概念给予较为详细的阐述。依据自然化逻辑理论的最新论述，"'结论临摹'是由6个相互关联的元素所组成的表意集合"[2]。正如伍兹所说，"结论临摹"是由6个元素构成的一个概念集合体。这些元素之间呈现一种内在的因果关联而非命题与命题之间的形式关联（formal relation）。具体来看，这6个元素包括认知主体X、信息I、背景数据库△、认知议程A、结论α、性情倾向D。书写成组合的形式便是：〈X，I，△，A，α，D〉。简而言之，六者之间的关系为：认知主体X是贯穿于整个六元组的核心元素，信息I是X用于推理的基本素材，而由I所构成的背景数据库△则随时听命于X的调遣。换句话说，由I构成的△是X之认知背景的大全。而主体之认知议程A以及由该议程得到的结论α则产生于将背景△应用于获取新的信息I之后。最终，认知主体借助其性情倾向D来对此前得出的结论α给予辩护。伍兹指出："分属于非单调性以及溯因逻辑的众多逻辑部族，如果想就第三类推理制定更具前景的说明策略，那么对它们给予进一步的重建将是极为必要的。因为这种逻辑重建完全有能力对具有'结论临摹'之结构关系的推理类型给予说明。"[3]

如前所述，在自然化逻辑的最新理论发展中，如果说第三类推理以及结论临摹等概念属于逻辑推理的研究范畴，那么，寻常与规范的聚合及因果响应模型则在保留逻辑理论之因素的同时，更加偏向于认识论的领域。然而，这些新近出炉之概念在理论特性方面的不同偏好，并不代表它们之间的关系是孤立甚至割裂的，恰恰相反，它们彼此之间具有牢

---

[1] Francesco Berto, "Review of Errors of Reasoning: Naturalizing the Logic of Inference", by John Woods, *Journal of Logic and Computation*, Vol. 24, No. 1, 2013.

[2] John Woods, *Errors of Reasoning: Naturalizing the Logic of Inference*, London: College Publications, 2013, p. 285.

[3] Francesco Berto, "Review of Errors of Reasoning: Naturalizing the Logic of Inference", by John Woods, *Journal of Logic and Computation*, Vol. 24, No. 1, 2013.

固的内在关联。至于这种关联到底为何,将会随着对寻常与规范的聚合以及因果响应模型之概念的进一步论述而得以揭晓。

一般而论,若想对结论临摹型推理进行恰当的研究,那么就必须将以下这一点视为基本事实,即大体上看,人类个体可以出色地完成从前提到结论的推理过程。以此为理论前提,伍兹抛出了寻常与规范的聚合这一概念:"初步看来,如果没有特殊的理由支持相反观点的话,那么可以说,我们在从前提推得结论这一过程中所做的事典型地是我们所应该做的事。换句话说,在实施'结论临摹'的情况下,有一种将规范性与寻常性相聚合的倾向,即在通常所做之事和正确地做事之间给予调和。"① 依据上面的描述,可以对寻常与规范的聚合给予进一步分析。与概念中的"寻常"对应的英文词是"normal",而与"规范"对应的则是"normative"。作为学术术语,前者具有习惯的、日常的以及实践之意;而后者则蕴含了规约的、严格的以及理论的意义。伍兹以"normal"和"normative"的上述意涵为基础进一步指出:在一种意义上说,推论是充分合理的,当且仅当它是精确的(accurate);在另一种意义上说,推论是充分合理的,当且仅当它是恰当的(apt)。事实上从此段论述中可以看出,"normal"的意义进一步延伸为"恰当的"(apt),而"normative"的意义则进一步延伸为"精确的"(accurate)。伍兹指出,当推理被正确地实施并由此得出一个正确的结果,那么可称其为精确的;而在某种现实的情境中,推理在前述精确推理的情况下是合情理的、明识的甚至是带有激励性的,那么可称其是恰当的。由此便知,所谓寻常与规范的聚合,无非在倡导一种理论推理与实践推理的相容性。原因在于,真实生活中的认知主体所做的推理,既不是纯粹严格的、理论化的甚至是受规则制约的,同时也绝非全部地来源于日常习惯或情感倾向。更为符合实际的情况是,人们在现实中所做的推理是一种对理论与实践、理智与情感、规则与习惯以及偶然与必然的杂糅与混合,用术语来表达,即伍兹所说的聚合(convergence)。前文有述,第三类推理的基本特征是其可废止性或非单调性,而这种特征在寻常与规范的聚合概念中也并不罕见,正如伍兹所说的:"有必要强调的是,'寻常与规范的聚合'为自己预设

---

① John Woods, *Errors of Reasoning: Naturalizing the Logic of Inference*, London: College Publications, 2013, p. 52.

了鲜明的可废止性特征。具有该特征是对'寻常与规范的聚合'概念的一般要求。它向我们展示了这样一个事实,即如果对推理实践给予统观的话,那么就会发现它们极为频繁地呈现出一种精确性和恰当性。然而,这并不意味着这些推理实践是完美的;也不是说它们不必再在可行性方面加以改进;更不是说推理实践可以毫无批判地接受;当然,如果它们在一种情境中是对的并不意味着在所有情境中都是对的。在最基本的层面上说,我们的推理策略在很大程度上并不能与错误绝缘。"① 上述内容也正好印证了我们前面的观点,即包括第三类推理以及寻常与规范的聚合在内的自然化逻辑的一系列新近思想,是具有内在关联的。

以上,是对寻常与规范的聚合这一概念的较为详细的说明。如果说上述探讨已然让我们对这一概念达到了"知其然"的水平,那么接下来的论述则旨在达到"知其所以然"的目的,即进一步说明所谓精确性与恰当性的"聚合"是如何可能的。

如前所述,由于推理的最终目的是获得知识,因此,在阐述聚合型推理的运作模式之前,就不得不对"人类主体如何获取知识"这一问题做某种铺垫式的说明。就该问题,伍兹首先批判了传统认识论的观点,即知识是一种"纯粹真信念"。他进而指出,如果不得不依赖传统认识论对知识的这种定义,那么在该定义的对照之下,我们将不能获得任何的所谓的"知识"。这样一来的结果便是,我们将面对一种毁灭性的怀疑主义,并且被迫接受一种关于我们自身之认知能力的"灾难性理论"(catastrophe thesis)。伍兹甚至有些夸张地指出,这种理论苗头"应该如黑死病一样加以杜绝"②。考虑到传统认识论之"纯粹真信念"的不合理性,伍兹给出的解决方案是:"推理活动出自人类这种认知存在物。人类个体通过认识事物来构建自己的生活方式。这就意味着,关于人类推理的自然化逻辑应该支持并打造一种恰当的认识论立场用以适应其认知目标。那么,以下这一点应该是意料之中的,即当对逻辑进行自然化的

---

① John Woods, *Errors of Reasoning: Naturalizing the Logic of Inference*, London: College Publications, 2013, p. 54.
② John Woods, *Errors of Reasoning: Naturalizing the Logic of Inference*, London: College Publications, 2013, p. 16.

时候,你便很难再去接纳一种关于知识的'纯粹真信念'模型。"①

那么问题在于,哪种认识论模型或方法才是自然化逻辑理论所应该具有的呢?伍兹对此的回答是"因果响应模型",亦即对传统认识论进行彻底改造,并将其与自然化的逻辑进行整合之后,所得出的一种自然化的认识论。

事实上,自然化的认识论与传统认识论在"获取什么(what)知识"以及"如何(how)获取知识"等认识论的核心问题上有着较大分歧。稍加联系与分析便知,前述的寻常与规范的聚合思想实际上较为隐晦地回答了第一个问题,而此处要探讨的因果响应模型则旨在回答第二个问题,即人类主体究竟是如何获得知识的。正如伍兹所指出的那样,我们经常对"你是如何知道它的"这一问题感到无所适从,无法就其给出准确的答复。然而,这并不意味着推理主体一无所知。换句话说,即使对如何获知缺乏敏觉性,但我们确实拥有并应用着大量知识。很明显,以上这种知其然而不知其所以然的标准,对于日常的推理主体来说是够用了,而对于一种严肃的学术研究来说则略显不足。而因果响应模型的出现就是要填补这一方面的空缺,其主要功能旨在阐明:我们是如何知道那些已经为我们所知的事情的;我们是如何与自然环境所提出的种种要求相适应的;我们是如何在日常生活环境中做出种种行动并与其进行互动的。事实上,因果响应模型探察到了以下这样一种事实,即人类个体的知识主要呈现为这样一种状态,在该状态中,他的知识由其信念构成机制(belief-forming mechanisms)之所在环境中的各种刺激因素所促成。用更为精准的语言表达便是:"说一个主体知道一个结论 α,意思是说,他预设了 α 为真,他相信或信任 α,关于 α 的信念是由其信念构成机制在一个运转良好的秩序下促成的,并以一种他所意欲的方式来促成。进一步说,即结论 α 的推出是在拥有了有效信息,并在没有环境的打扰及干预的情况下得出的。"②

总体而论,通过对自然化逻辑之最新发展的深入研究,一条主线已

---

① John Woods, Preliminary Syllabus, Second term 2014, Philosophy 520A Logic, http://philosophy.ubc.ca/files/2013/06/PHIL-520A-001-Woods.pdf..

② John Woods, *Errors of Reasoning: Naturalizing the Logic of Inference*, London: College Publications, 2013, p. 93.

经跃然于眼前。简而言之，即逻辑推理的根本目的是更新信念、获得知识，很自然地，通过这种方式所获得的知识又必然有正确与谬误之分。我们由此认为，自然化逻辑所最新构建起来的第三类推理、结论临摹和结论保有、寻常与规范的聚合，以及因果响应模型等概念反映了如下三大领域，即：第一，逻辑及推理的研究；第二，认识论与认知过程的研究；第三，谬误理论与谬误之发生学的研究。如果说作为自然化逻辑之前身的实践逻辑在很大程度上还限制在具体谬误问题分析的水平，那么到了最新的自然化逻辑这里，其研究领域的辐射面则得到了极大的拓宽。完全可以说，将逻辑推理理论、认识论以及谬误理论这三大领域串联在一起研究，充分反映了伍兹自然化逻辑思想的理论雄心。如果单从谬误理论的角度来看，这也无疑是对它的一种创新性研究。

## 第三节　逻辑的自然转向及意义

以自然化逻辑为理论依托的逻辑学自然转向具有两点特征。第一，逻辑学的自然转向并非无源之水、无本之木，而是与现当代逻辑史上的一系列重要事件息息相关，它们在理论层面以及历史层面具有内在的逻辑关联。具体来看，这些事件主要包括发生于19世纪70年代末的数学转向，以及自20世纪70年代以来的逻辑学实践转向。而在近期，由伍兹率先提出并开始显露苗头的自然转向是前述这些重大理论事件的历史接续和必然发展。由此而论，伍兹之所以能够在以形式演绎逻辑为主导的当下学界提出逻辑的自然转向这一看似"激进"的概念，其背后实为有着深厚且复杂的理论史背景作为映衬。第二，可以沿着上述第一点的思路进一步推得以下观点，即逻辑学的自然转向并非纯粹的学理概念，与此不同，它在很大程度上是关于逻辑学科之发展变化的历史概念。考虑到上述这些特殊方面，我们认为，最好的研究方案便是依循历史的线性规律，对近当代逻辑学的发展走向做出精要梳理。在这一梳理的过程中，着重体现从早期的数学逻辑，到近期的实践逻辑，再到最新的自然化逻辑这一现当代逻辑学发展的主干路径。沿此路径，途经逻辑学的数学转向、实践转向，最终到达现阶段逻辑学发展的前沿阵地，即逻辑的自然转向。并对三者之间的前后接续关系及其内在逻辑关联进行深入探究。

## 一　从数学转向到实践转向

如前所述，当代逻辑学的自然转向并不是某种单一、孤立甚至是突发的理论事件时，它与较早之前的实践转向以及更早之前的数学转向呈现为一种彼此关联的历史接续关系。由此而论，如果期待对当下发生的自然转向有较为透彻的解析，那么必先回溯其借以发生的逻辑理论史渊源。唯其如此，才能做到对自然转向之有理、有据和有根的研究。我们认为，就当代逻辑学研究的自然转向而言，其缘起背景和理论渊源应定位于从19世纪70年代末发生的数学转向，到20世纪70年代的实践转向这段历史区间之内。

发生于一百三十多年前的那场数学转向开启了现代逻辑的先河，无论如何，它推动了逻辑学的整体向新发展。然而，任何事情都具有两面性，此处论及的数学转向亦概莫能外。一方面，毋庸置疑的是，脱胎于数学转向的现代数学逻辑将源自亚里士多德的古典逻辑推向了新的高度，逻辑与数学的联姻无论在系统的严密性，还是在推理的保真性上都令这一古老学科有着不同以往的巨大进步。然而，事情的另一面是，从自然化逻辑或实践逻辑的角度来看，现代数学逻辑具有以下三点特征：第一，由于具有强烈的形式化倾向，数学逻辑自其诞生之日起便坚定地奉行反心理主义原则；第二，数学逻辑的描述语言以高度技术化的符号语言为主，该语言的突出特点便是其表意的抽象性和无语境性；第三，受逻辑主义的影响，数学逻辑的推理模型主要以演绎和归纳为主，其与现实场景中的人的推理相去甚远，进而无法体现逻辑学科所本应具有的应用功能。

事实上，数学逻辑的这三项特征恰恰反映了数学转向的明确方针，即逻辑研究的"去主体化"。从某个侧面来看，逻辑学的数学转向运动其实就是一场不折不扣的"去主体化"运动。针对"去主体化"所蕴含的反心理主义（Antipsychologism）、逻辑主义（Logicism）以及无语境（Context-free）的特点，自然化逻辑对它们进行了逐一批判。其中，以对"反心理主义"的批判为主，因为它与"去主体化"的联系最为近密。

很自然地，在阐述反心理主义之前，首先须知什么是心理主义。而心理主义又可进一步细分为哲学心理主义和逻辑心理主义，即自17世纪至20世纪初流行于西方学界的两大心理主义思潮。

首先来看哲学心理主义。该思潮的代表性人物包括弗里斯、布伦塔诺、冯特、迈农以及里普斯等人。对这些学者的相关思想进行提炼总结，可以得出这样的观点，即哲学学科之最为基本的治学手段便是自我观察，或称之为"内省"，因为在断定何为真理之前，必须借助于内部省察等主观的认知方法，除此以外别无他法。由此而论，心理学是哲学研究的始源领域，形而上学、逻辑学、法哲学、宗教哲学等学科都可以划归为心理学乃至应用心理学。按照哲学心理主义者的观点，上述学科的建设应该以心理学为基础，甚至它们所包含的基本概念和命题也应该从此种角度来加以理解。正如弗里斯指出的，心理学是一门关于哲学的学科，反之亦成立，作为一门科学的哲学学科其实就是心理学。大体上说，哲学心理主义认为："逻辑学是心理学的一个分支，后者为前者提供治学的基本原则和推理的规则。"[①]

其次分析逻辑心理主义。该思潮的代表性学者包括洛克、贝克莱、休谟、穆勒以及里德等人。逻辑心理主义者认为，逻辑学的研究对象实际上是主观的心智运作模式，试图借助心灵图像或心理过程来描述逻辑推演和运算。在这些学者看来，逻辑学所呈现的规律实际上就是人类心理之规律，亦即"思维的法则"（law of thoughts）。由此而论，逻辑学带有纯粹的主观特性。持这种观点的代表性人物是约翰·穆勒。他在《逻辑体系》一书中明确表示，数学公理和逻辑原则的根本依据便是内省。此外，穆勒在《对威廉·汉密尔顿之哲学的诘问》（*Examination of Sir William Hamilton's Philosophy*）中为逻辑学与心理学之关系给出了某种程度的定论，指出："逻辑学并非一门与心理学不同甚至并驾齐驱的科学。就逻辑学的科学身份而言，它是心理学的一个分支或部分。"[②] 在穆勒看来，作为逻辑学之重要概念的矛盾律只是出于经验的概括，其根据来源于我们的如下观点，即某个信念必然与它的相反信念彼此排斥。

事实上，类似于穆勒的逻辑心理主义观点并不乏其他学者的呼应，较为有力的支持来自安东尼·阿尔诺和皮埃尔·尼古拉的"波尔—罗亚

---

[①] John Mcnamara, *A Border Dispute: The Place of Logic in Psychology*, Massachusetts: MIT Press, 1986, p. 200.

[②] MILL S., *Examination of Sir William Hamilton's Philosophy*, Vol. 2, New York: Henry Holt, 1874, p. 359.

尔逻辑"。他们在《逻辑或思维术》一书中将大量有关认识论和心理学的内容与逻辑研究相融合，其中充满了心理学的术语、规则以及方法。

以上便是对流行于近当代的两大心理主义思潮的论述。在某种程度上说，它们对伍兹新近形成的自然化逻辑理论起到了支持和启发的作用，同时也为自然化逻辑的具体理论建构提供了思想上的参考。然而，随着逻辑学研究之数学转向的兴起，再加之数学逻辑自身的"去主体化"倾向，上述这种带有非形式逻辑、认知科学等特征的心理主义思想也随之受到批判。毋庸置疑，在数学逻辑学家中，最为著名的反心理主义者当属弗雷格，其拒斥心理主义的源头可追溯至 1884 年的《算术的基础：对数之概念的逻辑数学考问》一书。在该书中，弗雷格申明了逻辑治学的三原则，其中第一条便是"永远将心理的与逻辑的概念、主观的与客观的概念进行清晰区分……"[1] 这正好印证了伍兹的观点："经典逻辑及其主流分支与现实中过着世俗生活的人的推理并不那么相称，这已然不是秘密，没什么可惊奇的。人类推理并非现代正统逻辑所好。"[2] 在弗雷格的影响下，逻辑学本身似乎已经背离了亚里士多德为其设定的最初目标，即逻辑学是对"属人的"正确推理之原则进行研究及模拟的学问。而经典逻辑乃至现代数学逻辑的理论旨趣与此大相径庭。数学逻辑基于其反心理主义的原则，在将其形式化方法应用于对推理和论证的研究时，不仅不考虑与推理主体相关的问题，而且对推理和论证的内容也几乎不闻不问。这种所谓的"理想化研究"等同于将推理和论证从其所在的具体的、历史的以及认知的情境中剥离了出去。换句话说，这种方法是一种脱离了具体情境的无根化的抽象虚拟。对此，图尔敏在《论证的使用》一书中给出了恰当形容，即数学逻辑是抱有一个"作为纯粹形式化的先验科学之梦"[3]。此外，苏珊·哈克（Susan Haack）在其《逻辑哲学》（*Philosophy of Logics*）一书中指出，数学逻辑之所以要将有效性作为评估推理之好坏的标准，着实是基于这样一种愿望，即："它力求提供这样一

---

[1] Gottlob Frege, *The Foundations of Arithmetic: A Logico-Mathematical Enquiry into the Concept of Number*, translated by Austin, second revised ed., Illinois, Evanston: Northwestern University Press, 1980, p. x.

[2] John Woods, Logic Naturalized, http://www.johnwoods.ca/PrePrints/Logic%20Naturalized.doc..

[3] Stephen Toulmin, *The Uses of Argument*, Cambridge: Cambridge University Press, 2003, p. 237.

种原则，该原则可以用来刻画关于任何领域的推理，亦即关于万事万物之推理的总原则。"① 由此可见，数学逻辑乃至数学转向的反心理主义特征是较为明显的。

另外，数学逻辑的逻辑主义（Logicism）色彩进一步限制甚至排除了心理因素在逻辑研究中的应有地位和作用。原因在于："在讲述关于逻辑主义的故事时，可以完全不必涉及主体以及行动这两个角色。如此一来，便失去了对如下两项议题给予评价的必要资格，即当一个人类主体正在做出适当的推理时，在其身上到底发生了什么，以及到底是何种条件使得该推理成其为正确的推理。"② 由此可见，在现代数学逻辑中，人类心灵及其实践推理活动是无家可归的弃儿。

此外，数学转向还表现出如下特质，即将逻辑对论证和推理的研究转变为对高度技术化了的语言的探究。在这一转变的过程中，自然语言失去了自亚里士多德以来便在逻辑学中确立的固有位置，取而代之的则是高度抽象化的人工语言或数学符号语言。由此，数学逻辑为自己设立的目标被表征为对语言之结构特性的研究，并将有效性概念放在了一个无以复加的重要位置上。苏珊·哈克指出："逻辑学的核心任务是将有效论证与无效论证区别开来。那些为人熟知的关于语句及谓词演算的形式系统为逻辑之有效性提供精确的规约和纯粹形式化的标准。"③ 数学逻辑的这一鲜明特征自20世纪70年代以来遭到多方质疑，其中较具代表性的观点来自计算机和人工智能领域，以及非形式逻辑和论证理论界。在前者看来，数学逻辑中的谓词演算或命题演算系统难以有效地支援人工智能模型的建立；后者则抱怨数学逻辑的"去主体化"和无语境化特征，认为如此这般的逻辑无法作为上手工具对现实的推理和论证进行评估。总而言之，数学转向带来的可见后果是，逻辑研究本身与人类实践之间出现了难以逾越的鸿沟，逻辑学科变得日益狭窄、封闭且与日常生活绝缘。

基于这种情况，自20世纪70年代以来，一些旨在处理主体推理和实践事务的学科纷纷崭露头角，包括逻辑领域的新兴分支、谬误理论、辩

---

① Susan Haack, *Philosophy of Logics*, Cambridge: Cambridge University Press, 1978, p. 228.
② John Woods, Preliminary Syllabus, Second term 2014, Philosophy 520A Logic, http://philosophy.ubc.ca/files/2013/06/PHIL - 520A - 001 - Woods. pdf. .
③ Susan Haack, *Philosophy of Logics*, Cambridge: Cambridge University Press, 1978, p. 1.

论科学、修辞学、话语分析、认知科学、计算机科学等。伍兹和嘉贝对这一趋势进行总结之后指出:"这些新兴学术领域的相同之处在于,它们对现实境域中有关人类推理的偶发性特征具有共同的研究旨趣。无一遗漏地,我们将逻辑理论中的这些发展统称为逻辑的实践转向。"① 事实上,逻辑学之实践转向的功用,是将数学转向弃之已久的推理主体重新纳入逻辑学的研究范畴。换句话说,逻辑学研究由数学转向过渡至实践转向,从某种意义上看无非就是从"去主体化"的逻辑向主体化的逻辑过渡。

如果说实践转向所催生的实践逻辑是一种典型的关于主体的逻辑,那么该逻辑最为核心的标识便是强调主体在现实情境中所具有的推理应变性。作为某种形式的自我革新,实践转向旨在使逻辑学研究具有一种被称为"使用者友好性"的特质。就这一点来看,实践逻辑与数学逻辑可谓相互抵触。其中原因主要有两点:其一,对于数学逻辑来说,它对实践逻辑所格外推崇的实践推理漠不关心甚至不闻不问;而符号语言的无语境特征又无力对主体的认知结构给予描述,此为其二。此外,可以从人工智能和计算机科学的兴起以及非形式逻辑和论证理论的发展中看到,一种受资源限制的、目标敏感型的逻辑正在显示着它的巨大潜力,可将其称为"资源—目标型逻辑"。事实上,拜实践转向所赐的实践逻辑正是这种"资源—目标型逻辑"。如前所述,在实践逻辑的经济原则下,认知主体的推理经常面临资源不足的情况,这就决定了它的认知目标必须适中、务实与经济。

以上集中论述了逻辑学研究从数学转向到实践转向的历史发展过程,由此,兼论了由两次转向所催生的数学逻辑和实践逻辑之间的关系。伍兹把实践转向作为一个重大理论事件,同时辅以逻辑史各个时期的代表性观点或学派,按照时间的线性顺序将它们由远至近地排列起来,构成了下面这幅逻辑史发展一览表:

- 亚里士多德初创的逻辑学科本身
- 麦加拉和斯多葛学派创立的命题逻辑
- 中世纪逻辑家之形式论辩术系统的复活

---

① Dov Gabbay and Franz Guenthner, eds., *Handbook of Philosophical Logic*, 2$^{nd}$ ed., Vol. 13, Berlin: Springer, 2005, p. 17.

·拉普拉斯、帕斯卡和其他17世纪思想家创立的概率演算

·费雷格和皮尔斯独立构建的现代数学逻辑,及1879年以来的现代逻辑的大量重要分支

·始于1970年代并发展至今的认知心理学

·同期崭露头角的计算机科学和人工智能研究(AI)

·同样在该时期发展起来的非形式逻辑、批判性思维和论证理论[①]

明显可见,不同于以往的逻辑学研究之重大转折划界于20世纪70年代。这一划界方式告诉我们,在数学转向所发生的近乎一百年之后,学界开始由此前关于数学逻辑之形式的、演绎的研究旨趣逐渐转变为当下这种实践的、认知的以及心理的研究特征。基本可以说,正是这种研究旨趣的转变促发了实践转向运动的兴起,而逻辑的实践转向又连锁性地催化了实践逻辑的发展。事实上,实践转向这一逻辑史上的重大理论事件具有多重意义,而以下述两点最具理论价值:

第一,逻辑学的实践转向引发了对逻辑概念本身的自省,这种自我省察的力度不可谓不重。无独有偶,在这种逻辑之自我反思的总体趋势中,伍兹的观点更发人深省。2001年,伍兹与赫莫斯科学出版社合作,发行了旨在深入探讨亚里士多德逻辑的专著,名为"亚里士多德的早期逻辑"(Aristotle's Earlier Logic)。该书的重要观点之一可凝练如下:亚里士多德关于逻辑这一概念的最初预设并非现代数学逻辑学家所倡导的那种演绎的形态。换句话说,在亚里士多德那里,所谓的逻辑,并不是严格诉诸后承有效性的形式演绎逻辑。与此不同,逻辑是关于三段论及其后承关系研究的理论。伍兹就此指出:"亚里士多德对三段论持两方面看法。一方面,经过深思熟虑之后,三段论被认作是非形式的,以及普遍而寻常的。另一方面,三段论又受到形式规则的制约,这种形式化的规约旨在满足《前分析篇》所提出的特殊理论目标。"[②] 可以看到,三段论

---

[①] Dov Gabbay, Ralph Johnson, Hans Ohlbach and John Woods, *Handbook of the Logic of Argument and Inference: The Turn towards the Practical*, Amsterdam: North-Holland, 2002, p.6.

[②] John Woods and Andrew Irvine, "Aristotle's Early Logic", *Handbook of the History of Logic*, Vol.1: *Greek, Indian and Arabic Logic*, Amsterdam: Elsevier, 2008, p.34.

的后承并非纯粹形式地有效的后承形态,而是与日常的思维、判断和认知有着不可割裂的联系。伍兹由此得出结论,即如果用当代的视角来看,亚里士多德之逻辑的原初形态更类似于一种非单调的、次协调的以及带有直觉主义特征的逻辑。

第二,逻辑实践转向中的主体回归趋势唤起了自数学转向以来被搁置已久的一系列问题的思考,包括形式化的价值所在、论证评估之标准的合理性、心理与认知因素在逻辑中的地位,以及应该对非形式谬误作何理解等。在《哲学逻辑手册》第13卷的"逻辑的实践转向"以及《论证和推理逻辑手册:转向实践》的"逻辑学和实践转向"中,伍兹和嘉贝对逻辑学在上述元问题中的思路转变进行了详细阐述。他们认为,若想深切把握实践转向的本质,就必须严肃地思考以下概念及其相互关系,即在研究推理和论证的过程中,应采取何种视角与维度、推理与论证的规范性与其描述的充分性呈何种关系,以及实施推理与论证之主体的实际境况(包括主体的在先知识背景、自身的认知能力及其所处的当下语境)是怎样的。

总而言之,可以用伍兹的原话作为此部分的结论,即"逻辑之实践转向的重要程度丝毫不亚于130年前的那次数学转向。作为一种不同于以往的变迁,逻辑的实践转向做出了如下允诺,即将逻辑探究的目标还原为其历史本貌,重新对现实中的人类如何处理其鲜活的推理和论证做出原则性的说明,这些推理和论证的发生场所可以是市场、车间、公司总部办公室抑或内阁会议室中"[①]。

## 二 逻辑的自然转向新趋势

通过前面的梳理不难看出,数学转向与实践转向的显著区别在于是否承认推理主体在逻辑学研究中的合法地位。对于前者来说,主体这一范畴早在数学逻辑创立之初便被迫从逻辑研究中退场。现代逻辑史证明,弗雷格的"逻辑学三原则"之第一条无异于公然废除了推理主体的逻辑合法性地位。而对于实践转向来说,它意图将被数学转向废止于一个多世纪前的推理主体重新召唤回来,旨在恢复其作为逻辑学之考量因素的

---

① Dov Gabbay, Ralph Johnson, Hans Ohlbach and John Woods, *Handbook of the Logic of Argument and Inference: The Turn towards the Practical*, Amsterdam: North-Holland, 2002, p. 2.

合法地位。

  然而，事情的实际发展往往不如文字的概括表述这般简单顺畅。原因在于，在逻辑实践转向之后出现的众多所谓"实践型"逻辑中①，除了伍兹于21世纪初建立的实践逻辑以外，其他绝大部分逻辑体系均有如下特征，即虽然它们在研究对象的层面涉及了主体及其相关因素，甚至将推理、信念、认知以及行动作为分析和刻画的直接目标。但是，仍然在方法论的层面依赖于数学逻辑的形式公理系统。换句话说，它们的理论内核依旧是数学意义上的形式化或公理化的东西。事实上，早在20世纪的五六十年代，已经出现了形式地构建人类思维及行动的逻辑类型，如冯·赖特（Von Wright）的"道义逻辑"（Deontic Logic）② 以及由雅克·辛提卡（Jaakko Hintikka）的《知识与信念》（*Knowledge and Belief*: *An Introduction to the Logic of the Two Notions*）③ 一书发展起来的信念逻辑。自20世纪80年代以来，亦即逻辑学经历了实践转向之后的若干年里，此类逻辑层出不穷，包括认知逻辑，可能性逻辑、行动逻辑、时间逻辑以及动态逻辑等。

  一般而言，上述这些基于主体的高度形式化的逻辑不能说不涉及主体的因素，也在一定程度上顺应了实践转向的总体趋势。然而，它们还并不纯粹，本质上是运用与数学逻辑别无二致的人工语言对主体的思维或行动进行形式化的描述。对此，伍兹指出："关于推理者的理想化逻辑及其一系列定理是一种规范性的假设。在可预见的未来，这种假设无法为真实生活中的人类推理及行为提供坚实的理论基础，也就更谈不上使该领域的研究更上一层楼了。"④ 事实上，伍兹的上述文字无外乎要表达

---

  ① 此处需要指出的是，逻辑实践转向之后出现的一批围绕主体并且高度形式化的逻辑与伍兹的实践逻辑并非同一概念。虽然二者均属于"实践型"逻辑，但它们的区别也是较为明显的。这种区别表现为，前者诉诸于形式的方法和数学公理系统，后者则诉诸于心理学和认知科学。具体来说，前者只是在研究对象的层面吸纳了与主体相关的范畴，在研究方法上依然是形式的或数学的。而后者无论是在研究对象上还是在研究方法上，均从主体的层面出发，在研究中融入了心理学、认知科学以及自然化的认识论等与主体息息相关的学科类型。

  ② G. H. V. Wright, "Deontic Logic", *Mind*, Vol. 60, No. 237, 1951, pp. 1 – 15.

  ③ HINTIKKA J., *Knowledge and Belief*: *An Introduction to the Logic of the Two Notions*, Cornell: Cornell university press, 1962.

  ④ John Woods, Preliminary Syllabus, Second term 2014, Philosophy 520A Logic, http://philosophy.ubc.ca/files/2013/06/PHIL – 520A – 001 – Woods.pdf..

下述观点，即人类推理的大多数是区别于演绎推理和归纳推理的所谓第三类推理，其主要特征是可废止性或非单调性。较之于此，演绎有效性或归纳强度并不适合作为模拟、刻画以及评估人类推理的范型。这一点在日内瓦大学学者帕斯卡·恩格尔（Pascal Engel）的《心理学家的回归》（*The Psychologists Return*）中得到进一步佐证，他指出："大量的心理学相关文献围绕着两类实验范式展开讨论。其一是关于命题条件推理的'沃森选择任务'（Wason selection task）实验；其二是卡尼曼和特维尔斯基的'直观推断与偏见'（heuristics and biases）实验。后者旨在测试人类在概率以及统计推理方面的表现。这两个实验同时表明，人类主体不能很好地应对日常推理中的大多数任务，甚至会严重偏离于演绎的（基础逻辑的）和非演绎的（概率微积分和贝叶斯准则的）这两种惯用的推理标准。"[1] 由此而论，如果将演绎有效性和归纳强度毫无修正地应用于人类的实践推理领域，那么必然产生两种结果，即要么对人类推理的刻画过于呆板，进而在某种程度上不得不对其有所歪曲；要么由于数学或形式逻辑自身的功能性限制，从而不能充分地表现人类推理的丰富性和灵活性。

由此出发，伍兹呼吁："应抱有这样一种决心，即暂且搁置我们对推理主体及其相关因素进行规范化（形式化）说明的热衷。在此期间，需制订一个更为精细的调查方案。该方案旨在研究的是，当人类进行实实在在的推理时，在其所处的现实情境中到底发生了什么。这种决心的另外一种解释是，我们需要对逻辑进行自然化的处理，并且需要与跟人类认知相关的各门学科并肩作战，彼此建立一种成熟且具有反思性的伙伴关系。"[2] 由此，借势于逻辑学实践转向的大潮，伍兹呼吁对其中仍旧处于强势的数学或形式的因素予以清除，进而建立一种真正基于自然化的认识论、心理学，以及认知与经验科学的关于人类推理的自然化逻辑。而自然化逻辑的上述基本属性以及由此产生的去数学化的必然需求，则是催生并推动逻辑学之自然转向的真正动因。

---

[1] Pascal Engel, "Review Essay: The Psychologists Return", *Synthese*, Vol. 115, No. 3, 1998.
[2] John Woods, Preliminary Syllabus, Second term 2014, Philosophy 520A Logic, http://philosophy.ubc.ca/files/2013/06/PHIL-520A-001-Woods.pdf..

从微观的学理层面考察，逻辑自然转向的具体表征无疑是前述的自然化逻辑理论。而若从宏观的哲学和逻辑观的角度来看，那么我们认为：自然化的认识论、当代心理学以及认知与经验科学的相关思想，则是推动和支撑逻辑学自然转向的三大"智力源"，其中蕴含的基本观念为逻辑的自然转向提供了牢固的哲学基础。

以上观点也可以从伍兹对自然化逻辑提出的两点要求中窥得一斑："第一点，就有关人类推理的逻辑来说，除非它向相关的经验科学敞开怀抱努力借鉴，否则便无法有效地说明真实生活场境中的人类推理现象。第二点，除非我们能够使这种逻辑适应于现实主体之推理的认知本性，否则便失去了其应该具有的价值。以上第一点要求这种新式逻辑成为一种经验敏感型的逻辑。而第二点则要求其具有认识论意义上的敏觉性。以上这些要求是极高的，并且需要更多地诉诸实验的目的性而非公理的确定性。"[①] 可以看到，强调其中的认识论、心理学以及认知与经验科学的因素是较为明显的。

自然化的认识论发端于奎因，20世纪后半叶获得较大发展，古德曼和科恩布里斯是该领域的代表人物。事实上，所谓自然化的认识论也是对传统认识论进行突破和修正的结果。奎因在《本体论的相对性及其他文献》（*Ontological Relativity and Other Essays*）一书中对此有过专门论述，他指出："旧认识论与这种被新近设置在心理学背景下的认识论（即自然化的认识论）的显著区别在于，我们可以在后者中自由无阻地运用经验心理学的方法进行研究。"[②] 此外，奎因还补充道："从某种意义上说，旧认识论渴望将自然科学补充进来作为它的一个部门，并试图从感觉材料（sense data）的层面来构建自然科学。与此相反，自然化的认识论则是将自身视为自然科学的一个部门，具体来说就是将自己定位于心理科学的一'章'。"[③] 从奎因的论述中至少可以看出以下端倪，即自然化的认识论对传统认识论的突破和改良，正如逻辑自然转向中的自然化逻辑对正

---

① John Woods, *Errors of Reasoning: Naturalizing the Logic of Inference*, London: College Publications, 2013, p. 2.

② W. V. O. Quine, *Ontological Relativity and Other Essays*, New York: Columbia University Press, 1969, p. 83.

③ W. V. O. Quine, *Ontological Relativity and Other Essays*, New York: Columbia University Press, 1969, p. 83.

统逻辑的反叛与修正一样,无论从总体的进变模式看,抑或从具体的理论风格方面考量,二者都具有极为切近的契合性。进一步讲,这种契合性集中表现为,自然化逻辑与自然化的认识论都是从自然科学的精确性和严格性出发,对研究素材中的经验性因素给予理性的推崇和重视。伍兹可谓一针见血地指出了这一点:"自然化的逻辑之于正统逻辑正如自然化的认识论之于传统认识论。自然化逻辑和自然化认识论的基本特征是对经验性因素(empirical factors)持一种开放的态度。这种经验性因素尤其蕴含于对自然科学之相关分支的定律式阐发中。"[1] 此外,来自加州大学尔湾分校的佩内洛普·玛蒂(Penelope Maddy)从自然主义的角度出发,揭示了认识论与逻辑学能够在何种程度上通过经验性的纽带彼此保持理论的融通性。她在《看待逻辑的自然主义视角》(*A Naturalistic Look at Logic*)一文中指出:"从〔自然化〕认识论的意义上说,我们之所以对逻辑的真理性深信不疑,是因为它们如此显然地呈现于我们面前。在一定范围内,逻辑真理反映了我们对世界进行概念化的最基本模式。这些由逻辑之真推导出来的关于世界的信念尚不能被视为知识,除非经查实,在某种给定的情境下,这些关于世界的概念模型是不虚的,且蕴含于其中的各种理想化以及预设性的因素是适切的。由此来看,关于逻辑的知识并非先验于人的存在。"[2] 可见,在自然化的认识论看来,关于逻辑的知识并不是先验的,而是经验的或后天的。而这也正是自然化逻辑所抱持的基本观念。由此而论,将自然化的认识论视作自然转向和自然化逻辑的思想基础是有理有据的。

由于自然化的认识论本身具有浓厚的心理主义色彩,而它又为推动逻辑学的自然转向以及创建自然化逻辑提供了直接的智力支援。基于这样一种关系,后两者也必然相应地具有心理主义的风格,同时与建基于自然科学之上的当代心理学有着密不可分的理论联系。奎因在阐述自然化的认识论的心理学特征时说:"〔自然化的〕认识论或其他与此类似的科目被逐渐划归为心理学之一'章',由此,它亦成为自然科学中的一

---

[1] John Woods, *Errors of Reasoning: Naturalizing the Logic of Inference*, London: College Publications, 2013, p.11.

[2] Penelope MAddY, "A Naturalistic Look at Logic", *Proceedings and Addresses of the American Philosophical Association*, Vol.76, No.2, 2002.

员。这种认识论所研究的是关于人类生理层面的一系列自然现象。人类主体首先被施以一种实验式的控制性输入——举例来说，这种'输入'类似于一种具有不同频率的辐照模式（patterns of irradiation）——随后，主体将适时地交付出一个输出，这种输出是对外部三维世界及其历史的描述。"① 可以看到，自然化的认识论是作为当代心理学之一员，从而获得其理论地位的。所谓"人类生理层面的一系列自然现象"，在很大程度上是针对现实主体的推理以及行动来说的。进而，从某种意义上讲，自然化的认识论是一种属人的理论。因此，一种属人的理论就必然要依附于心理学及其相关学科。重点在于，自然化的认识论对心理因素的这种强调，极大地启发了自然化的逻辑思想，从而使后者在寻找自身理论依托的过程中，向心理学及其相关学科敞开了怀抱。正如伍兹所说："一种关于错误推理的经验敏感型的实践逻辑以主体为中心、以目标为导向并受认知资源的限制。具备语境以及主体意识的研究者被曾经所谓的'思维法则'的方法所吸引。无须多言，此类学者也必然对逻辑中的心理主义有所关照……一旦你承认了逻辑具有属人的因素，那么你便不得不毫无保留地承认其心理学上的相应构造。"② 以发端于19世纪后半叶的数学转向为始，历经20世纪70年代出现的实践转向，心理学在逻辑研究领域可谓几经沉浮。随着时间来到2010年代初，西方学界逐渐显露出逻辑的自然转向趋势。由此，心理学科又重新被列入了逻辑学的研究计划当中。正如来自麦吉尔大学的学者约翰·麦克纳马拉（John McNamara）在其《边界争端：逻辑在心理学中的地位》（*A Border Dispute: the Place of Logic in Psychology*）一书中所说的："我们得以见证了上个世纪（指19世纪）逻辑学与心理学的婚而复离，以及现时代（指20世纪80年代）二者的互不往来。尽管我不奢望二者能够重结连理，但似乎有坚实的理由促使我们在逻辑学和心理学之间探索一种能够使它们彼此互惠的新型关系。"③

如果说心理科学、认知科学以及经验科学对自然化逻辑的形成给予

---

① W. V. O. Quine, *Ontological Relativity and Other Essays*, New York: Columbia University Press, 1969, pp. 82 – 83.

② John Woods, *Errors of Reasoning: Naturalizing the Logic of Inference*, London: College Publications, 2013, pp. 16 – 17.

③ John Mcnamara, *A Border Dispute: The Place of Logic in Psychology*, Massachusetts: MIT Press, 1986, p. 20.

了有力支撑，那么与此对应，心理主义、认知主义以及经验主义则是逻辑学自然转向所恪守的基本信条。由此而论，最新提出的将逻辑自然化的概念，是从学理层面对逻辑进行心理化、认知化以及经验化。同时，也为自亚里士多德以来的逻辑学的第三次转向，即自然转向，描绘了一幅既令人兴奋又极具挑战性的路线图。

### 三 自然转向彰显全新意义

逻辑的自然转向与稍早前的实践转向是一脉相承的理论变革运动，若想探究前者的意义所在，必然涉及其与后者的关系问题。这种关系具体表现为：伍兹通过对20世纪70年代以来的逻辑发展走向进行概括，指出逻辑研究领域出现了"实践转向"。他认为，在逻辑中恢复主体的地位是逻辑实践转向的突出表现。而当下的逻辑学之自然转向是对实践转向趋势的合理延伸，"如果说实践转向旨在将认知主体这个现代正统逻辑的弃儿重新召回逻辑学大家庭，并严肃地将其作为逻辑学研究的正式成员，那么，逻辑的自然转向则在此基础上更进一步，将主体置于一个完全自然化的现实认知环境中，并对发生于该环境中的各种推理现象给予一种自然的认识论考量"[①]。然而，虽说逻辑的自然转向与实践转向有着千丝万缕的联系，但前者毕竟是对后者的一种创新性的继承与发展。因此，较之于实践转向来说，伍兹的自然化逻辑理论以及由之驱策的逻辑的自然转向必然彰显着全新意义。我们认为，对自然转向之意义的探析可遵循两条轨迹：其一是理论内部意义；其二是理论外部意义。下面就针对这两种不同层面的意义给予阐述。

首先来看内部意义。内部意义是指：由自然转向及自然化逻辑本身的理论特征或构成形态所彰显的一系列内涵性意义。毫不夸张地说，蕴含于自然转向中的思想是对现有逻辑理论的一种建设性的批判、创新与发展，其中的批判要点、创新之处以及发展模式正是自然转向之内涵性意义的最好体现。

第一，自然化逻辑以及由之驱策的自然转向极为重视推理主体在逻辑学中的地位和作用，对数学逻辑的"去主体化"特征给予了合理批判，彰显了自身的"破旧立新"意义。

---

[①] 史天彪:《约翰·伍兹谬误思想研究：1972—2014》,《逻辑学研究》2014年第3期。

自数学转向以来，逻辑便以一种无主体的姿态示人。无主体的逻辑也即"无心的逻辑"。如果追本溯源，弗雷格的反心理主义思想当是这种无心之逻辑的初始依据。来自斯特灵大学的学者彼得·沙利文（Peter Sullivan）引述弗雷格的观点道："心理学的法则是对思维的实际发生过程给予描述，而逻辑则是对思维应该如何发生进行立法以使其达至真理。因此，二者并不相干。"① 依据这种观点，心理学与逻辑学是司职于不同领域的理论体系：在前者那里，思维推理的发生场所是具体实在的自然世界，它所处理的是推理的实然状态；而后者则将推理置于严格抽象的概念世界，它为推理规定了一种应然状态。然而，从自然化逻辑的观点看，不能因为心理学与逻辑学对推理的理解及刻画方式有所不同，就将心理或主体性因素从逻辑中连根拔除。恰恰相反，我们应该从最为本源的自然世界和生动的人的层面来理解逻辑自身，即如果说逻辑及其推理研究必然预设推理者的存在，那么"这样的人类推理者是存在于自然界的实在之物，亦即一种能够与其所在环境相互作用的生命有机体"②，换句话说，"一种关于推理的经验敏感型逻辑要求对推理者给予独立客观的说明"③。由此而论，主体或心灵的在场是自然化逻辑理论得以成立的必要前提。从这种理论诉求出发，就不得不对那种"如水晶般纯粹的"去主体化逻辑给予批判。

第二，自然转向所推崇的自然化逻辑是一种兼容并包的开放型、多元化逻辑，以实践逻辑为基础，遵循一种学科交叉与融合式的发展模式，具有一种"开放与包容"的建设性意义。

一方面，自然化逻辑是对实践逻辑的发展和升华。因为"实践逻辑是关于实践推理的逻辑"④，而"经验敏感型的自然化逻辑是建基于实践

---

① Dov Gabbay and John Woods, *Handbook of the History of Logic*, volume 3: *The Rise of Modern Logic: From Leibniz to Frege*, Amsterdam: Elsevier, 2008, p. 683.

② John Woods, *Errors of Reasoning: Naturalizing the Logic of Inference*, London: College Publications, 2013, p. 217.

③ John Woods, *Errors of Reasoning: Naturalizing the Logic of Inference*, London: College Publications, 2013, p. 13.

④ John Woods, *Errors of Reasoning: Naturalizing the Logic of Inference*, London: College Publications, 2013, p. 15.

## 第四章 近期谬误思想:伍兹自然化逻辑的最新发展

之上的。并且,它继承了逻辑之实践转向的衣钵"①。另一方面,自然化的逻辑又与当下较受瞩目的自然化的认识论、当代心理学以及认知和经验科学密切相关。它的这种宽领域、多学科的理论交叉型特征可在伍兹的以下论述中窥得一斑:"逻辑的自然转向是对逻辑学的彻底发展,而与该发展相对应的类似事件则是自然化的认识论对传统认识论的叛离。逻辑学的这一新发展要求废黜概念分析的方法,主要原因在于该方法仅仅建立在实践者的直觉之上。然而,这却并非易事。之所以这样说,部分原因在于,概念分析是大多数逻辑改革者所经受的基本技能训练。另一个相关原因在于,在这些改革者中,能够在第一时间掌握经验科学之最新发展的人相对较少。讽刺的是,对经验科学的这种敏感性正是他们对哲学的基本要求。幸好,上述这种异常情况在近期有所改善。众多的年轻哲学家潮涌般地与认知心理学、实验心理学以及脑科学结成了研究同盟。"② 依据上述两方面内容不难得出如下结论,即自然化逻辑与实践逻辑的关系表现为一种直接的理论继承,换句话说,前者是对后者的进一步丰富和发展。而其发展的方向或基本特征便是一种包括心理学、认识论以及认知与经验科学在内的多元化逻辑体系。

其次来看外部意义。外部意义是指:自然转向及其推崇的自然化逻辑与当代其他类型的谬误理论相比,更加注重对西方主流逻辑观的批判,进而从中汲取有益成分,最终形成用于指导谬误研究的新逻辑观,而不是一味地埋头于具体谬误理论的建构中。

第一,以自然转向为背景的自然化逻辑通过其初期阶段的认知经济原则使传统谬误问题旧貌换新颜。以此为契机,自然化逻辑将研究重心逐渐转向了新逻辑观的构建上。这种将谬误问题升华为更为一般的逻辑问题的做法彰显了自然转向之不懈探索的意义。

基本可以这样说,自然化逻辑是对西方主流逻辑观进行深入且严肃探讨的较为完备、根本的逻辑系统理论。与自然化逻辑注重逻辑观之探讨所不同的是,与其处于同一时代的其他谬误理论,如范·爱默伦的

---

① John Woods, *Errors of Reasoning: Naturalizing the Logic of Inference*, London: College Publications, 2013, p. 14.

② John Woods, *Errors of Reasoning: Naturalizing the Logic of Inference*, London: College Publications, 2013, p. 521.

"语用—论辩术"和道格拉斯·沃尔顿的新论辩术,则更偏向于对谬误领域中的具体且固定的问题进行探究,对于逻辑或逻辑观问题的探讨并不那么热衷和深入。下面就通过对爱默伦和沃尔顿之理论的简要分析来进一步说明这一点。

爱默伦之"语用—论辩术"的主要功用是对伍兹前期谬误思想之形式方法的多元主义特征进行弥合,其主要功用的方面并不在逻辑或逻辑观的问题上。一般而论,形式方法的多元主义原则要求不同类型的谬误配备与其相适应的逻辑系统,只有这样,前者才能得到后者的恰当说明。然而,在爱默伦看来,形式方法的多元主义策略在现实的可操作性方面并不容易。原因在于两方面。一方面,该策略要求它的实际应用者具备超乎寻常的逻辑知识。因为形式方法的多元主义者在分析不同的谬误时需要具备不同的逻辑知识。这意味着,他在运用相干逻辑分析完诉诸流行谬误之后,又要重新掌握直觉主义逻辑,以便对乞题谬误进行分析。多元主义策略要求谬误分析者掌握大量精深逻辑知识的特点,对于普通人来说显然过于苛刻了。另一方面,考虑到形式方法的这种多元主义策略在分析谬误时需借助也许彼此互不相干的逻辑系统,因此,人们只能获得关于谬误分析和描述的零散碎片,而无法给出一种作为整体谬误研究的总图景。爱默伦指出,即使谬误的类型繁多,不一而足,但这并不意味着谬误分析的方法只有多元主义这一条进路可行,因为"从理想的角度考虑,某种能够处理不同谬误现象的一致性理论将是首选方案。这可能并非是我们的能力所及,但却值得尝试"[1]。事实上,爱默伦的"语用—论辩术"旨在研究具体的谬误问题,即调和伍兹形式方法之多元主义的分散性,而非致力于或主要致力于逻辑或逻辑观问题的探讨。

沃尔顿关于谬误研究的代表性理论是他的新论辩术。从名称上看就已经较为明显,他的新论辩术受到了爱默伦之"语用—论辩术"的较大影响。这多半源自沃尔顿本人对以爱默伦为代表的"语言—论辩学派"的赞赏,前者认为后者是继汉布林之后迈出了当代谬误理论研究的重要一步。正因如此,沃尔顿在与伍兹合作构建了谬误分析的形式方法之后,随即投向了语用论辩的方法。在形式方法构建的后期,即20世纪80年代

---

[1] Frans van Eemeren, Rob Grootendorst, "A Transition Stage in the Theory of Fallacies", *Journal of Pragmatics*, Vol. 13, No. 1, 1989.

## 第四章 近期谬误思想:伍兹自然化逻辑的最新发展

初,沃尔顿开始显露其谬误理论的语用研究倾向,《逻辑的对话——游戏与谬误》(Logical Dialogue—Games and Fallacies)为那一时期的代表作。书中阐发的"逻辑的对话游戏"理论被视为更加恰当的谬误分析框架。在前作的基础上,《论证者的立场:"针对人身"的功绩、批评、反驳和谬误的语用研究》(Arguer's Position: A Pragmatic Study of Ad Hominem Attack, Criticism, Refutation and Fallacy)结合相干逻辑、会话理论和此前的形式对话游戏论,进一步表明了诸如诉诸人身攻击这样的谬误在某些情境中是正确有效的。然而,沃尔顿从形式方法过渡到语用方法的真正转折是其《非形式谬误:关于论证批判的理论》(Informal Fallacies: Towards a Theory of Argument Criticisms)。在爱默伦看来,该书"标志着谬误研究之逻辑方向的重要倾斜"[1],表明谬误理论正在朝着成熟的状态进一步发展。从中可以看到,沃尔顿将其主要精力用于谬误理论的一般性建构,并伴有对特殊谬误类型的大量个例分析。由此而论,其谬误理论的核心部分并非逻辑或逻辑观的问题。

通过上面的论述可以看到,与自然化逻辑处于同一时代的那些较具代表性的谬误理论,如爱默伦的"语用—论辩术"和沃尔顿的新论辩术,基本上以谬误研究为主,即旨在解决谬误的相关问题,而未能更多地对谬误背后起主导作用的逻辑观问题进行探究。或者更为公正的说法是,爱默伦和沃尔顿的理论重心并非谬误观的建构。反观伍兹的自然化逻辑,在继承了实践逻辑的谬误分析框架后,对其进行进一步深化,从而过渡至对更为本质的逻辑观的探究。我们由此认为,以自然转向为背景的自然化逻辑实际上诠释了一个重要问题,即谬误研究背后起决定作用的最根本因素是逻辑或逻辑观的问题。换句话说,若想对谬误问题进行彻查,必先考虑其背后的逻辑观为何。这就避免了将眼界限于相对狭窄的谬误研究域,从而不能从基质上探察其背后的隐疾。同时,这也证明了,为什么逻辑史上各个时期的权威教材都会将"谬误"作为其目录中之一章。这一现象再次为上述观点提供了支持,即谬误理论是逻辑之不可分割的部门,对谬误的研究势必要仰仗对逻辑的研究。将这一观点进一步引申可得,就谬误问题来看,处理它的根本办法还是回到逻辑及其相关问题

---

[1] Frans van Eemeren, Rob Grootendorst, "A Transition Stage in the Theory of Fallacies", Journal of Pragmatics, Vol. 13, No. 1, 1989.

上去，亦即从逻辑观的角度对谬误进行分析。否则，谬误问题的处理只能停留在治标不治本的较浅层次。

第二，自然化逻辑以及由之驱策的自然转向创造性地提出了第三类推理的概念，突破了以往将演绎有效性和归纳强度作为评估人类推理的单一标准，彰显了自身的创新性意义。

前面第一点提到，自然化逻辑与同时代的谬误理论相比，更为注重从更为一般的逻辑观角度来寻找解决谬误问题的新视角、新方法。那么问题便是，这种用于指导谬误研究的崭新逻辑观到底为何？事实上，伍兹是围绕前述的第三类推理思想来构建其新逻辑观的。换句话说，第三类推理是自然化逻辑之新逻辑观的主要概念，将其与西方主流逻辑观所推崇的演绎推理和归纳推理相对照，从而在比较中凸显前者在解决谬误问题上的合理性。

伍兹在《理性之谬》一书的开篇指出："这是一本讨论'前提—结论型推理'（premise-conclusion reasoning）的书。较之于好的推理，当坏推理是一种错误的时候，重点关照那些导致错误的原因。我的观点是，就上述工作而言，逻辑并没有出色地履行这一职能。在许多方面，它提供给谬误研究的是一种严重误导。"[①] 上述所谓"并没有出色地履行这一职能"的逻辑就是指演绎逻辑和归纳逻辑。从传统上看，评估推理之好坏的标准大体遵循一种"双违原则"（RR-rule Violation）。所谓"双违原则"，即 E 是一个推理错误，当且仅当存在一个演绎有效描述 R 或归纳强度描述 R。从中可以进一步引申出两点结论：其一，只存在两类推理，一类适合作为演绎逻辑的评估对象；另一类适合作为归纳逻辑的评估对象。与此相应，其二，作为"评估推理之对错"的标准，只有演绎逻辑（有效性）和归纳逻辑（归纳强度），不存在第三种标准或逻辑。

然而，以上两个推定并非不可商榷。首先，"双违原则"忽略了第三类推理的存在。第三类推理与心理学、认知科学联系紧密。比如伍兹认为："有趣的一点是，在关于主体心理结构的预设框架下，心理学家出色地完成了对人类理性的研究工作。作为一种典范，谬误逻辑应该对其加

---

[①] John Woods, *Errors of Reasoning: Naturalizing the Logic of Inference*, London: College Publications, 2013, p. 1.

以利用。"① 事实上，第三类推理是现实生活中最常见的推理，它蕴含大量的经验、心理和认知因素。主体的推理大多是这种推理，同时也是错误的天然聚居地。其次，将演绎有效性（deductive validity）和归纳强度（inductive strength）作为评价第三类推理之好坏的标准是不恰当的，其问题在于，第三类推理的基本特征是推理过程的可废止性及其后承关系的非单调性。换句话说，第三类推理并不需要一套对其进行静态评估的演绎规则和归纳标准，因为它本身是一种处于动态变化之中，并能进行实时调控的"自反馈"或"自认知"型推理。由此可见，通过指出区别于演绎推理和归纳推理的第三类推理的存在，自然化逻辑旨在动摇演绎逻辑和归纳逻辑作为评估谬误推理之标准逻辑的地位，从而将看待、研究谬误的视角和方法归位于它本应所在的地方。

自然转向及其自然化逻辑为当代西方逻辑学界带来了一股不可小觑的理论冲击力。我们的观点是，自然化逻辑的主旨并不主要在于处理诸如谬误、论证以及论辩等传统且具体的理论问题，而是通过对将演绎有效性和归纳强度奉为偶像的西方现代逻辑观进行再造或重塑，从而使谬误研究回到其本应所在的正确轨道上来。以此为目标，自然化逻辑与自然科学密切联系，将心理学、认识论以及认知与经验科学纳入自身的体系当中，意在将主流逻辑从静态的、抽象的以及单调的概念演绎中拉回到动态的、丰富的以及具体的自然现象的世界中来，让逻辑拥抱主体、拥抱实践、拥抱经验、拥抱自然。由此产生了自亚里士多德以来逻辑学的第三次转向，即自然转向。

---

① John Woods, *Errors of Reasoning: Naturalizing the Logic of Inference*, London: College Publications, 2013, p. 10.

# 第五章

# 全面总结：伍兹谬误思想研究的再深入

如果说本书前文的内容是对约翰·伍兹之不同历史时期（前期与近期），甚至不同指导观念（形式逻辑观与"自然逻辑观"）下的谬误思想给予一种尽量全面、详尽的研究，那么到了本章这里，核心任务就是对该思想进行总结、深挖与联系。这种总论的性质决定了，此章的篇幅可能无须很大，且各个部分所得出的结论将会是极致精练与到位的。

事实上，既要将篇幅限制得相对简洁以便达到规范的写作要求，同时又要在这种规定的篇幅之内把对伍兹谬误思想的一系列总结性观点表述得一针见血、精准到位，无论如何这都不是一件轻而易举的事情。然而，幸好在前面的几章中已经从理论结构、思想内容以及历史发展脉络的层面对伍兹的谬误思想做了较为细致的探究。在前文这种细腻、全面的理论耕耘的基础上，我们怀着充分的信心认为，如果将结论这一部分安排为由以下这三项议题所构成的表述有机体，那么便能够较好地达到对伍兹谬误思想进行精练总结的目的。

这三项议题包括：第一，对伍兹谬误思想的全方位总结；第二，对伍兹谬误思想的深层次追问；第三，对伍兹谬误思想与中国逻辑之相关问题的探究。据此，将上述议题作为本章的三节依次展开讨论。至于蕴含于其中的关于伍兹谬误思想的一系列结论为何，将在文内的相应位置予以揭示。

## 第一节 伍兹谬误思想的全方位讨论

前文已经多次述及，伍兹谬误思想的基本特征有二。其一是时间跨度长。他的谬误研究生涯从20世纪70年代初至今从未间断，历时四十余载且还在延续。其二是理论内容多。从前期的谬误分析的形式方法到近期的基于认知经济和自然化的认识论的自然化逻辑,伍兹的谬误思想可谓四通八达、包罗万象。在这种情况下,就注定要对该思想进行一种全方位、多层次以及广视角的归纳讨论。如若不然,就必然会遗漏一些本应于伍兹谬误思想中得到的重要结论或观点。为了避免这种情况的发生,我们将从以下三个方面对伍兹的思想进行尽量全面的讨论,力争做到无所遗漏地得到那些必要得到的观点。这三个方面包括:第一方面,伍兹是如何通过深化谬误理论来拓展当代西方逻辑学之领域的,并且,依据这种拓展,我们对西方谬误理论史做出了概括性的阶段划分;第二方面,伍兹的理论存在着与同时代其他谬误理论彼此融通的可能,尤以爱默伦和格罗敦道斯特的"语用—论辩术"为代表;第三方面,从关照主体的角度对现当代以来逻辑学的数学转向、实践转向以及自然转向给予新阐释、新界定。借此,从一个侧面对逻辑学的三次转向做出总结。

## 一 理论的深化及理论史的分期

谬误理论隶属于逻辑学的这种观点应该不会招致太多质疑,逻辑史上具有影响力的教材无一例外地为"谬误"单独设章的事实已经充分说明了这一点,即使为它分配的篇幅与其他逻辑部门比较并不算多。如此一来便可以推定,如果说谬误与逻辑学有着密切关联从而被划归为后者的一个部门,那么,任何对谬误的深入研究都有可能乃至直接促进作为其母体的逻辑学的发展。事实上,伍兹的谬误研究活动很好地诠释了这一点。换句话说,我们认为,伍兹在不断深化其自身的谬误理论的同时,也带动甚至刺激了当代逻辑学向更深层次的理论维度拓展。

前面有述,伍兹近期的自然化逻辑思想可进一步细分为前后相继的两个子阶段,即稍早以前的实践逻辑阶段和当下的自然化逻辑的最终成型阶段。依据两阶段理论之特点以及治学方向略有不同,它们对逻辑学的影响方式也稍显区别。

首先,探讨实践逻辑对当代逻辑学的影响。在伍兹看来,实践逻辑是基于认知主体的实践推理来构建的。认知主体是一种能够"感知、记忆、相信、欲望、反省、慎思、决策以及推论"①的实践智能体。而实践推理则是主体利用相对贫乏的时间、信息以及相对较弱的计算能力进行实时推理。依据这种观点，推理的合情理性是主体认知资源之本质和范围的函数，根据眼前任务的本质和完成该任务所能利用的资源来确定的评估目标的恰当性。此外，若想确认某个对话中的推论是谬误，需要依赖两个条件，一方面，依赖于正在被讨论的主体的类型以及该类型主体可支配的资源；另一方面，依赖于恰当的执行标准。谬误总是在可以促使其成为谬误的语境当中才是谬误。明显的是，实践逻辑以认知主体的推理和行动为中心，借鉴并融合了认知科学、心理主义、语用学、人工智能、计算机科学和逻辑学的有益成分。可以想见，借助更为广阔的理论视野以及与传统思想完全不同的观念，实践逻辑拓展了逻辑学此前从未严肃考虑过的新领域。

其次，分析自然化逻辑的最终成型阶段对当代逻辑学的影响。伍兹在搭建与勾勒自然化逻辑的过程中，触及了一连串与当代逻辑学息息相关的问题。它们在未来很有可能被逻辑学所接手并成为炙手可热的研究课题，包括：逻辑学的对象范畴、逻辑推理实践与形式模型的关系、不同逻辑系统的长处与缺陷，以及逻辑作为理论工具的适用范围等问题。伍兹就这些问题进行了较为细致的探讨，在一定程度上启发并改善了当代逻辑学在这些问题上的固有思维方式。此外，作为自然化逻辑之主要研究对象的第三类推理也对当代主流逻辑观进行了建设性的批判，即认为以归纳强度和演绎有效性为论证评估之主流标准的正统逻辑，不应该排斥以第三类推理的可废止性为标准的自然化逻辑。两种逻辑观虽然不尽相同，但需要积极寻求相互融合的机会，而非彼此排斥。我们可以从安德鲁·艾尔文的以下观点中看出伍兹的最新理论对当代逻辑的影响："伍兹的《悖论与次协调性：抽象科学中的冲突解决》(*Paradox and Paraconsistency*: *Conflict Resolution in the Abstract Sciences*) 生动地证明了一种业经深思熟虑的谬误推理理论可能在认识论和更为一般的理论科学中

---

① Dov Gabbay and Franz Guenthner, eds., *Handbook of Philosophical Logic*, 2$^{nd}$ ed., Vol. 13, Berlin: Springer, 2005, p. 60.

发挥影响。"①

通过前面的论述使得以下这一点变得更加澄明，即伍兹通过其数十年来对谬误之孜孜不倦的研究，使得这种研究的辐射面在很大程度上与当代逻辑的研究领域相交合，并借助自身的深刻性和包容性对当代的逻辑学研究给予了进一步的深化甚至拓展。然而，这种通过谬误理论的研究来深化逻辑问题的例子并非伍兹一人所独有。在西方逻辑史上，还有一个人同样首先通过对论辩中的谬误现象给予研究，随后受其启发进而创造了系统逻辑本身。此人便是被誉为"西方逻辑之父"的亚里士多德。亚里士多德谬误思想的代表作当属《辩谬篇》。该篇文献列举了最初的13种谬误形式，亚氏将它们统称为"诡辩的反驳"。在亚里士多德看来，只要一个反驳具有这13种谬误的形式之一便可称其为谬误，否则，反驳本身只是一种特殊形式的好的论证。随后，亚里士多德从"反驳"的研究过渡到"论证"的研究，并分析了好的论证所需要的基本条件，进而在《前分析篇》中构建了三段论的逻辑体系。此外，伍兹通过对亚里士多德的文献进行详细考察指出，被誉为"谬误理论之开山之作"的《辩谬篇》在成书时间上也确实要早于被视为开逻辑理论之先河的《前分析篇》，即《范畴篇》、《解释篇》、《论辩篇》（第1—7卷）、《后分析篇》（第1卷）、《论辩篇》（第8卷）、《辩谬篇》、《前分析篇》以及《后分析篇》（第2卷）。② 并且指出："谬误的观念要早于逻辑学的创立，前者之名是由亚里士多德所予的。"③ 通过上述事实可知，在逻辑学之父那里，关于谬误的学说在一定程度上启发甚至催生了逻辑的相关问题。由此我们认为，在包括亚里士多德以及伍兹在内的西方逻辑史上，关于谬误理论的研究似乎表现为"先谬误、后逻辑"的发展形态或规律。换句话说，谬误问题的研究尽头一定还是逻辑问题，谬误理论具有推动逻辑理论之发展的传统。

此处引证亚里士多德的目的在于得到以下两点结论：第一，研究谬

---

① Andrew Irvine, "Book Review of Paradox and Paraconsistency: Conflict Resolution in the Abstract Sciences", *Studia Logica*, Vol. 85, No. 3, 2007.

② John Woods and Andrew Irvine, "Aristotle's Early Logic", *Handbook of the History of Logic*, volume 1: *Greek, Indian and Arabic Logic*, Amsterdam: Elsevier, 2008, pp. 31 – 32.

③ Dov Gabbay, John Woods and Francis Pelletier, eds., *Handbook of the History of Logic*, volume 11: *Logic: A History of its Central Concepts*, Amsterdam: North-Holland, 2012, p. 513.

误可以对逻辑学科有所贡献这一事实，应该是一条客观规律而不是机缘巧合；第二，也是我们此处最为看重的一点是，正如亚氏受到谬误理论的启发，进而构建了西方逻辑史上首个系统的逻辑理论一样，伍兹通过数十年来对谬误问题的不懈探究，进而能够对当代逻辑理论给予拓展与深化也就不是什么不可能的事情了。上述第二点便是在此处的论证中预期得到的结论。

通过前面的分析论证可知，伍兹对谬误理论的开拓与深挖在一定程度上促进和深化了当代逻辑学的发展。由此我们认为，以最新的自然化逻辑为代表的伍兹的谬误理论实乃具有一种"跨界"的性质。一方面，伍兹稍早以前的实践逻辑以推理主体的认知系统作为判断与评估谬误的标准，对谬误这一论题采取了一种颠覆传统观念的研究视角。随后，自然化逻辑又对这种全新的谬误研究方法加以深化与拓展，并为其注入了自然化的认识论的新元素。从这层意义上说，它是一种带有革新性质的谬误理论。另一方面，前面有述，作为自然化逻辑之前身或早期阶段的实践逻辑广泛涉及认知科学、心理主义、语用学、人工智能、计算机科学等领域，它们与当代逻辑学的研究疆界高度重合。而在当下的最新发展阶段，自然化逻辑又开始着力于对旧逻辑观的批评以及新逻辑观的建构，这就势必要对逻辑学的一些基本问题给予研究和发展。从这层意义上说，它又异常明显地呈现为一种逻辑学的形态。我们由此而论，认为伍兹近期的谬误学说具有一种"跨界"的性质。

通过这种较为明显的"跨界"的特点，我们进一步推得了以下观点，即伍兹当下的所谓谬误思想既不是通常意义上的单一谬误学说，也不是纯粹意义上的关于逻辑的一般性理论，而是将二者之研究内容和治学方法创造性地合二为一的逻辑型谬误论。伍兹之逻辑型谬误论所表现出来的一系列区别于以往理论的崭新形态，直接导致了两方面结果：一方面，从历史发展的纵向层面来看，这种逻辑型的谬误理论不仅使其在理论史的层面脱颖而出，同时，也将谬误理论史向着更远、更新的方向继续推进；另一方面，从理论比较的横向层面来看，伍兹最新的逻辑型谬误论也使其与同时代的主要理论派系区别开来，后者包括以爱默伦和格罗敦道斯特丹为代表的阿姆斯特丹学派和以沃尔顿为代表的加拿大新论辩学派。据此，便可以描绘出一幅虽然概括但却囊括了关键部分的西方谬误理论史全景图：

## 第五章　全面总结：伍兹谬误思想研究的再深入

- 以亚里士多德为代表的古代谬误理论
- 以培根、阿尔诺和尼古拉、穆勒、洛克等人为代表的近代谬误理论
- 以怀特莱、柯比为代表的现代谬误理论
- 以伍兹、爱默伦和格罗敦道斯特、沃尔顿为代表的当代谬误理论
- 伍兹关于错误推理的自然化逻辑理论

以上以一种相对简洁的方式勾勒了自亚里士多德以来的谬误理论发展史。可以看到，这种回溯遵循着时间的线性推移规律，由远至近、由古到今地将古代、近代、现代以及当下的主要谬误理论流派凸显出来。其中，重点关注以伍兹、爱默伦以及沃尔顿为代表的当代谬误理论研究。其中所示得较为明显，虽然伍兹与爱默伦和沃尔顿共同属于当代谬误理论的代表性人物，但考虑到伍兹的自然化逻辑是一种逻辑型谬误论，而爱默伦和沃尔顿的理论则更倾向于一种语用型谬误论，二者具有明显的区别——分属于不同类型的谬误理论。至于伍兹近期的自然化逻辑思想与爱默伦和沃尔顿之语用型谬误论的差异性，主要表现为谬误评估之标准的不同。

爱默伦的"语用—论辩术"是上述语用型谬误论的典型代表，而稍后发展起来的沃尔顿的新论辩术，在很大程度上可以视为前者的理论后裔。因此，这里主要将"语用—论辩术"作为参照系，看一看它与新近的自然化逻辑在谬误或论证之评估的标准上有何特点以及区别何在。

"语用—论辩术"的显著特点便是，将一系列关于批判性讨论的规则作为评估论证中是否含有谬误的标准。具体来说，批判性讨论包括四个阶段，即对质、开始、论辩和总结。与批判性讨论相适应的是十项调控言语行为的基本规则，用以规范讨论参与者的行为。只要参与者破坏了规则中的任何一条，就会被认作打乱了论证实践的正常步骤，阻碍了理性解决争论的一般进程，因此也就犯下了某种谬误。

可以看到，语用型的谬误理论以人们是否违反谈话中的规则，以及这种违规行为是否影响了该谈话旨在解决争辩的目的作为判断谬误的标准，这种做法是无可厚非的。毕竟，该理论的核心要素是一种带有对话

甚至争论性质的言语行为。然而,以下这些较为特殊的情况也是不能轻易忽略的,即如果用上述语用型谬误论的标准来评估那些前提蕴含其结论的优良（soundness）论证的话,那么一个令人吃惊的结果便是,优良论证将不可避免地沦为谬误。原因很简单,这些好的论证没有达到批判性讨论试图解决争议的目标。反之,一个前提并不蕴含其结论的坏论证却很可能不再被视为谬误,因为它在不违反批判性讨论之规则的前提下有助于解决意见分歧。可以想见,语用型谬误论在处理谬误评估的问题上似乎并不在乎论证本身的逻辑合理性。由此而论,我们认为,以"语用—论辩术"为代表的语用型谬误论在一定程度上脱离了对谬误或论证进行评估的逻辑规范性,进而缺乏一种认知上的理性维度。来自迈阿密大学的哈维·西格尔（Harvey Siegel）在《语用论辩家的困境：与贾森和范拉尔商榷》（"The Pragma-Dialectician's Dilemma: Reply to Garssen and van Laar"）一文中指出："批判性讨论者能够彼此共享并依赖不恰当的信念,还可能接收并运用未经考察的推论或推理规则。在此类情况下,由不恰当的信念和未经考察的推理规则所促成的分歧解决也许在'语用—论辩术'的层面是理性的,但从认知的角度看则不然。"[1]

与此不同,伍兹新近发展起来的自然化逻辑是一种逻辑型谬误论,其特征不仅是以认知主体的视角来看待谬误问题本身,同时更加注重从理性的逻辑证成层面来审视论证的合理性和谬误的真实性。依据逻辑型谬误论的观点,对论证之正确或错误的判断并不取决于该论证是否促成了评判性讨论达成了一致意见,而是取决于相对客观的论证评估标准。虽然自然化逻辑在很大程度上是基于主体推理及其行动的实践型理论,但这并不意味着它否弃了以下观点,即对论证之正确或谬误的判断是借助相对严格且精确的逻辑标准来实现的。只是依据认知主体所处层级和具体境况的不同,这种逻辑标准也会随之做出或强或弱的调整。事实上,以心理主义、自然主义和实用主义为特征的自然化逻辑很容易让人产生这样的误解,即它一定会抛弃作为逻辑学之核心要旨的关于论证评估的逻辑规范性。而实际情况是,它只是在更加注重认知主体以及实践推理的前提下,对逻辑之形式性和规范性的评估标准给予了一定程度的限制。

---

[1] Harvey Siegel, John Biro, "The Pragma-Dialectician's Dilemma: Reply to Garssen and van Laar", *Informal Logic*, Vol. 30, No. 4, 2010.

这种限制还远未达到抛弃的程度。基于此，我们认为，伍兹新近的谬误思想是一种逻辑型谬误论。

通过前面的一系列分析、比较与论证，得出了关于伍兹谬误思想的三点结论。第一，伍兹通过几十年来对谬误问题的不懈探讨，进而在一定程度上深化了当代逻辑理论。依据这一现象，我们提出了谬误研究领域"先谬误，后逻辑"的一般规律。第二，伍兹的谬误理论在推动当代逻辑学发展的同时，也将自身从谬误研究史中凸显出来。据此，我们绘制了自亚里士多德以来的谬误理论史全景图。第三，指出伍兹新近的自然化逻辑，既承认推理主体之心理状态的真实性，又不完全否弃逻辑之论证评估的规范性，因此具有一种"跨界"的性质。由此，将伍兹的新近思想定名为一种逻辑型谬误论，用以与爱默伦和沃尔顿的语用型谬误论相对照。

## 二 理论的相互融通与彼此借鉴

新著《理性之谬》于2013年的问世，标识着伍兹自然化逻辑的理论体系业已成型。这就意味着，以下三种较为突出的谬误理论构成了当下西方谬误研究界的主要风景，即伍兹的自然化逻辑理论、爱默伦的"语用—论辩术"以及沃尔顿的新论辩术。事实上，爱默伦和沃尔顿的理论是一脉相承的语用型谬误论，后者的基本原则和概念框架大多继承于前者。因此，可以将它们归属于同一类理论。这样一来，当代西方的主流谬误理论其实只关系到伍兹的自然化逻辑和以爱默伦及沃尔顿为代表的语用型谬误论。通过回顾理论史可以发现，以往的研究思路通常只注意这两类理论的不同之处甚至要分出个高低对错来，而较少对二者的可融合性以及如何融合进行探究。那么，明确地提出以下问题便是再自然不过的事情，即自然化逻辑与语用型谬误论是否存在着融合的可能？我们认为，应该对该问题给予肯定的回答。在这一部分中，就以爱默伦的"语用—论辩术"为范本，来分析它与自然化逻辑理论之间的融合问题。此外，作为伍兹前期谬误思想的形式方法也包括在讨论的范围之内，它与语用型谬误论也存在融合的可能。

如果说两种理论可以相互融通或彼此借鉴的话，那么它们之间就必然存在某种共同之处或一致达成的基本共识，只有这样才具有融通的基础。具体到伍兹的自然化逻辑和语用型谬误论上，这种相似之处或基本共识便是二者都在不同程度上涉及与人类主体相关的研究,这也正是此处探究二者之可融合性的基本切入点。毋庸置疑,伍兹近期的自然化逻辑思想是一种涉及主体的理论。这种"涉及"的程度之深以至于它根本就被认作一种"基于"(agent-based)主体的理论,即以主体为中心、以目标为导向并受认知资源的限制。因此,自然化逻辑具有亲主体的特征是一个异常明显的事实,无须赘述。与此相应,以"语用—论辩术"为代表的语用型谬误论同样也在某种意义上涉及主体,而它的这种"涉及"更多地来自其鲜明的语用学特征。暂且不论"语用—论辩术"必然预设对话者和对话语境的存在,而单就作为其理论内核的"语用"概念本身来说,便能很自然地推知,语用型的理论必然与语言工具的使用者即主体相关,正如新版《牛津哲学手册》对此的阐释:"语形学研究的是符号与符号间的关系;语义学研究的是符号与其指称之物之间的关系;而语用学则研究符号与其使用者之间的关系。"[①] 由此可见,语用型的研究必然涉及作为语言使用者的主体,绝无例外。此外,拉尔夫·约翰逊和安东尼·布莱尔在 2006 年的《"非形式逻辑"的意义澄清》("Making Sense of 'Informal Logic'")一文中,借助语用型研究在非形式逻辑领域之发展历程的回溯,也间接肯定了前者与主体的必然联系,即"随着语用因素的回归,主体也重新被划入非形式逻辑的版图中来"[②]。由此可见,与主体相关这一特征是伍兹的自然化逻辑与语用型谬误论所共同具有的,这就为二者之间的相互融合提供了必要的可行性基础。

通过前面的论述可知,自然化逻辑与语用型谬误论共同涉及主体因素。然而,若对该问题进行深入探究便会发现,二者是以不同的"方式"来涉及主体问题的。一般来看,伍兹的自然化逻辑是一种直接涉及主体研究的谬误理论。之所以这样说,是基于以下理论事实,即自然化逻辑具有鲜明的心理主义特征,并对推理主体极为重视。依据伍兹的观点,"[自然化逻辑这种]关于推理的逻辑应该对如何理论地构建人类推理者给予关照。以下两项工作不可偏废:其一是必须尝试着说明什么是对事

---

① Ted Honderich, *The Oxford Companion to Philosophy*, New ed., Oxford: Oxford University Press, 2005, p. 863.

② Ralph Johnson, "Making Sense of 'Informal Logic'", *Informal Logic*, Vol. 26, No. 3, 2006.

物的认知；而对这种认知行为背后的认知者进行阐发则为其二"①。由此可见，推理主体在自然化逻辑的理论中居于显要位置，据此认为它对主体的涉及较为直接且深入。反观语用型谬误论，其对主体问题的涉及则较为间接。以"语用—论辩术"来说，为了与主体的批判性讨论相适应，该理论提出了十条调控言语行为的基本规则，用来规范主体的批判性谈话行为。只要参与者破坏了规则中的任何一条，就会被认作打乱了论证实践的正常步骤，阻碍了理性解决争论的一般进程，因此也就犯下了某种"谬误"。诚然，该理论所设置的对话框架和原则确实针对的是评判性讨论的主体，这一理论事实不容否认。由此而论，如果认为"语用—论辩术"这一理论与人类主体毫无干系，那么便是不顾事实的妄言。然而，另外一个明显的事实同样不能忽略，即这种语用型谬误论对主体的上述涉及方式似乎并不如自然化逻辑那般直接和深入。原因其实并不复杂，即前者为作为主体的批判性讨论者所设置的对话框架和谈话规则，并不直接涉及主体的内在心理层面，而只是外在地为讨论者设置了若干必须遵守的客观规约。

以上是对自然化逻辑与语用型谬误论之"同"与"异"的梳理。简而言之，说二者"求同"是因为自然化逻辑与语用型谬误论都会涉及主体的因素；而说它们"存异"则是指，自然化逻辑与语用型谬误论在涉及主体的程度和方式上存在着较大差异。然而，恰恰是这种在最基本的指导观念上相同，而在较具体的概念操作上有别的理论，才可能存在相互融合、彼此借鉴的可能。试想，如果两种理论要么截然不同，要么别无二致，那么它们之间便很可能不会有任何理论瓜葛。换句话说，自然化逻辑与语用型谬误论为彼此保留了相互补充、借鉴甚至融合的空间。

那么现在的问题便是，这两种理论可能以怎样的方式进行融合或借鉴？如下是关于该问题的完整思路。如前所述，自然化逻辑与语用型谬误论虽然都涉及主体，但它们涉及的程度和方式有所不同。自然化逻辑本身极重视对主体的研究，无论早期之基于主体层级的认知系统，还是近期之第三类推理的思想，都是紧密地围绕主体的内在心理层面来论述的。这里需要着重指出的是，自然化逻辑这种对主体的"内在化"研究

---

① John Woods, *Errors of Reasoning: Naturalizing the Logic of Inference*, London: College Publications, 2013, p. 83.

直接表现为对"推理"的重视上。而语用型谬误论则以一种"外在化"的方式与主体因素保持联系，这种主体研究的外在化风格直接反映在其为批判性讨论者所设置的对话框架和谈话规则上。由此可以进一步推知，语用型谬误论更加青睐对"论证"的研究。更具体地说，自然化逻辑注重的是主体之"内部心灵的推理过程"，而语用型谬误论注重的则是主体之"外在语言的论证行为"。然而，对于人类主体来说，内部的推理过程无疑要比外在的论证行为更为本源、更为基础。原因在于，人类主体在实际地做出论证行为之前，总是要在先地借助内部思维器官来做出一系列的推理活动，即所谓的"三思而后行"。这与当代认知科学所给出的主体的一般认识规律是相符的。论述至此可以发现，上面的一系列观点似乎能够较为合理地支持下面的这个理论设想，即完全可以将以推理为主要研究对象的自然化逻辑，与以论证为基本构建目标的语用型谬误论融合在一起，以一种崭新的理论形态示人。其原因在于，在通常情况下（几乎没有例外），一个现实中的论证包含着两个部分：其一是内隐的推理过程，其二是外显的论证行为。这两个过程是前后相继发生的，二者之间不存在明显的断裂或间隔。此外，起自内部推理过程的谬误往往是通过外部论证行为表现出来的。反之，即使推理是正确的，那么也不能保证主体在对其进行表达时，外在的论证行为不出现任何偏差。因此，无论撇开论证来研究推理中的谬误，还是抛开推理来研究论证中的谬误，都将是一种片段性的、盲目的甚至是脱离实际情况的偏颇型研究。由此而论，若想得到一种相对完备而非偏颇的谬误理论，那么必然要采取一种将推理与论证相融合的研究方式，从而得到一种不同以往的全新理论形态。换句话说，考虑到伍兹的自然化逻辑更为注重推理的研究，因此，可以将其作为上述那种更为完整之理论的"前理论"，进而将语用型谬误论的对话框架和一系列讨论规则整合进来。由此，便很有可能形成一种更为全面、深入且符合实际情况的综合型谬误理论。

如上所述，伍兹的自然化逻辑与以"语用—论辩术"为代表的语用型谬误论具有相互融合与借鉴的可见前景。事实上，这再一次证明了本书前面的观点，即伍兹的自然化逻辑是一种开放的、多元的乃至兼容并包的综合型谬误论。该理论所涉及的认知科学、计算机科学、心理主义、自然主义、语用学、论证理论、心灵及行动哲学乃至脑科学的内容，都是其与相关学科进行融合与借鉴的便捷接口。与伍兹近期谬误思想的这种四通八达、灵活多元的特征形成鲜明对比的是，其前期的有关谬误分析的形式方法，似乎没有明显地表现出与其他理论进行融合的潜力。然而，语用型谬误论的开创者爱默伦和格罗敦道斯特却另有看法。

他们首先指出，继汉布林之后对谬误研究贡献最大的是伍兹和沃尔顿于20世纪70年代独立或合作发表的众多论文和专著。他们用更进步的逻辑体系处理谬误用以补救标准方法的不足，他们对谬误的成功分析在某种意义上具有形式主义的特点。在爱默伦和格罗敦道斯特看来："伍兹—沃尔顿方法的重要特征是在分析谬误的过程中系统地探讨高级逻辑系统。"[①] 传统谬误分析的标准理论之所以失败，是因为它只依靠命题逻辑、谓词逻辑以及经典三段论逻辑，而伍兹和沃尔顿借助非经典逻辑来改善传统谬误理论的不足。他们的这种方法在大多数情况下都能恰当地对非形式谬误进行分析。

值得注意的是，虽然"语用—论辩术"与形式方法有较大差别，但前者并不排斥后者，甚至表现出接纳与融合的意愿。在《语用论辩视角下的谬误》（"Fallacies in Pragma-Dialectical Perspective"）一文中，爱默伦和格罗敦道斯特清晰地表达了这种观点。

文中，作者首先阐明了语用论辩方法的基本框架和原则，即在语用论辩的视角下，谬误被认作谈话中的某种不当位移。该谈话以成功解决一个争论为目的，所以它应该是批判性质的。这种批判性讨论包括四个阶段，即对质、开始、论辩和总结。为了与批判性讨论相适应，作者还提出了十条调控言语行为的基本规则，用来规范批判性谈话参与者的行为。只要参与者破坏了规则中的任何一条，就会被认作打乱了论证实践的正常步骤，阻碍了理性解决争论的一般进程，因此也就犯下了某种"谬误"。

针对自家理论这种偏重对话框架的特点，爱默伦和格罗敦道斯特指出，若想使语用论辩方法更加严谨和完善，有必要将伍兹和沃尔顿的形式方法纳入体系中来，因为"即使这十条规则真实地反应批判性对话的所有相关方面，违反这些规则的不同方式以及与此相关的谬误仍需要进一步详述和补充……对于完成上述任务来说，逻辑学家的参与将是极为

---

① Frans van Eemeren and Rob Grootendorst, *Argumentation, Communication, and Fallacies: A Pragma-Dialectical Perspective*, London, New York: Routledge, Taylor & Francis Group, 1992, p. 103.

有益的。但在我们看来,他们的逻辑方法应该整合进语用论辩的理论框架内,因为该理论框架可以将逻辑学家的谬误分析工作置于一个更恰当的视阈下"①。

虽然爱默伦和格罗敦道斯特认为谬误研究的恰当方式是将形式的分析法纳入语用论辩的体系中,但有必要指出,"语用—论辩术"和形式分析法对"谬误"概念的理解是不同的。在爱默伦和格罗敦道斯特那里,"谬误一词是相对于这样一种言语行为来说的,这些言语行为能够以不同的方式妨碍批判性讨论中论辩的解决。因此,谬误一词与那些'维护批判性讨论的规则'系统地联系在一起……在这种观念下,谬误并不等同于不道德的行为,而是说,它阻碍了那种使某个论辩达成和解的努力。在这层意义上看,谬误是错的"②。由此可见,"语用—论辩术"将谬误看作对一系列理性讨论之规则的破坏。在这里,一方面,谬误这一概念本身似乎并没有实质性内容,所谓"谬误"其实就是"破坏规则"的代名词,从而将对谬误自身性质的研究替换为,对如何制定规则以使得批判性讨论顺利进行的研究。另一方面,设想所有论辩者都是理性的且严格遵守批判性讨论的规则,那么我们甚至不必需如此一种谬误概念。在这层意义上说,谬误的概念在爱默伦和格罗敦道斯特的语用论辩的视角下被虚设了,其概念的内涵较为空洞;而在伍兹和沃尔顿的形式方法中,谬误是一个具有丰富内涵的逻辑概念,具有自身的明确定义以及与之适应的谬误分类标准。形式方法是运用逻辑的技术手段来分析不同谬误类型的发生原理和规律的。然而,也许正是由于这种差异,才给这两种理论留下了相互融合与借鉴的空间,使它们在义理上有相互补充和完善的余地。当然,"语用—论辩术"与形式方法在谬误观上出现的这种分歧是可以理解的。毕竟,从某种意义上说,爱默伦和格罗敦道斯特的"语用—论辩术"并不是纯粹逻辑学意义上的"谬误理论",而毋宁说是涉及了言语行为理论、论证理论以及语用学的关于日常语言之论辩评估的体系。

---

① Frans van Eemeren and Rob Grootendorst, "Fallacies in Pragma-Dialectical Perspective", *Argumentation*, Vol. 1, No. 3, 1987, p. 298.

② Frans van Eemeren and Rob Grootendorst, "Fallacies in Pragma-Dialectical Perspective", *Argumentation*, Vol. 1, No. 3, 1987, p. 298、284.

总体而言，爱默伦和格罗敦道斯特从自身的学术立场出发，对形式方法基本上持认同态度，在他们看来，"伍兹和沃尔顿已经从逻辑的视角对谬误分析作出了卓越贡献"[①]。由此，也进一步呼吁将形式方法与语用—论辩的方法给予融会贯通。

### 三 关照主体原则下的逻辑转向

伍兹历时四十余年的谬误研究生涯是一次漫长的学术探险，并在这种学术探险的过程中获得了丰硕的理论成果。然而，在致力于伍兹谬误思想研究的同时，也要将目光投向与其相关的更为广阔的外部研究领域。这个所谓的"更为广阔的外部研究领域"是指由伍兹的自然化逻辑所引起的逻辑学的自然转向趋势，及其与数学转向以及实践转向之间的关系。如前所述，自然化逻辑的突出特征是从主体的视角对谬误理论乃至逻辑学本身做了不同于以往的新解释、新探索甚至新规定。因此，遵循这种"关照主体"（agent-centred）的原则，来进一步对更为宽广的逻辑转向问题进行探讨，亦即对三次转向的基本特征及其相互关系进行全新的解读。

携此目的，首先对数学转向、实践转向以及自然转向的基本情况进行简要回顾，以使得整个论述过程相对完整且不至于过于突兀。

逻辑学的数学转向无疑应归功于弗雷格在数学逻辑领域的创造性工作。然而，数学逻辑的形式演绎特征最早可追溯至亚里士多德。长期以来，亚里士多德的三段论模型被认作最为权威的推理范式，其影响之大是有目共睹的。包括一些著名的哲学家诸如胡塞尔、黑格尔和康德，甚至一些中世纪的经院学者，诸如阿奎那、奥卡姆等都是亚里士多德逻辑的使用者甚至推崇者。从数学逻辑的角度来看，亚里士多德的那句"必然地得出"是对推理有效性概念的原初阐释。在这种情况下，一些重要的学者认为，亚里士多德的逻辑思想已经是对逻辑学的大全式说明，这种"完备"的逻辑学说不会再有新的变化和发展。然而此后不久，弗雷格就打破了这一断言，并凭借其1884年的《算术的基础：对数之概念的

---

[①] Frans van Eemeren and Rob Grootendorst, "Fallacies in Pragma-Dialectical Perspective", *Argumentation*, Vol. 1, No. 3, 1987, 见于该文的第20个注释。

逻辑数学考问》①一书，掀起了后来被称为"数学转向"的逻辑学大变局。按照弗雷格的观点，逻辑学的基本任务是为数学研究奠定基础。依照这一思路，他为数学的推理和表达构建了逻辑的公理系统，数学逻辑由此诞生。此后，数学逻辑取代了亚里士多德的以三段论为主的古典逻辑，并于 19 世纪后半叶逐渐成为逻辑学界的主流思想。这是逻辑史上发生的第一次重要变革，即逻辑学的数学转向。

如果将目光停留在 19 世纪后半叶那个特殊的历史时期的话，那么无疑地，数学转向乃至数学逻辑作为一种新生力量极大地推动了当时逻辑学的发展。然而，如果将目光拉回到一百三十余年后的当代来从新审视数学转向的话，那么便可以发现数学逻辑的以下三点特征：第一，由于具有强烈的形式化倾向，数学逻辑自其诞生之日起便坚定地奉行反心理主义原则；第二，数学逻辑的描述语言以高度技术化的符号语言为主，该语言的突出特点便是其表意的抽象性和无语境性；第三，受"逻辑主义"的影响，数学逻辑的推理模型主要以演绎和归纳为主，其与现实场景中的人的推理相去甚远，进而无法体现逻辑学科本应具有的应用功能。可以看到，以上三点特征明确反映了数学转向的基本方针，即逻辑研究的"去主体化"。从某个侧面来看，逻辑的数学转向运动其实就是一场不折不扣的"去主体化"运动。

基于这种情况，自 20 世纪 70 年代以来，一些旨在处理主体推理和实践事务的学科纷纷崭露头角。伍兹和嘉贝对这一趋势进行总结之后指出，"这些新兴学术领域的相同之处在于，它们对现实境域中有关人类推理的偶发性（contingency）特征具有共同的研究旨趣。无一遗漏，我们将逻辑理论中的这些发展统称为逻辑的实践转向。"② 事实上，逻辑学之实践转向的功用是将数学转向弃之已久的推理主体重新纳入逻辑学的研究范畴。换句话说，逻辑学研究由数学转向过渡至实践转向，从某种意义上看无非就是从"去主体化"的逻辑向主体化的逻辑过渡。

通过前文的梳理不难看出，数学转向与实践转向的显著区别在于，

---

① 参见 Gottlob Frege, *The Foundations of Arithmetic*: *A Logico-Mathematical Enquiry into the Concept of Number*, translated by Austin, second revised ed., Illinois, Evanston: Northwestern University Press, 1980。

② Dov Gabbay and Franz Guenthner, eds., *Handbook of Philosophical Logic*, 2$^{nd}$ ed., Vol. 13, Berlin: Springer, 2005, p. 17.

是否承认推理主体在逻辑学研究中的合法地位。对于前者来说,主体这一范畴早在数学逻辑创立之初便被迫从逻辑研究中退场。现代逻辑史证明,弗雷格的"逻辑学三原则"之第一条无异于公然废除了推理主体的逻辑合法性地位。而对于实践转向来说,它意图将被数学转向废止于一个多世纪前的推理主体重新召唤回来,旨在恢复其作为逻辑学之考量因素的合法地位。

然而,在逻辑实践转向之后出现的众多逻辑类型中,除了伍兹于21世纪初建立的"实践逻辑"以外,其他绝大部分逻辑体系均有以下特征,即虽然它们在研究对象的层面涉及主体及其相关因素,甚至将推理、信念、认知以及行动作为分析和刻画的直接目标。但是,仍然在方法论的层面依赖于数学逻辑的形式公理系统。换句话说,它们的理论内核依旧是数学意义上的形式化或公理化的东西。面对这种情况,伍兹呼吁:"应抱有这样一种决心,即暂且搁置我们对推理主体及其相关因素进行规范化(形式化)说明的热衷。在此期间,需制订一个更为精细的调查方案。该方案旨在研究的是:当人类进行实实在在的推理时,在其所处的现实情境中到底发生了什么。这种决心的另外一种解释是,我们需要对逻辑进行自然化的处理,并且需要与跟人类认知相关的各门学科并肩作战,彼此建立一种成熟且具有反思性的伙伴关系。"[①] 由此,借势于逻辑学实践转向的大潮,伍兹呼吁对其中仍旧处于强势的数学或形式的因素予以清除,进而建立一种真正基于自然化的认识论、心理学,以及认知与经验科学的关于人类推理的自然化逻辑。而自然化逻辑的上述基本属性以及由此产生的去数学化的必然需求,则是催生并推动逻辑学之自然转向的真正动因。

以上内容简要梳理了从数学转向到实践转向,以及由之接续而来的自然转向的一般过程。虽然前文已经对逻辑学发展的这种变迁历程做过较为详尽的论述,但此处不厌其烦地对其做出概要式回顾,除了为下文将要阐释的新观点做铺垫以外,还有另一个重要目的,此目的便是对如下这一点做出重要区分,即逻辑实践转向之后出现的一批围绕主体并且高度形式化的逻辑与伍兹的"实践逻辑",以及由之发展而来的"自然化

---

① John Woods, Preliminary Syllabus, Second term 2014, Philosophy 520A Logic, http://philosophy.ubc.ca/files/2013/06/PHIL-520A-001-Woods.pdf..

逻辑"并非同一概念。二者的区别表现为,前者诉诸形式的方法和数学公理系统,后者则诉诸心理学和认知科学。具体来说,前者只是在研究对象的层面吸纳了与主体相关的范畴,在研究方法上依然是形式的或数学的;而后者无论在研究对象上还是在研究方法上,均从主体的层面出发,在研究中融入了心理学、认知科学以及自然化的认识论等与主体息息相关的学科类型。

上述区分对于弄清实践转向的内部情况以及宏观把握数学转向、实践转向以及自然转向的相互关系是极为重要的。以前述的理论史梳理和概念澄清为基础,并从"关照主体"的原则出发,我们便能够对逻辑学的三次重大转向给予不同于以往的全新认识与定位。

由数学逻辑推动的数学转向是继亚里士多德创立逻辑以来关于这门学科的第一次重大变动。数学逻辑本身带有鲜明的形式化和公理化特征。自弗雷格创立数学逻辑之初便坚定地将心理的和主体的因素排除在外。因此,我们将数学逻辑重新界定为一种"去主体的逻辑"(agent-dispelling logic),并将该逻辑的形式化特征归结为"严格的单调性"(rigorous monotonicity)。换句话说,若站在关照主体的视角审视数学逻辑,那么可以称其为诉诸严格单调性的"去主体化"逻辑。

数学转向的百余年后,亦即20世纪70年代以来,学界出现了逻辑的实践转向趋势。一些旨在处理主体推理和实践事务的逻辑类型纷至沓来,包括时间逻辑、行动逻辑、语用逻辑、认知逻辑以及动态逻辑等。然而,在这些逻辑中,除了伍兹的实践逻辑以外,其他逻辑类型均表现出高度的形式化和公理化特征。而之所以将它们视为实践转向的象征,只是因为它们的研究对象涉及了主体。但从另一方面看,它们的研究方法仍然是形式的或数学的。伍兹就该情况评论道:"自1980年之后,这种诉诸形式公理系统的主体逻辑发展至极为惊人的复杂水平。这些主张将主体的逻辑朝向复杂的技术化风格发展的学者认为,由于理论与实践的鸿沟日渐加大,因此,较之于此前的研究来说,一种有效的主体逻辑必须对人类的日常特征及其行动给予更多的形式化表征。这种试图弥合理论与实践之鸿沟的意图,使得与主体相关的逻辑在数学的技术性方面极尽复杂。"[①] 基于

---

① John Woods, Preliminary Syllabus, Second term 2014, Philosophy 520A Logic, http://philosophy.ubc.ca/files/2013/06/PHIL-520A-001-Woods.pdf..

这种情况，我们将这种虽然以主体及其相关问题为研究对象，但仍然在方法上诉诸形式公理系统的逻辑称为"容主体的逻辑"（agent-admitting logic），即可以在研究对象的层面容纳与主体相关的议题，但在研究方法上依然紧密依赖于数学的公理系统。容主体的逻辑诉诸"数学的技术性"（mathematical virtuosity）。若想对此类逻辑有直观的认识，可参考庄翰·范·本泽姆（Johan van Benthem）于2011年发表的专著《信息与交互的逻辑动力学》（*Logical Dynamics of Information and Interaction*）[①] 以及嘉贝于2012年发表在《论证与计算杂志》（*Journal of Argument and Computation*）上的相关文章。

从"关照主体"（agent-centred）的原则来看，数学转向对应的"去主体的逻辑"是一种刻意与主体及其相关事物绝缘的逻辑。虽然这种决绝的做法从关照主体的视角来看并不妥当，但就该逻辑的反心理主义本性来说也是可以理解的。反观与实践转向相对应的"容主体的逻辑"：一方面，它试图将主体及其相关因素从新拉回到逻辑的视野，一改之前去主体化逻辑的决绝做法；而另一方面，它仍然对去主体化逻辑的形式方法恋恋不舍，并且让形式的公理系统在复杂的技术化道路上越走越远。如此一来，形式化的刻板性和规范性与主体的灵活性和随机性产生了明显的不适感。在这种情况下，自然转向中的自然化逻辑呼吁，对主体研究中的形式因素进行进一步的限制甚至清除，进而诉诸经验的、心理的以及自然化的主体逻辑研究。正如伍兹在其2014年的教学大纲中所说的："我们要寻找一些方法，这些方法可以使我们运用一种以主体为中心、以目标为导向并受资源的限制的推理逻辑对'前提—结论型推理'进行评估。迄今为止，几乎所有的逻辑系统都是用高度形式化的方式来表征主体及其推理行为。而我们这门课程的出发点就是以一种经验敏感型的理论对上述逻辑系统加以限制……即把逻辑自然化。"[②] 可以看到，伍兹的上述话语是对以下观点的有力支持，即当下的逻辑学应该重新思考如何对主体及其相关议题进行研究。换言之，那些随着实践转向而兴起的依

---

[①] 参见 Johan van Benthem, *Logical Dynamics of Information and Interaction*, Cambridge: Cambridge university press, 2011。

[②] John Woods, Preliminary Syllabus, Second term 2014, Philosophy 520A Logic, http://philosophy.ubc.ca/files/2013/06/PHIL-520A-001-Woods.pdf..

然以形式公理系统为傲的"容主体逻辑"并不符合自然转向的要求。而后者的理想则是一种完全摆脱形式化之束缚,进而专心拥抱人类之经验与实践的纯粹主体型逻辑。据此,将伍兹表述的这种逻辑称为"亲主体的逻辑"(agent-embracing logic),该逻辑诉诸"经验的敏感性"(empirical sensitivity),它的另外一个名称便是"自然化逻辑"。

以上,依据"关照主体"的原则对现当代以来的数学转向、实践转向以及自然转向给予了新观察、新探索以及新阐释。与上述三次转向对应的是三种不尽相同的逻辑形态,即"去主体的逻辑"对应数学转向;"容主体的逻辑"对应实践转向;"亲主体的逻辑"对应自然转向。为了更为直观地表现它们的结构关系,特绘下图示之。

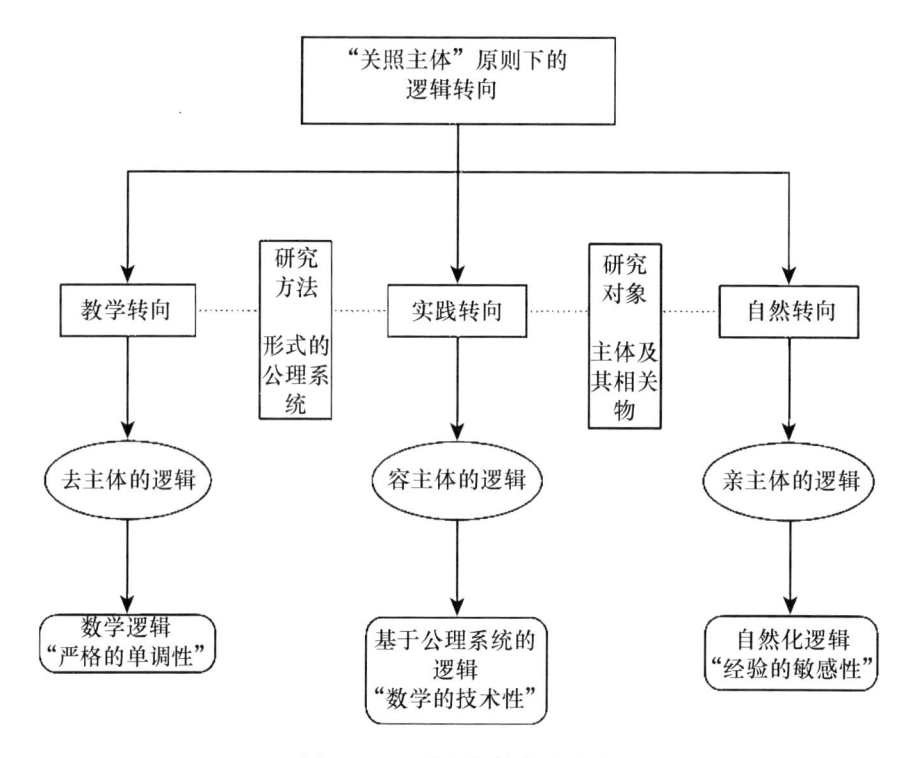

**图 5-1 三次逻辑转向关系图**

事实上,前述所谓的"去主体""容主体"以及"亲主体"是逻辑学研究对待主体及其相关元素的三种不同态度或策略。由此我们得出以下观点,即逻辑在对待主体的问题上采取何种态度或策略,直接关系到

## 第五章 全面总结：伍兹谬误思想研究的再深入

它呈现出怎样的形态或类型。依据这种观点便不难解释以下这些理论事实，即去主体化的研究策略产生出诉诸严格单调性的数学逻辑；容主体化的策略催生出以主体及其相关元素为研究对象，但仍然诉诸数学公理之技术性的逻辑；而亲主体化的研究策略则构建了去形式化的、心理的、实践的以及经验敏感型的自然化逻辑。以上三种不同形态的逻辑又反过来推动了逻辑史上的三次重大转向，即数学转向、实践转向以及当下初步显露苗头的自然转向。通过前述的一系列分析以及图示，一条关于逻辑学发展的基本主线似乎越发地鲜明起来。

自亚里士多德始，逻辑之产生的最初刺激是对主体间的对话和论辩以及蕴含于其中的谬误的研究。这一点可以从《论题篇》《辩谬篇》以及《前分析篇》的年代顺序及论述内容中找到线索。由此可见，逻辑从无到有的最初过程甚至形态与主体及其相关因素有密切的关联。到了19世纪后半叶，逻辑经历了有史以来的第一次重大变革。数学转向明确地将主体因素排除在逻辑的研究范围之外，一种钟情于形式公理系统的数学逻辑自那时起成为主流。20世纪70年代以来，学界出现了逻辑的实践转向趋势。主体因素逐渐回归逻辑，一些以主体为研究对象的逻辑类型纷纷崭露头角，虽然它们在方法论上依然诉诸形式公理系统甚至有过之而无不及。当时间来到21世纪的最近几年，伍兹的自然化逻辑业已成型。这种逻辑诉诸心理的、实践的以及经验的方法，力图对逻辑中的主体因素给予自然化的研究，进而主张对逻辑之主体研究中的形式因素给予彻底清除。由此发起了逻辑的自然转向。综上所述，现当代逻辑学的发展总体上呈现出一种"回归主体"的趋势，具体来说就是一种从"无主体"到"理想化的主体"，再到"自然化的主体"的渐归趋势。

据此可进一步得出如下结论：主体本身及其相关因素在极为本质和潜在的层面上来影响逻辑学的发展。换句话说，主体至少应该在现当代的逻辑学研究中被给予与其理论地位相称的重视程度，而非继续冷落甚至无视。从主体在逻辑研究中的这种基础性地位可以归纳出，逻辑究其本质还是一种有关于社会人文实践的学科。或者退一步讲，逻辑在脱下形式化之理性科学的外衣之后，最终还是隶属于或能够还原为一种感性的人文学科，进而回到其最初的那个经验的、实践的以及自然化的本原那里。

## 第二节 伍兹谬误思想的深层次追问

本书力图对约翰·伍兹的整体谬误思想乃至完整的学术生涯做出全面、综合以及系统的论述。本书从伍兹 1972 年发表的初始性文献《论谬误》开始，再到 2013 年的最新著作《理性之谬：将推理逻辑自然化》，进而，又对伍兹随后的理论发展给予紧密的追踪。本书对伍兹谬误思想的论述跨度几近半个世纪。在这种情况下，论述的广度可以说已经基本达到了标准，其中涉及的理论内容、观点、概念并不在少数。然而，若想对伍兹的谬误思想给予高质量的研究和探讨，还必须在论述的深度上有所加强。由此而论，我们此处就对伍兹的谬误思想展开深层次的追问。涉及的问题主要有以下两个：

问题 1：伍兹为何由前期的"伍兹—沃尔顿方法"（形式方法）突然转向了新近的自然化逻辑理论，二者的关联何在？

问题 2：是什么内在动机或潜在原因促使伍兹构建了以资源调节策略和主体认知系统为基本框架的自然化逻辑？

第一个问题主要是从理论的相关性及其内在发展规律的角度来探讨伍兹前期的形式方法（"伍兹—沃尔顿方法"）与近期自然化逻辑的关系问题。它涉及的是对理论内部之细枝末节的省察，以及对这些细节之间的可能性关联的发现。第二个问题的切入点则较为新颖，同时也在研究的可操作性上具有一定挑战性，即从个人意向和主体动机的角度来探究，伍兹为何构建其基于认知资源调节策略的谬误理论。对于第二个问题，我们认为运用一种发生学的方法或视角对其进行研究更为恰当。

考虑到以上两个问题的研究难度，我们决定以信件的形式就这些问题向伍兹本人直接请教，以避免由于"闭门造车式"的主观臆断而阐发错误的结论，进而对其他后继研究者造成误导。下面就按照我们的上述构思来展开这一节的论述和研究工作。

### 一　与伍兹的通信情况及其内容

作者于 2015 年 1 月 2 日给伍兹教授去信，三天之后，即 1 月 5 日，收到了他的回复。去信中，作者首先提出了上述两个问题，即问题 1：伍兹为何由前期的"伍兹—沃尔顿方法"（形式方法）突然转向了新近的自然化逻辑理论,二者的关联何在?问题2:是什么内在动机或潜在原因促使伍兹构建了以资源调节策略和主体认知系统为基本框架的自然化逻辑?提问过后,就这些问题给出了虽然经过长期思考但始终未能令人满意的答案。在本节的第二目和第三目中,将同时给出作者的答案与伍兹的答案,以便二者的比较。下面先将伍兹回信的核心内容列出,以便对信件中的观点进行总体了解,同时也利于在后续的内容中对信件中的观点给予评论、研究乃至引用。[①] 信件的关系如下:

答复1:WWA(Woods-Walton Approach)与NL(Naturalistic Logic)的分野并非如你想象得那般干脆。它们之间存在着三个区别:

1. "伍兹—沃尔顿方法"vs. 自然化逻辑
2. 形式方法 vs. 自然化的方法
3. 逻辑的 vs. 非逻辑的

除了上文所述,进一步的区分仍是必要的。我在2013年的新著《理性之谬:将推理逻辑自然化》一书中,对以下这种区分给予了明确表述,即:

结论保有(Consequence-possession / having)

结论对点(Consequence-spotting)

结论临摹[②](Consequence-drawing)

我们指称P为一个前提集,即:$\{P_1, P_2, ..., P_n\}$;而C是由前提集P推导而来的结论集,即:$\{C_1, ..., C_n, ...\}$。举例来说,如果C中的某个具体结论$C_4$能够由前提集P推出,但这并不代表人们真正知道$C_4$能够由P所推出,因为这只是一个潜在的事实而已。这种情况意味着,没有人能够对点(spotted)地指出$C_4$是前提集P的一个结论。并且,很自然地,如果你没能指出$C_4$是前提集P的结论,那么,你就不可能真实地将$C_4$临摹(draw)为P的结论(对$C_4$的临摹就如同将其放在你的信念之盒里一样)。

---

[①] 将伍兹回信的中译文放于此处,以便读者深入思考研究。

[②] 关于"结论临摹"与"结论保有"的各自意涵及相互区别,请参阅第四章第二节第三目的相关内容,此处不做赘述。

上述第4点区分极为重要。它映射出的问题是：逻辑永远将结论保有式的严格逻辑后承关系作为关注的焦点，若干世纪以来的逻辑学文献不厌其烦地探究后承关系的可能数目及其相互间的不同之处（一种或是多种？），并对这些后承关系的实例化条件深感兴趣。作者在《理性之谬》一书中指出，当后承关系的实例化条件被获得时，其实是说它们乃获取于逻辑空间之中，而当"结论对点"和"结论临摹"发生时，它们的发生领域是思维着的主体的大脑（或是某些与人类大脑相当的人工智能设备）。

持有保守思想的现代逻辑学家倾向于认为，结论保有式后承的条件可以轻松转化为结论临摹的规则。如果此观点是正确的，那么无异于说结论保有所隶属的形式的演绎逻辑是结论临摹的一种基本逻辑。在吉尔伯特·哈曼（Gilbert Harman）于1970年发表的《归纳》（Induction）一文中，对这一问题给予了讨论。作者的观点是，关于推理的理论不在逻辑的适当研究范围之列，它们应该转投哲学（如认识论）或其他社会科学（如认知心理学）的怀抱。在20世纪60年代末传看于多伦多大学哲学系的一份油印版研究笔记中，我表达了这样的态度，即虽然我于哈曼之前就提出过与此类似的想法，但我由之得出的观点或结论却不敢苟同于他。在那时我就已经表述过，蕴含关系的条件与推理之规则是截然不同的两回事。我想要表达的无非是，逻辑具有两项与后承相关的工作要做，而不是一项：第一项是要为后承关系的实例化寻找正确的条件，第二项则是要为思考者头脑中的推理路径寻找正确的运作规则。

1972年，我们为"伍兹—沃尔顿方法"撰写了第一篇论文，即《论谬误》。文中，沃尔顿和我没有将下面这些深刻的见解公之于众，而是将它们的优先发表权让予了哈曼。那么今天，我们可以用与几十年前完全不同的词汇来表述这些思想，即"结论保有"与"结论临摹"之间以及"概率演算"（probability calculus）与"概率推理"（probabilistic inference）之间存在着很大的不同。除此以外，还有其他大量洞见。然而，我和道格（对沃尔顿的昵称）对哈曼的如下观点持保留意见，即只要涉及推理，无论是演绎的还是归纳的，都不适宜作为逻辑学的研究对象。

如果对我的逻辑思想发展史做一完整回顾便不难发现，它包括前期形式方法的一些早期理论发现，自然还包括新近对自然化逻辑的构建工作。这种回顾使得提出如下问题变得合情合理，即为什么某个相信逻辑必须涉及主体推理的人在 41 年之后突然提出了逻辑学之自然转向的观点？关于该问题的部分回答是，事实上，这种转变并非如此突然。在"伍兹—沃尔顿方法"的酝酿初期，它就已经认可了认识论因素的重要性，并从未避讳这样一个明显的事实，即正如推理一样，当知识发生时，它发生于某人的大脑之中。而关于该问题的更为重要的答复来自两个方面：（a）经过长期思考之后发现，我所持的观点与奎因的自然化的认识论极为相似；（b）较之于推理逻辑来说，我从事论证理论研究的时间更长，以至于竟做出了如此疏忽的假设，即一种好的论证理论完全可以胜任人类推理的建模工作。经过了很长一段时期之后我才放弃了这种观点，其实本应更早地从中抽身。经过如此转变，我的新观点开始萌芽。萌芽的媒介当属 20 世纪 90 年代国际论证研究协会（International Society for the Study of Argumentation）举办的名为《谁在乎谬误？》（*Who cares about the fallacies?*）的专题讲座。该讲座的发言稿于 2004 年发表于《论证之死》（*The Death of Argument*）的第一章。文中，我强调了主体的认知资源受限性，这种观点在 2001 年的《亚里士多德的早期逻辑》和 2003 年的《悖论与次协调性：抽象科学中的冲突解决》中达到了论述的阶段性高峰。在前一本书中，我试图对"推理—论证问题"给予一劳永逸的解决；而在后一本书中，我着力探讨了以下两个问题，第一，人类推理者如何在真实生活的资源受限条件下，处理那些通常表现为前后不一致的信念，第二，人类推理的实然模式与形式逻辑学家所推崇的应然模式之间，为何呈现出如此大的差异。

现在，让我们把论述转向形式方法与自然化方法的区别上。我从未停止过对形式化建模的积极追求。可参见由我、霍华德·巴林杰（Howard Barringer）和嘉贝于 2012 年撰写并发表在《论证与计算杂志》（*Journal of Argument and Computation*）上的文章。在推崇"数学的精巧性"（mathematical virtuosity）这一问题上，我不会向任何人妥协。依我看来，在技术方法所主导的所有领域中无一不彰显着数学的精巧性。然而，该问题的划界来源于我的一个无心假设，即尽管认知实践的形式化建模在经验层面是不精确的，但它却是一种规范性的权威标准。我首次表达该观点的场合是 20 世纪 90 年代伦敦国王学院主办的一次会议演讲。随后，我和嘉贝于 2001 年将该文发表，定名为《新逻辑》（*The New Logic*）。再后来，我和嘉贝在达斯特尔泽米纳（Dagstül Zeminar）

进一步沟通，于是又在2003年发表了《理性的规范模型：论某些模型的失效》(*Normative models of rationality: The disutility of some models*) 一文。得益于文献创作过程中的启发，我通过长时间的思考后意识到：X对Y进行理想化的（ideally）建模是一回事；而X对Y进行实际的（does）建模则是完全不同的另外一回事。可以用技术化的方式来体现这一观点，一个完美范例来自哥德尔1931年的一篇讨论不完全性定理的文章。依据哥德尔的观点，缺少了形式的表征性证明的形式模型只能沦为空谈。

虽然如此，我钟爱形式化模型的理由之一并非源于它能为在先存在的感兴趣的概念带来理解上的清晰性，毋宁说是因为它能够对新概念给予创造性的公式化，而无论我们当下以及直接的兴趣会如何变化。思考如下这一现象，即黎曼（Bernhard Riemann）关于空间的全新概念最初并未引起真正注意，直至1905年，爱因斯坦在相对论中为黎曼的理论找到了真正的用武之地后，其理论才真正得到重视。该事例对我的启发是，如果对人类行为给予经验的实例化的不当模型无法仰仗其规范性的预设而被证明是正确的，那么它们的真正价值何在？毋庸置疑，这些经验性的形式模型之价值部分地源于前面提到的"数学的精巧性"。但是，这种技术上的精巧性是与真实世界中的纯粹主体行为相疏离的。换句话说，在构建人类推理及行为模型的问题上，"数学的精巧性"除了可以让人品味其形式构造上的艺术性和可能的创新性以外，也就不能再指望有其他功用了。关于人类理性的规范性理想模型之最大的错误是，它以一种理所当然的方式将我们所有人都变成了坏的推理者。但是，一个再明显不过的事实是，我们在很大程度上是一群好的推理者，这种在推理方面的卓越性足以让我们繁衍生息、繁荣富足，并在现在和未来创造伟大的文明。对于该问题，有两种完全不同的解释：（a）可以放弃这样一种观点，即好的推理天生与精确性相联系；（b）可以采取这样一种立场，即如果没有适当程度的精确性作为规约，那么人类的生存、繁荣以及文明都将成为不可能。我在1990年的国际论证研究协会（ISSA）的发言上采取了第二种立场，即小样本概括（small-sample generalization，又称轻率归纳）不仅不是一种在本质上表现为谬误的推理，甚至在大多数时候，当我们诉诸这种推理时它反而是正确的。甚至在"伍兹—沃尔顿方法"的初创阶段，我和道格也并不认为"诉诸暴力"是一种推理错误，而它更不可

## 第五章 全面总结：伍兹谬误思想研究的再深入

能从骨子里就是谬误。详细分析见伍兹和沃尔顿于1976年发表的《诉诸暴力》一文。以上列举的轻率归纳和诉诸暴力谬误是以下这一洞见的早期显现，即传统列表上的谬误项之真正意义与传统谬误观强加于它们的意义并不一致。《理性之谬》一书对这种早已显山露水的观点进行了概括。

以上是对问题1的详细答复，现在将目光转向问题2。在此之前，请允许我对问题1的答复进行总结：（a）从前期的"伍兹—沃尔顿方法"转向近期的自然化逻辑的过程其实是渐进的而非突变的；（b）我之所以在近期拥抱逻辑的自然主义基于以下考量，即关于人类认知行为的理想化模型既存在经验层面的不恰当性又有规范层面的不安全性。然而，如果抓住实质性的东西不放，那么便会发现如下这一点，即好的推理与坏的推理之间不仅存在不同之处，而更为奇妙的是，人类推理者恰恰热衷于这种好与坏的周旋。如果情况属实，那么好、坏推理之间的不同必然能够被辨别于人类的实践当中，其中就包括与人类推理评估有关的日常事务。基于此种情况，人类确实需要在日常经验中摸爬滚打。综上所述，我们无须放弃数学的精巧性，而只需放开手脚，大胆地对现实进行经验性的、严格的省察。

答复2：一个多么独特的见解！这个观点非常接近真实情况，即我之所以要运用认知经济的方法来考察人类认知，是因为我的学术工作所必需的经济必要性（economizing necessities）。但需进一步指明，虽然我的学术研究确实受到时间以及认知资源的限制，但我与其他任务压身的人没有任何区别。如同法庭上的陪审员一样，虽然我看似不自由，但却可以随意支配时间。

最后想说，我已经意识到并且表示遗憾的是，我和嘉贝认为，实践一词最好被赋予"稀缺资源认知经济"的新意义。然而，实践本身具有一种难以抹去的固有意义，即对做出何种行动进行深思熟虑。因此，现在看来，德福和我试图按照自身的理论诉求来对实践这个词赋予新的解释，这一做法似乎不妥。

希望这封迟来的信件能够对你有所帮助。就回信的内容来看，我还从未发现自己可以做到如此深刻的自我省察。

以上便是伍兹回信的主要内容。我们将于第二目和第三目对其中的观点给予评论，并将这些观点与我个人的见解进行平行比较。

## 二　前期谬误思想与近期谬误思想的过渡之谜

前期谬误思想的"伍兹—沃尔顿方法"诉诸现代逻辑的形式公理系统，该方法忠实于汉布林的"谬误理论现代化"的号召，因此带有现代演绎逻辑的特征。伍兹新近发展起来的自然化逻辑诉诸心理科学、认知科学以及自然化的认识论，该理论与当代逻辑学的实践转向、自然转向运动联系紧密，由此典型地具有经验的以及实践的特征。问题在于，看似如此不同的两种理论竟然出自伍兹一人之手，这就不免让人产生迷惑。更为不解的是，前期的"伍兹—沃尔顿方法"与近期的自然化逻辑之间基本不存在一种过渡型的理论。二者之间的理论差异之大、跳转态势之突然长期以来一直困扰着笔者，以致令笔者将其称为"前期与近期思想的过渡之谜"。

基于上述这种情况，笔者在给伍兹的去信中提出了问题1，即伍兹因何由前期的"伍兹—沃尔顿方法"突然转向了近期的自然化逻辑理论，二者的关联何在？

信件中，当问题1被提出以后，笔者并没有急迫地抛出问题2，而是尝试性地给出了自己关于问题1的答案或观点，亦即前述的所谓"不能令我满意的答案"。

笔者当时的观点是，"伍兹—沃尔顿方法"与自然化逻辑之间不存在任何关联，它们是具有不同理论形态的谬误逻辑学说。得出这一结论的根据出于以下这一看似无误的理论事实，即"伍兹—沃尔顿方法"和自然化逻辑的无关联性源于它们各自不同的理论背景及传统。

首先来看"伍兹—沃尔顿方法"的产生背景。该方法的产生源自20世纪70年代初由汉布林发起的谬误理论改革运动。在那一时期，以传统三段论、命题逻辑和谓词逻辑为分析工具的标准方法长期处于谬误研究界的主导地位。汉布林通过谬误理论史的研究指出，标准方法由于固守谬误研究的古典逻辑传统从而与现代系统逻辑几乎没有任何往来，这一点严重制约了谬误理论的发展。汉布林指出："处理谬误的传统方法对于现时代的理论旨趣来说显得毫无系统性可言。……就既存的关于正确推理或推论的理论而言，我们根本就不具备所谓的谬误理论。"[①] 面对这种

---

① Charles Hamblin, *Fallacies*, London: Methuen & Co. Ltd., 1970, p.11.

## 第五章 全面总结:伍兹谬误思想研究的再深入

情况,汉布林呼吁一种与现代逻辑联姻的系统型谬误论。作为响应这一号召的一分子,"伍兹—沃尔顿方法"就此诞生。正如伍兹在多年以后的一次受访中所说的:"汉布林向谬误研究的糟糕境况发起挑战的做法深深打动了我,进而想让汉布林的这种挑战在我手中继续延续。"[①] 从这层意义上说,伍兹的前期思想是对改革传统谬误论之呼声的适时响应,而"伍兹—沃尔顿方法"的产生则得益于20世纪70年代西方谬误理论界之反传统思潮这一大的背景。

接着分析自然化逻辑理论的诞生渊源。如果说"伍兹—沃尔顿方法"来自对传统谬误理论之变革的响应,那么近期的包括实践逻辑在内的自然化逻辑则形成于完全不同的背景之中。这一背景便是形成于20世纪70年代的逻辑实践转向运动。实践转向开始于众多学科对数学逻辑的广泛诟病。这些学科中的一部分来自逻辑领域以外,包括计算机科学、心理学、语言学以及认知科学;其中的另一部分则来自一般逻辑学科本身,包括论证理论、可能性理论、谬误理论、话语分析理论、对话理论、司法科学以及修辞学。这些学科一致认为,将数学逻辑作为评估推理与论证的标准逻辑是极为不妥的,进而主张重新思考形式化以及后承有效性的价值和适用范围,并呼吁建立一种更为关照现实主体的逻辑评估标准。伍兹指出:"这些新兴学术领域的相同之处在于,它们对现实境域中有关人类推理的偶发性特征具有共同的研究旨趣。无一遗漏地,我们将逻辑理论中的这些发展统称为逻辑的实践转向。"[②]

通过上面的论述可知,"伍兹—沃尔顿方法"与自然化逻辑的缘起背景及理论传统是不同的,进而导致二者呈现出差异分明的理论形态。很自然地,理论形态的不同必然使"伍兹—沃尔顿方法"与自然化逻辑之间缺少明显的理论关联。

以上内容是笔者最初对问题1的回答。那时的思考逻辑是:首先,从两种理论的外在理论构成和特征来看,较明显地表现为不具备任何关联。这一点几乎明显到无须多言的程度;其次,既然"伍兹—沃尔顿方法"和自然化逻辑的非相关性是不证自明的,那么只需要找到这种非关

---

[①] Gabriella Pigozzi, "Interview with John Woods", *The Reasoner*, Vol. 3, No. 3, Mar. 2009.

[②] Dov Gabbay and Franz Guenthner, eds., *Handbook of Philosophical Logic*, 2$^{nd}$ ed., Vol. 13, Berlin: Springer, 2005, p. 17.

联性的原因即可。依据这种思考逻辑,笔者从二者的缘起背景和理论传统之殊异入手,以此为根据进一步推导出它们不具备关联的结论。

然而,伍兹在回信中对我的上述观点进行了否定,他指出:"伍兹—沃尔顿方法与自然化逻辑的分野并非如你(指作者本人)想象的那般干脆。"①

事实上,"伍兹—沃尔顿方法"和自然化逻辑确实很难在具体的理论构成和表现形式上找到明显的关联或相似之处。但是,按照伍兹的解释,早在以"伍兹—沃尔顿方法"为代表的学术生涯的前期阶段就已经萌生,甚至形成了近期自然化逻辑所具有的一些重要观念。在信件中,伍兹对其前期谬误思想与近期谬误思想所共同持有的基本观念进行了极为精细且耐心的阐述,基本上等同于从前期谬误思想与近期谬误思想之关联的崭新视角,对其四十余年的谬误研究生涯进行了回顾。通过对这种回顾的进一步凝练与总结,我们认为,伍兹前期谬误思想与近期谬误思想的连接点表现为以下两个方面,即较为基本和潜在的逻辑观层面以及相对具体和特殊的谬误观层面。换句话说,伍兹的前期谬误思想和近期谬误思想在看待逻辑和谬误的问题上具有相同甚至连贯的观点。

第一,逻辑观上的一致。伍兹的前期谬误思想虽然在方法论上诉诸现代逻辑的形式公理系统,但其关于逻辑的基本看法和观念却与近期的自然化逻辑别无二致,即逻辑的研究范畴不应该仅仅关涉到严格的、形式的逻辑后承关系,而应该进一步包含现实生活中的人类推理。正如伍兹所说:"逻辑具有两项与后承相关的工作要做,而不是一项:第一项是要为后承关系的实例化寻找正确的条件;第二项则是要为思考者头脑中的推理路径寻找正确的运作规则。"② 按照伍兹前期谬误思想的基本观点,逻辑不只是关于严格的形式后承的逻辑,还应考虑到真实环境中主体的推理活动。这与伍兹近期谬误思想的自然化逻辑观点相一致,他在《理性之谬》一书中指出,当后承关系的实例化条件被获得时,其实是说它们获取于逻辑空间之中,而当经验现实中的实践推理发生时,它们的发生领域是思维着的主体的大脑,或是某些与人类大脑相当的人工智能设备。此外,关于"伍兹—沃尔顿方法"与自然化逻辑的相似之处还可以

---

① 参见本节第一目伍兹的回信。
② 参见本节第一目伍兹的回信。

通过以下这一事实加以证明。这一事实是,伍兹在前期谬误思想阶段就已经省察到了长期以来逻辑所呈现出的下述特征,并初步表露了对它的不满,即"逻辑永远将结论保有式的严格逻辑后承关系作为关注的焦点,若干世纪以来的逻辑学文献不厌其烦地探究后承关系的可能数目及其相互间的不同之处(一种或多种),并对这些后承关系的实例化条件深感兴趣"①。可以看到,他在前期谬误思想已经警觉到了这样一个现象,即逻辑的标准观念只承认形式的或演绎的价值,而对人类现实推理的因素表现为一贯的漠视。这一发现应该是当下的自然化逻辑对正统逻辑进行批判的最初意识萌芽。正如伍兹所说:"在伍兹—沃尔顿方法的酝酿初期,他就已经认可了认识论因素的重要性,并从未避讳这样一个明显的事实,即正如推理一样,当知识发生时,它发生于某人的大脑之中。"② 综上所述,伍兹的前期谬误思想与近期谬误思想在关于逻辑的基本看法和观念上是基本一致的,进而可以将其视为二者的一种关联。

第二,谬误观上的一致。事实上,逻辑观在很大程度上主导并影响着谬误观。由此而论,如果前期关于逻辑的基本观念和看法与自然化逻辑时期基本保持一致,那么,在相同逻辑观的影响下,前后两个时期的谬误观也就不会出现大的偏差。

前面有述,伍兹近期谬误思想的自然化逻辑中有两个关于谬误问题的颠覆性观念,即认知经济理论和"概念—列表错位说"。前者结合实践主体的认知系统理论构成了自然化逻辑分析、审视谬误的基本概念框架。后者则对流行于学界已久的传统谬误列表及其所对应的具体谬误概念提出了挑战,认为"列表"与"概念"出现了错位。③ 通过对伍兹信件中的观点进行研究发现,上述自然化逻辑的两个重要概念并非如魔术般地突然出现于伍兹的近期谬误思想中。与此相反,二者要么可以在前期谬误思想中找到先期存在的线索,要么则是经过某种漫长的思想蜕变进而由前期谬误思想过渡而来。就拿"概念—列表错位说"为例,事实上伍兹和沃尔顿早在1976年的《诉诸暴力》一文中就表述过类似观点。此外,他们早期对轻率归纳的论述也暗含着后来的"概念—列表错位说"

---

① 参见本节第一目伍兹的回信。
② 参见本节第一目伍兹的回信。
③ 关于"概念—列表错位说"的具体意涵前文已经有过详细说明,此处不做赘述。

的思想。正如伍兹在信件中所说:"甚至在伍兹—沃尔顿方法的初创阶段,我和道格也并不认为'诉诸暴力'是一种推理错误,而它更不可能从骨子里就是谬误。……'轻率归纳'和'诉诸暴力'谬误是以下这一洞见的早期显现,即传统列表上的谬误项之真正意义与传统谬误观强加于它们的意义并不一致。"① 可以看到,伍兹的上述言语充分说明,作为近期谬误思想的自然化逻辑理论的重要洞见,"概念—列表错位说"早在前期思想那里就已经显露苗头,即使当时没有对其给予充分论述且未冠以正式的学术名称。伍兹随后的补充更加证明了这一点,他说:"《理性之谬》一书对这种早已显山露水的观点进行了概括。"② 其中所谓的"早已显山露水"的观点就是指"概念—列表错位说",而对其给予概括的《理性之谬》一书正是代表自然化逻辑之最新发展的著作。由此便可看出,伍兹的前期谬误思想与近期谬误思想是相互关联的。

如果说近期思想中的"概念—列表错位说"早在伍兹与沃尔顿合作时期就已经埋下了后来生根发芽的种子,那么同样作为近期谬误思想之重要概念的认知经济理论也并非横空出世,而是经历了一个从无到有、从否定到肯定、从前期到近期的漫长发展过程。伍兹在回信中如是说:"如果对我的逻辑思想发展史做一完整回顾便不难发现,它包括前期形式方法的一些早期理论发现,自然还包括新近对自然化逻辑的构建工作。这种回顾使得提出如下问题变得合情合理,即为什么某个相信逻辑必须涉及主体推理的人在41年之后突然提出了逻辑学之自然转向的观点?关于该问题的部分回答是:事实上,这种转变并非如此突然。"③ 正如引文所说,伍兹在与沃尔顿合作的早期阶段虽然在谬误的研究策略上诉诸形式方法,但在关于逻辑的基本观念上一直没有怀疑过以下这种见解,即逻辑必须涉及主体推理。在我们看来,正是这种从"伍兹—沃尔顿"时期一直保持至今的观点,为近期基于主体推理的认知经济理论埋下了伏笔。认知经济理论的核心概念是贫乏资源调剂策略④,按照伍兹自己的阐述,这一概念之雏形的最初阐发缘起于国际论证研究协会于20世纪90年

---

① 参见本节第一目伍兹的回信。
② 参见本节第一目伍兹的回信。
③ 参见本节第一目伍兹的回信。
④ 关于贫乏资源调剂策略的具体意涵前文已经有过详细说明,此处不做赘述。

代举办的一次学术会议。在这次会议中，伍兹做了名为"谁在乎谬误?"的专题讲座，其间第一次提到了主体的认知资源受限的特征。此后，在2001年的《亚里士多德的早期逻辑》和2003年的《悖论与次协调性：抽象科学中的冲突解决》中，伍兹对这种基于主体的认知经济思想进行了详细阐发。阐发过程中所围绕的主要问题是：第一，人类推理者如何在真实生活的资源受限条件下处理那些通常表现为前后不一致的信念；第二，人类推理的实然模式与形式逻辑学家所推崇的应然模式之间到底有何不同。由此，借助伍兹前期谬误思想之重视主体推理的特征，认知经济的理论历经20世纪90年代的初创过渡期，从而发展成为伍兹近期谬误思想之实践逻辑乃至自然化逻辑的理论支柱。

通过前面的梳理和举证能够提炼出以下理论事实，即伍兹的前期与近期谬误思想之间具有两层联系，这两层关联分别来自逻辑观的层面和谬误观的层面。换句话说，伍兹前期谬误思想中关于逻辑的一些重要看法和观点与其近期思想基本保持一致甚至呈现为一种接续的关系。由于逻辑观在很大程度上左右着谬误观，因此，前期关于谬误的看法与近期也基本保持一致，这就说明伍兹的前期谬误思想与近期谬误思想是有关联的。此外，前述认知经济的例子进一步证明了前期谬误思想向近期谬误思想的过渡或跳转并不突然而是经历了一个潜在的过程。

综上所述，借助伍兹在信件中提供的观点和线索，我们对前述问题1的回答更改为："伍兹—沃尔顿方法"向自然化逻辑的过渡既不是突然发生的，二者之间也并非毫无联系。恰恰相反，二者在逻辑观和谬误观上具有潜在的连续性和一致性。

### 三 近期思想的发生学解读

去信中提出的问题2为：是什么内在动机或潜在原因促使伍兹构建了以资源调节策略和主体认知系统为基本框架的自然化逻辑？下面就对该问题给予详细阐述。

与问题1的情况相同，在去信中提出问题2之后也随即给出了自己关于这一问题的看法。笔者对该问题的构想带有一种经验的或历史的发生学特点，即伍兹之所以构建了以资源调节策略和主体认知系统为基本框架的自然化逻辑，与其经验现实中的学术研究状态或个人治学经历有直接的关系。简而言之，伍兹是当下西方学界著述颇丰的学者之一，在长达四十余年的学术研究生涯中撰写了大量的论文和专著。根据官方提供的伍兹学术简历①来看，1969年至今，其研究型文献累计达到二百余篇。尤其是2000年以来，伍兹独著以及与嘉贝合著或编辑了大量关于逻辑哲学或逻辑史的系列著作。然而，若想在有限的时间内保质保量地完成如此繁重的认知工作，必然要诉诸一种关于认知资源的贫乏调节策略，即遵循一种认知经济的原则。换句话说，若想成功地解决学术生涯中所面对的这种认知压力，那么最好诉诸认知经济的原则，这与伍兹的近期谬误思想是相符合的，并且在时间阶段上也与近期谬误思想的产生和发展期相一致。我们由此认为，伍兹近期的以贫乏资源调节策略和主体认知系统为基本框架的自然化逻辑，是其实践治学经历的一种理论化的反映。

伍兹对笔者的上述观点给予了肯定，他在回信中说："一个多么独特的见解！这个观点非常接近真实情况，即我之所以要运用认知经济的方法来考察人类认知，是因为我的学术工作所必需的经济必要性。但需进一步指明，虽然我的学术研究确实受到时间以及认知资源的限制，但我与其他任务压身的人没有任何区别。如同法庭上的陪审员一样，虽然我看似不自由，但却可以随意支配时间。"②

总体来看，问题2的学术重要性丝毫不亚于前述的问题1。如果说问题1及其答复是从一种纯理论的角度对伍兹谬误思想的前、近期联系给予探究，那么关于问题2，我们则试图从伍兹个人学术经历的角度切入，以一种经验的或历史的发生学视角来解读其近期谬误思想背后的潜在促发原因。下面，首先阐述这里所使用的发生学的基本概念。另外，将前面提到的论据展开，详细介述伍兹在其治学生涯中所经历的认知压力，并再从其理论中搜寻相关线索，用以说明是何种内在动机促使伍兹构建了近期谬误思想的以认知经济为核心观念的自然化逻辑。

近年来，发生学作为一种观念或方法在人文学科的研究中越来越受到重视，应用的范围也日益广泛。

发生学最初是从自然科学转嫁到人文学科的。如果说自然科学中的发生学方法归功于达尔文（Charles Darwin）的生物进化论，那么，它与人文学科相融合之后的形态则以皮亚杰（Jean Piaget）的发生认识论为代

---

① http://www.johnwoods.ca/cv.pdf..
② 参见本节第一目伍兹的回信。

表。这种发生学的根本任务是解释新知识是如何在既有知识的发展过程中形成的。这一思想的预设前提是，知识是不断发生、进化和积累的结果。在对现有知识的理解中，总包括着对某种新知识的构造。换句话说，知识从一个阶段发展到另一个阶段，总是以一些新知识的形成为显著标识。而发生学的核心任务就是探究新知识的一般形成机制。由此而论，一般意义上的发生学研究的是知识的结构再生，这就要求它不仅要探究知识如何发生，同时也要弄清知识为何发生。

然而，此处用于研究伍兹近期谬误思想之促发原因的发生学是一种经验的发生学，需要与一般意义上的理论的发生学加以区别。一般来看，经验的发生学旨在通过经验事实或事件来探讨某一理论的萌芽、产生甚至发展的原因，即研究经验事实对某种理论之产生所发挥的作用。而理论的发生学则与此不同，它是从纯粹理论的层面来探讨不同理论之间所形成的相互促发机制，即研究某种理论或理论体系对另外一种理论或理论体系的促发、促进或影响的作用。可以看到，经验的发生学的研究模式是从经验事实到系统理论，而理论的发生学则是从系统理论再到系统理论。前者强调的是客观现象和经验事实对某一理论之产生所起到的作用，而后者则不过问经验和事实的因素，而是将理论本身所具有的历史性和经验性剥离之后来考察理论之间的抽象联系。经验型的发生学强调知识生成过程中的经验因素和历史因素。与理论的发生学的理性主义和观念主义相反，经验的发生学通过探究理论与事实的相互作用及其内在规律，进而把握知识本身的发生和发展规律。与理论的发生学之"理论的客观性"有所不同，经验的发生学具有一种"现实的客观性"。

按照上述这种经验的发生学的视角，来审视以贫乏资源调节策略为基本观念的认知经济学之后，我们发现，自然化逻辑之认知经济思想的产生源自伍兹的学术研究状态和个人治学经历等经验事实。具体来说，由于伍兹2000年以来的学术研究任务极为繁重，承受的认知压力很大，甚至在此次通信的过程中，他也对此表露过些许无奈，即由于研究工作的繁忙而无法在第一时间回复我的信件。在这种情况下，就必须诉诸一种带有贫乏资源调节策略的认知经济原则，否则就不能在有限的时间内按质按量地完成科研任务。而伍兹面临这种情况的时间也是从2000年左右开始的，这与其近期谬误思想的萌芽和初步发展的时间段相吻合。因此如果我们运用经验的发生学的方法对这种情况给予分析，那么必然得出的结论便是：伍兹在近期承受着巨大认知压力这一事实，是促使其新近的以认知经济为基本概念的自然化逻辑思想产生的潜在原因。下面，就对得出这一结论的具体论据给予展开说明。

前述的所谓认知压力（Cognitive Burden）并不在伍兹的理论术语当中，而是我们依据认知经济原则中的贫乏资源调节策略创造出来的。我们认为，认知压力与认知资源的多少成反比，即后者越少越紧迫，前者就越大，反之亦如此。而贫乏资源调节策略就是针对认知资源的稀缺性而构造的一种调节性对策，从而在某种程度上减轻推理主体的认知压力。由此而论，认知资源、关于认知资源之贫乏的调节策略以及认知压力是一个相互关联的系统。就认知压力来说，具体反映在伍兹这里的则是其现实学术生活中所承担的繁重的研究任务。如前所述，伍兹是当下西方学界著述颇丰的学者之一，在长达四十余年的学术研究生涯中，撰写了大量的论文和专著。根据官方提供的伍兹学术简历来看，1969 年至今，其研究型文献累计达到二百余篇。尤其是 2000 年以来，伍兹独著以及与嘉贝合著或编辑了大量的关于逻辑哲学或逻辑史的系列文献。

第一，由伍兹和嘉贝于 2003 年着手编辑并与本书直接相关的《认知系统的实践逻辑》系列丛书，现在已出版至第三卷，即前面反复引用的《理性之谬：将推理逻辑自然化》，该书由伍兹独著。

第二，由伍兹和嘉贝于 2004 年着手编辑的《逻辑史手册》，共 11 卷本，由爱思唯尔出版社发行。

第三，由伍兹、嘉贝以及保罗·塔加德（Paul Thagard）于 2006 年着手编辑的《科学哲学手册》（*Handbook of the Philosophy of Science*），共 16 卷本，由爱思唯尔出版社发行。

第四，由伍兹、约尔格·西克曼（Joerg Siekmann）和庄汉·范·本泽姆（Johan van Benthem）编辑的《逻辑与认知系统》（*Logic and Cognitive Systems*）系列丛书，由学院出版社负责发行。

第五，由伍兹、马赛罗·瓜里尼（Marcello Guarini）以及乌尔里克·汗（Ulrike Hahn）等人编辑的《逻辑与论证研究》（*Studies in Logic and Argumentation*）系列专著，由学院出版社发行。

第六，由伍兹、爱默伦以及埃里克·克莱布等人编辑的《论证理论文库》（*Argumentation Library*）系列丛书，由斯普林格出版社发行。

以上就是伍兹自 2000 年以来所完成的学校成果。可以想见，在相对短暂的时间之内要完成如此密集的专著撰写和丛书编辑工作,伍兹在其日常的学术研究生活中所承受的认知压力会是何等地巨大。

一方面,上面这些成果对于当代逻辑学的众多分支领域都是极为重要的参考文献,包括逻辑史学研究、谬误理论研究、论证理论研究、非形式逻辑研究以及逻辑哲学研究等。另一方面,也是这里重点强调的方面是,上述这些篇幅巨大且学术质量不低的作品必然要消耗伍兹大量的认知资源,包括时间、体力、脑力以及精神抗压性等,并且,需要处理和习得关于上述这些学科的过去积累的以及新近出现的大量专业化知识和信息。

由此一来,完全可以将伍兹的这种现实治学情况置于他的主体认知系统中加以审视,并运用其认知经济原则来对此给予解释,即可以将伍兹的现实治学活动视为一种关于认知主体的行动议程,正如自然化逻辑所描述的那样,该议程的基本特征是以主体为中心、以目标为导向并受认知资源之稀缺性的限制。在认知压力巨大的情况下,按照自然化逻辑的思路,伍兹作为一个实践主体就必须遵循认知经济的原则来实施一种贫乏资源调节策略。换句话说,他必然是在一个认知系统中开展其学术活动,"某个认知主体 X、认知资源 R 以及实时执行当中的认知目标序列 A,是认知系统 CS 的三要素,表达为 {X,R,A}"[1]。可以将伍兹的现实治学活动按照上述认知系统加以比拟,即在一个论文创作或著作编辑的实践活动中,认知主体 X 是伍兹本人;认知资源 R 是伍兹的时间、体力、脑力、精神抗压性、大脑含氧量以及摆在其书架上的参考文献;认知目标序列 A 则相关于伍兹的写作计划、具体的学术研究行为甚至出版社要求截稿的最后期限。由此可以明显看到,伍兹的日常学术活动典型地运转于一个认知系统当中,考虑到该学术活动的巨大认知压力,它也最好遵循认知经济的原则。事实上,上述的关于实践主体的认知系统及其经济原则是自然化逻辑理论的基本要素。由此,便可以较为合理地回到前述的那个观点之上,即伍兹之所以构建了以资源调节策略和主体认知系统为基本框架的自然化逻辑,与其经验现实中的学术研究状态或个人治学经历有直接的关系。

---

[1] Dov Gabbay and Franz Guenthner, eds., *Handbook of Philosophical Logic*, 2$^{nd}$ ed., Vol.13, Berlin: Springer, 2005, p.32.

以下这段话虽然在证明的方式上并不那么直接，但还是可以从一个侧面来支持我们的上述观点，它尤其凸显了伍兹在其日常的治学活动中所面对的认知压力："德福和我缠身于两个大部头学术手册的编辑工作中，其一是11卷本的《逻辑史手册》，其二是16卷本的《科学哲学手册》。我作为两部系列著作的总编辑，有时会惊讶于是何种巨大的能量能够使我对这两项艰巨的工作给予兼顾。如果一切进展顺利的话，两部手册的编辑和撰写工作将在2010年年底完成，为了这一天我们足足努力了12个年头。在这之后，我会像婴儿那样睡上它一整年吧，也许更长。"①

此外，伍兹的下述观点也非常具有启发意义，他指出："与启蒙时代关于人类个体的观点有所不同，就人类主体的认知资源受限性来说，这种特征在现实中并非偶然现象。我们的观点是，人类个体在本质上便面临着稀缺资源的挑战，并且内在地具有一种社会属性。如果这种情况属实，那么无论在何种情况下，人类的行动都是对人类个体之本性的反映。这就同时意味着，一种关于实践的逻辑必然也是一种关于社会的逻辑（social logic）。"②

伍兹的上述言论似乎也暗含着我们所说的经验的发生学的观点。通过对其进行解读可知，既然考察实践推理的自然化逻辑是一种关于人类个体之实践活动的社会逻辑，那么便不难从中推出，某个热衷于这方面研究的推理主体，就很有可能通过其自身的一系列日常学术活动，甚至生活状态的启发，进而构建出一种与此相关的实践型理论。而这种情况正是对伍兹的写照。

综上所述，借助伍兹在回信中给出的肯定态度，我们最后再次表明对问题2的观点，即伍兹之所以构建了以资源调节策略和主体认知系统为基本框架的自然化逻辑，与其经验现实中的学术研究状态和个人治学经历有着直接的联系。

## 第三节 伍兹与中国古代的谬误思想

伍兹的谬误思想无论在"年代间隔""文化类型"抑或"逻辑基础"

---

① Gabriella Pigozzi, "Interview with John Woods", *The Reasoner*, Vol. 3, No. 3, Mar. 2009.
② Dov Gabbay, Ralph Johnson, Hans Ohlbach and John Woods, *Handbook of the Logic of Argument and Inference: The Turn towards the Practical*, Amsterdam: North-Holland, 2002, p. 13.

上似乎都与中国古代的谬误理论无明显关联，但若深入探究便可发现，它们之间实则有着潜移默化的隐性联系。这里所说的隐性联系主要表现为以下两个方面：首先，以先秦名辩谬误论为代表的中国古代谬误思想，其中蕴含的语用和心理认知因素与伍兹近期谬误思想之自然化逻辑理论的相关特征有着异曲同工之处；其次，广泛显现于伍兹学术研究中的有关谬误史乃至逻辑史的历史考究法在方法论的层面对中国逻辑的探讨有着启发和借鉴意义。

以上所述两点可以一般地视为伍兹的学术思想与中国古代谬误理论的关联或契合之处。也正是基于如此这般的一些理论联系，特将本节的论述结构设置如下：第一，对中国古代的逻辑或谬误思想给予较为全面、详尽的论述，尤以先秦时期的名辩谬误论为论述的重点，意在为后文阐述伍兹与中国古代谬误思想之联系在先地搭设好必要的理论史背景；第二，以前述的中国古代谬误论的相关思想为认知背景，着重阐述伍兹谬误思想中的语用和心理认知因素在哪些方面以及如何与中国古代思想的相关特征相符合；第三，作为本节的最后一部分内容，将对伍兹的谬误思想能够在哪些层面对中国逻辑产生何种意义做出总结性探讨，旨在对这两类看似截然不同然而却有着潜移默化之联系的思想给予一种互为参照的关系定位。

在下文中，就按照上述论述结构及理论构思对一系列相关问题进行详细讨论。

### 一　中国古代谬误论理的核心内容

西方的谬误理论研究自亚里士多德始便呈现出理论化、系统化的发展态势。近代的文艺复兴运动对中世纪以来的亚里士多德哲学进行了批判式的发展和修正。由此，亚氏的谬误学说在西方现当代的谬误理论研究中得以延续和深化。完全可以这样说，在两千多年后的今天，亚里士多德关于谬误的基本概念和一般界定仍然是流行于西方不同类型之谬误理论中的"通用货币"。伍兹的"谬误十八帮"很好地说明了这一点，即使它是一种从反面对西方传统谬误论进行解构的批评理论。

与此不同，中国本土的谬误研究活动虽然在时间的起始点以及内容的丰富性上并不逊色，但迄今为止并未形成一个类似于西方的并带有明显历史关联性的谬误研究生态系统。如果以历史序列的角度审视中国谬误研究史，那么它将呈现为如下四个阶段，即先秦的名辩谬误论、汉代王充的虚妄论、唐代因明学过失论以及明清以来中西融合的谬误论。[①] 一方面，在这些发源于中国本土的谬误理论中，先秦的名辩谬误论具有更为浓厚的一般逻辑意义上的推理特征，是一种在纯正中国文化下熏陶、在非印欧语言系统中孕育，并以中国古代逻辑理论为烘托的谬误学说。因此，先秦的名辩谬误论应该被视为中国乃至中国古代之谬误思想的代表。另一方面，先秦或中国古代的谬误思想与伍兹的理论有着一定程度的类似或契合之处。基于上述两方面原因，此处主要以先秦的名辩谬误论作为中国谬误思想的缩影加以重点论述。以此为背景，为后文将要阐明的中国古代谬误思想与伍兹谬误理论的契合点做好铺垫。

正如古希腊的谬误理论源于其公民社会所盛行的论辩与争论之风，中国古代谬误思想的产生也有其深厚的社会、政治以及文化背景。通过追溯逻辑史可知，我国的先秦时代盛产"辩士"或"辩者"。这些人怀着私心或公利之心四处游说，在此过程中不可避免地会出现一些与逻辑相关却与常识相悖的言辞或论断。这些涉及逻辑推理、语言运用以及心理认知的不当论辩现象是催生古代谬误研究的主要动因。与此相关的中国古代典籍通常用"悖""狂举""诡辞""虚妄"来指称这种现实交际中的谬误现象。在中国古代的谬误思想中，"谬误"一词的内涵通常包括以下内容，即思维或推理过程中产生的各类错误，这些错误大多违反了逻辑的推论规则；遣词造句或语言运用中与逻辑相关的错误；关于事实或现实内容的实质性错误。以上述中国古代谬误概念的一般内涵为基础，再结合中国古代思想中最为闪光的先秦名辩谬误论的具体内容，旨在分析蕴含于中国古代谬误思想中的基本问题。[②]

首先，阐述先秦名辩谬误论中关于"名"的谬误。在中国的古代尤其是先秦时期，学者们将"词"以及由词所表征的"概念"合称为"名"。当时的学者鉴别并分析了若干种关于语词和概念的不当使用方式，其中尤以语词歧义所造成的谬误最为典型。举例来说，在先秦诸侯割据

---

① 武宏志、马永侠：《谬误研究》，陕西人民出版社1996年版，第243页。
② 在具体阐述先秦名辩谬误论的部分中，一定程度上参考了刘培育、董志铁、翟锦程、武宏志等前辈学人的学术观点。在此郑重声明，以免造成不必要的误解。同时，向这些学者在中国逻辑以及谬误研究领域所作出的贡献表示由衷的敬意。

的社会里，由于不同国家在语言以及文化方面有着些许差异，因此会出现对不同事物指以相同名称的现象。如周人把鼠肉称作"璞"，而郑人却将玉石同称为"璞"。如此一来，如果在集市交易中郑人使用玉石意义下的"璞"，而周人却使用鼠肉意义下的"璞"，就很容易在言谈交流的过程中发生一词多义的语词歧义谬误。语词歧义谬误除了具体地表现为一词多义以外，还包含一种将同义词理解为异义词的谬误现象。正如《墨经》中的一段论述："知狗儿自谓不知犬，过也。说在重。""狗，犬也。而杀狗非杀犬也，不可。说在重。"可以看到，上述中的"狗"和"犬"指称同一个对象，亦即同义词。在这种情况下，如果硬说"狗"和"犬"是一对相异的概念甚至指称不同的对象，进而认为杀狗不等于杀犬，那么便犯了另一种形式的语词歧义谬误。

此外，先秦名辩谬误论中关于"名"的谬误还表现为名实无当，亦即"狂举"或"乱名"。事实上，名实无当可进一步引申出名不副实之意，此类谬误在中国逻辑史上可归结为"正名"问题，它是先秦著名逻辑学家公孙龙在探讨名实之关系问题时关注的重点。公孙龙在《通变论》中详细论述了正名原则，同时还对名实无当中的"非正举"或"狂举"做了分析。非正举是相对于正举来说的，公孙龙对"正"的概念有着较为详尽的论述，他在《名实论》中指出："出其所位非位，位其所位焉，正也。……故彼彼当乎彼，则唯乎彼，其谓行彼；此此当乎此，则唯乎此，其谓行此。其以当而也。此当而当，正也。"进而，公孙龙从"实"的角度出发，认为："物以物其所物而不过焉，实也；实以实其所实[而]不旷焉，位也。"[1] 如此一来便可以得出："物'不过'其实，实'不旷'其位，位不'出其所位'而'位其所位'则为正。"[2] 事实上，所谓正举就是"名实当"，而非正举便是前述的"名实无当"谬误。

与前述"正"的概念相同，公孙龙对于狂举中的"狂"也给予了较为详细的论述。他关于"狂"的论述是以对"乱"之概念的说明作为基础的。公孙龙在《名实论》中指出："其正名则唯乎其彼此焉。谓彼而彼不唯乎彼，则彼谓不行；谓此而此不唯乎此，则此为不行。其以当不当

---

[1] 翟锦程：《先秦名学研究》，天津古籍出版社2005年版，第165页。
[2] 翟锦程：《先秦名学研究》，天津古籍出版社2005年版，第165页。

也。不当而当,乱也。"① 结合这种"乱"的概念,公孙龙在《通变论》中对"狂举"做出了进一步说明,即"非正举者,名实无当。…… 举是乱名,是谓狂举。"② 如此一来便出现了这样一种现象,即"彼'名'称彼实且不限于称彼实,此'名'称此实且不限于称此实,如此则是以不当为当,不当则乱。"③ 事实上,上述所谓的狂举在某种意义上说就是一种"乱名"现象,亦可将其理解为在发生名实无当时出现的非正举。

其次,分析先秦名辩谬误论中关于"辩"的谬误。在中国古代的谬误乃至逻辑思想中,"辩"相当于现代逻辑理论中的"论证"概念,亦具体地表现为证明和反驳。而与"辩"相辅相成、紧密相关的另一个概念则是"说",它相当于现代逻辑中的"推理",用伍兹的观点理解便是发生于现实主体之大脑中的关于经验事实的推理活动。关于"辩"和"说",是先秦甚至中国古代谬误思想中的基本概念。中国古代逻辑学家认为,在具体的"辩"(论证)和"说"(推理)的情形中,最容易出现也是最具代表性的两种谬误类型当属"未明其故"和"异类相比"。

未明其故中的"故"这一概念意谓着前提、原因或理由之意,相当于推理或论证的根据或依据。事实上,所谓的"未明其故"是对"明其故"的一种否定说法或表述。在古人看来,明其故,就是探究使得某一推理或论证之结论得以成立的前提和依据,这也正是中国古代逻辑思想中所谓"以说出故"和"说,可以明故"的实际含义。基于上述分析,如果说"明其故"是关于推理和论证之结论的一种正确或几近正确的把握,那么作为明其故之否定形式的"未明其故"则能够很自然地被理解为关于推理和论证形式的失准或错误,亦即逻辑范畴之内的一种谬误类型。作为中国古代谬误理论中的一个特定谬误类型,"未明其故"主要包括两种具体的错误情况,即取故不真,结论可疑以及取故与结论异类,论式不宜。

在中国的古代典籍《墨经》当中,关于前一种情况,即"取故不真,结论可疑"的较为典型的描述是:"彼以此其然也,说是其然也。我以此其不然也,疑是其然也。"通过例示,可以将《墨经》中这段关于"取故

---

① 翟锦程:《先秦名学研究》,天津古籍出版社 2005 年版,第 165 页。
② 翟锦程:《先秦名学研究》,天津古籍出版社 2005 年版,第 165 页。
③ 翟锦程:《先秦名学研究》,天津古籍出版社 2005 年版,第 165 页。

不真，结论可疑"的描述理解得更为透彻。如有人做出以下推理，即所有哺乳动物都是胎生的，鸭嘴兽是哺乳动物，所以鸭嘴兽是胎生的。可以很容易地看到，由该推理过程所得出的结论是不成立的。通过分析可知，该推论中的"故"，即作为大前提的所有哺乳动物都是胎生的不是真实情况。众所周知，某些哺乳动物必须经过孵化的过程才能破壳而出。因此，上述推论中的"故"是假的，或称之为可疑的。该谬误推理的典型特征是，由于推理者采取了一个不当的或根本为假的前提，进而造成了由其所得出的结论连带地为假，至少是值得谨慎怀疑的。显然地，上述这种错误的推理形式及其特征正是对《墨经》中有关"取故不真，结论可疑"这一谬误类型的直接体现。除了"取故不真，结论可疑"以外，"未明其故"谬误的第二种多发情况便是"取故与结论异类"，进而导致"论式不宜"。用现代逻辑的话语范式来表述此类谬误便是，由于"前提或论据"与"结论或论题"分属于不同层面的概念类型，使得推理与论证的方式呈现为概念匹配上的不对等或不适当，从而导致整个命题沦为无效论证。依然举例说明。先来分析一个"取故与结论同类"的例子，即推论：由于有的天鹅不是白的，所以不是所有天鹅都是白的。可以看到，该推论是一个有效式。正如前面所说的，该推论的"前提或论据"与其"结论或论题"是由处于同一层面上的概念所构成的，甚至在前提和结论部分运用了"白"和"天鹅"这两个一致的概念。在论述完"取故与结论同类"之后，便很好理解什么是"取故与结论异类"了。《墨经》中认为，"以有爱于人、有不爱于人，止爱人"是一个无效推论。可以明显地看到，做出这一判断是基于以下理由，即作为该推论之前提的"以有爱于人、有不爱于人"是在描述生活中可能有人被爱，也可能有人不被爱，此种描述是关于经验事实的。而该推论的结论则相关于一种理想，即人与人之间能够达到人人自爱且彼此兼爱的理想境界。由此可见，现实与理想并非同一层级中的概念类型，由此便形成了所谓"取故与结论异类"的错误推理情况，进而使得该命题呈现为一种"不宜"的形态。

在先秦名辩谬误论关于"辩"的谬误中，除了前面阐述的"未明其故"以外，还有另外一个较具代表性的谬误类型，即"异类相比"。较之于"未明其故"这类谬误来说，"异类相比"在先秦时期关于"辩"的谬误论中表现得并不如前者那般突出，在理论的关注度和论述的篇幅上也略显寡淡。与这种情况相适应，此处对"异类相比"型谬误给予相对简要的介绍。顾名思义，所谓"异类相比"就是将不同的实体事物与抽象概念混同在一起，就它们各自的"量"或"性质"等属性给予一种不加区分的平行比较。很自然地，由于具体事物和抽象概念并非处在同一认知层级之上，随之产生的后果便是，这种比较必然给人带来一种强烈的荒谬感。由此，先秦的逻辑学家将此种谬误冠之以"异类相比"之名。在《墨经》中，对此类谬误有着较为生动的论述，他说："异类不比，说在量。……木与夜孰长？智与粟孰多？爵、亲、行、价四者孰贵？"可以明显地看到，《墨经》的作者在强调这样一个问题，即如上所述：由于衡量的标准有所不同，因此不同类型之概念是不能在同一认知层次上进行比较的，至少不能给予一种平行比较。正如上述引文中的例子，木桩与黑夜、智慧与粟米，甚至爵位、亲属、行为规范与价格，这些概念要么是指称现实生活中的具体事物，要么是关涉伦理生活中的抽象概念或社会等级标签，它们处于不同的概念或认知层级之上，各自的性质或属性也基本不具备可比性。因此，如果不加区分地将它们摆在一起给予平行比较，那么必然会形成"异类相比"的情况，从而对人们的思维和认知活动造成谬惑和误导。

先秦时期的谬误理论是中国古代谬误思想的代表，是在中国所特有的文化背景、语言系统以及逻辑类型之下，熏陶而成的带有华夏民族特色的谬误学说。然而，通过深入分析可知，上述的中国古代谬误理论与西方逻辑背景下的伍兹谬误思想具有某些相似之处或契合点。至于这些契合之处到底为何，将在下文中予以阐释。

## 二 伍兹谬误思想与中古谬误理论的契合

先秦的名辩谬误论是一种在纯正中国文化熏陶下、在非印欧语言系统中孕育并以中国古代逻辑理论为烘托的谬误学说。经过深入探究发现，这种带有华夏民族特色的谬误思想与以西方逻辑为积淀的伍兹谬误思想有着某些相似之处。事实上，说中国与西方这两类不同的谬误理论具有契合之处并非强作之和。原因在于，虽然中国古代或先秦时期的谬误学说与伍兹的谬误思想有着较大差别，前者所依托的逻辑基础是以非印欧语言系统为典型特征的古代中国逻辑，而后者则生发于古代希腊的以三段论理论为代表的亚里士多德逻辑。然而，这种逻辑基础理论或类型的相对殊异并不是得出以下结论的必要前提，即由于中国古代谬误论所依托的中国逻辑与作为伍兹谬误思想之基础的西方逻辑在许多方面有所不同,那么由此推得中国古代谬误论与伍兹的谬误思想必然毫不相干。可以看出,这一推论在很大程度上是无效的。诚然,中国逻辑与西方逻辑确实在诸多方面有所不同,包括它们赖以产生的政治、文化甚至人类学背景等。但是,无论是何种特殊逻辑,它们关于逻辑之最为一般的概念内核必然是相同或相通的。此处所言的最为本质的内核主要是指逻辑推理和论证的形式有效性标准或特征。事实上,不包含这样一种内核的逻辑,即使有着逻辑之名,但却难说具备逻辑之实。依据这种思考可进一步推得如下观点:既然中国逻辑与西方逻辑在关于逻辑之本质的认同上并无分歧,甚至在很大程度上是相互一致的。那么,以这两类逻辑为底基的中国古代谬误论和伍兹的谬误理论便有可能在相对合理的范围内彼此契合甚至相互一致。

总体来看,伍兹的谬误思想与中国古代谬误论的契合之点主要表现在理论特征层面的彼此相似或贴合。通过对前述中国古代谬误思想的发生背景和具体内容进行提炼总结,可以得出三点特征。

第一,中国古代谬误理论的主要考察对象是非形式的实质谬误,它更为重视推理或论证的应用性和内容性,而较少以严格的形式规则作为标准来衡量推理或论证的正确与否。

第二,中国古代的谬误理论具有浓厚的语用特征,一个论辩实践是否为谬误需要从论辩者的实际境况出发并结合具体的语境来做出判断。通过先秦时期的各种相关历史典籍可知,语境以及语用因素已经成为中国古代谬误思想的特色之一。

第三,中国古代的谬误理论具有典型的心理与认知特征,这一点与上述第二点特征紧密相关。如果说中国古代谬误思想具有鲜明的语用特征,那么蕴含于这种特征背后的必然是语用主体之内在的心理与认知因素。后者是在更为基础和潜在的层面对语用主体的论辩实践施加影响。

以上便是先秦或中国古代谬误思想的三点突出特征。如果伍兹的谬误思想与先秦名辩谬误论确实有所契合的话,那么也是在上述这种理论特征的意义上来说的。事实上,仅仅抛出这样一个论点还远远不够,关键在于给出支持所得论点的具体且翔实的论据。换句话说,既然认为伍兹的谬误思想与先秦名辩谬误论在理论特征的层面有所契合,而目前又明确了名辩谬误论的几点基本特征,那么接下来要做的便是具体论述伍兹的谬误思想是如何与名辩谬误论的这几点特征相契合的，亦即通过提供翔实的论据来支持前面所提出的论点。

首先，与中国古代之名辩谬误论的第一点特征相符合，伍兹的谬误思想同样具有应用的性质。

这里所说的"应用"是区别于日常生活用语的学术概念，它是基于当代西方逻辑学领域中的"应用逻辑"来说的。来自匹兹堡大学的尼古拉斯·雷斯彻对应用逻辑的界定较具代表性，他认为："纯粹逻辑代表一组严格且抽象的体系，如同三段论一样，表征的是论证的结构形式，而无关其内容（举例：无 S 是 M，有 P 是 M；因此，有 P 不是 S）；而在应用逻辑中，对上述体系进行调整，使诸如信念、命令或义务等关乎主体的具体问题在一定范围内得到展现。此类论证除了受形式结果（它只和纯粹逻辑相关）的支配，还涉及对固定领域的某些题材的考虑，也就是一般所说的实质的方面。"① 通过对应用逻辑的权威界定进行分析与解读，现将"应用"概念的特征要旨归纳为两点。第一，从理论形态的层面看，作为逻辑学术语的"应用"是指将与主体相关的一系列因素或事物运用到推理和论证的过程当中。在这一过程中，可能广泛地涉及与经验和实践思维相关的问题，包括主体的信念、义务、愿望以及认知状态等。由此可见，应用性实际上包括两层含义：一是与主体或实践相关；二是突出自身的工具性或手段性。第二，从研究对象的层面看，作为逻辑学术语的"应用"是指将推理和论证的实质内容作为逻辑分析和刻画的主要对象，而非对形式化的东西过分强调甚至赋予其无以复加的理论重要性。诚然，逻辑范畴中的应用之意固然不强调形式的因素，但这种"不强调"绝不意味着"拒斥"。换句话说，应用逻辑在其自身之内允许形式因素的存在，二者可以兼容并包。

毋庸置疑，按照上述"应用"概念的一般内涵来看，先秦时期的名辩谬误论可以说具有鲜明的应用逻辑特征，并且充分体现了逻辑的应用性质。事实上，若说先秦或中国古代的谬误思想具有鲜明的应用性质，只要稍加考察其理论生成背景便知。名辩谬误论的产生背景之一是先秦各诸侯国的"辩士"或"辩者"，出于一定的政治目的所做的巧辩游说。

---

① Nicolas Rescher, "Logic, Applied", *The New Encyclopaedia Britannica*, Encyclopaedia Britannica, Inc., 1974, p. 11.

虽然从总体上看，这种游说和辩论活动是诉诸逻辑规则的，否则也不可能具有打动王侯的说服力。然而，这些论辩在很大程度上并不依赖于逻辑的形式规则，而多是对现实生活及政治事务的诚恳建议或巧舌诡辩。换句话说，其对论辩之实质内容的倚仗和重视程度，要远远大于其对形式规则之有效性和规范性的遵守。很自然地，在如此这般的一种论辩过程中，就必然涉及主体的情感、信念以及认知因素，并以最终达成一定的现实目的为诉求。可以看到，单是对先秦名辩谬误论之产生背景进行考察，就可以从中体悟出强烈的逻辑应用性质。

事实上，通过进一步的分析和提炼可知，先秦名辩谬误论之应用性质的具体表现形式，便是对逻辑规则之运用过程中"语境"因素的重视。如对论辩之实质内容的倚仗和强调，以及由此所必然涉及的主体的情感、信念以及认知等因素，这些其实都是从不同侧面或明或暗地强调"语境"在谬误研究中的重要性，而这一特点也恰恰彰显于伍兹的谬误思想当中。正是基于这样一种观点，我们说伍兹谬误思想中的"应用"或强调"语境"的性质与先秦谬误论中的类似特征相符。那么接下来就具体阐释伍兹的谬误思想是如何注重"语境"因素的。

前文有述，伍兹的谬误思想本身在很大程度上呈现为一种批评型的理论样态，并且，伍兹并未将这种批评型理论的涉及对象限制在与传统谬误论相关的一系列旧有概念上，而是将触角伸向了更为潜在和根本的逻辑观乃至逻辑哲学的领域。在伍兹关于逻辑观和逻辑哲学的众多批判性观点中，最为深入，同时也是与此处探讨的主题最为相关的，当属对现代数学逻辑之"无语境"以及"去主体"特征的指摘。事实上，伍兹对谬误研究中的语境因素的强调正是通过对正统逻辑之无语境以及"去主体"之特征的否定或批判而表现出来的。

众所周知，发轫于19世纪70年代末的数学转向运动，使逻辑学的研究旨趣由古典三段论、命题逻辑以及谓词逻辑转变为以抽象的符号语言为表达工具的现代数学逻辑。逻辑学自此获得了数理意义上的长足进步。奎因在《逻辑方法》一书中就这一转变给出的评论是："逻辑是一门古老的学科，然而自1879年以来，它业已取得了巨大进展。"[1] 然而，现代逻辑在借助人工语言摒弃了自然语言的语义模糊性及其心理熵值的同时，

---

[1] W. V. O. Quine, *Methods of Logic*, New York: Holt, Rinehart and Winston, 1966, p. vii.

也将作为逻辑学之基本研究对象的推理主体一同泼出盆外。伍兹就数学逻辑的这种倾向评论道:"在处于主流位置的现代数学逻辑模型中,主体的踪迹可谓究极难觅。几乎每一个人都认为,符号语言中的去主体性及其独立于语境的特征是逻辑学之数学转向的成功关键。"[1] 由此而论,至少可以从上述观点中解读出两层含义:一方面,数学转向以及发轫于斯的数学逻辑堪称现代逻辑学发展的成功典范,这种数理意义上的成功在很大程度上得益于其"去主体"及"无语境"的特征;而另一方面,也是在此蓄意强调的是,就经验敏感型的自然化逻辑而论,恰恰是数学逻辑的这种"去主体"和"无语境"的特质,使其与理性和感性、数理和心理相互杂糅在一起的人类现实推理相去甚远。如此一来,数学逻辑的这种无语境以及"去主体"的特征也就必然会对研究现实推理中的谬误现象造成一定程度的阻碍和羁绊。伍兹由此呼吁,必须从实践的、经验的、自然的以及认知的角度对数学逻辑进行根本性的修正,从而才有可能以一种亲主体的以及依赖于语境的角度对人类的谬误推理现象给予研究。

其次,与中国古代之名辩谬误论的第二以及第三点特征相符合,伍兹的谬误思想同样具有语用和心理认知的性质。

如果对此处论及的"语用"概念简而言之的话,那么它无非一种关于人类语言交往行为的研究,亦即语言的交往主体如何在一定的现实语境中进行成功交际与沟通。由此可见,此处讨论的"语用"与前面述及的"语境"概念是紧密相关的。因此,若想对语用概念有一个较为透彻的把握,还须再次对语境之概念给予更进一步的深入分析。在一个由自然语言所搭建的论证或命题中,语境是必须给予考虑的重要评估因素。事实上,在完全脱离语境的情况下,若想对以自然语言为表述载体的某个篇章、段落甚至句子给予恰当分析和理解,几乎是不可能的。如此一来,也很难合理地对自然语言中的谬误现象进行甄别和评估。考虑到自然语言本身的语义构造充满了一词多义、表述含混的现象,因此,将语境的因素考虑进来是建立一种具有信服力之谬误理论的重要因素。此外,语用的概念还必然牵涉语言的实际使用者,因此语用概念本身天然地包

---

[1] John Woods, *Errors of Reasoning: Naturalizing the Logic of Inference*, London: College Publications, 2013, p. 12.

含心理与认知的因素。

在具体阐述伍兹谬误理论的语用或心理认知特性之前,先来简要回顾以名辩谬误论为代表的中国古代谬误思想中的语用因素。总体来看,谬误可分为三大类,即语形谬误、语义谬误和语用谬误。一般情况下,语形谬误相当于通常所说的形式谬误,而语义和语用谬误则相应地视为非形式谬误。然而,通过对中国古代谬误思想的具体特征及表述形式进行分析可知,它实际上更多地趋近于一种语用型谬误论的形态,而其中蕴含的语义和语形的因素相对较弱。以墨家逻辑对谬误现象的讨论为例。墨家逻辑多以争辩或驳论作为背景来探讨与谬误相关的语用现象。在这种情况下,它要求对不同的论证方式进行谨慎的使用。考虑到立言的不同范畴以及与此对应的不同本质,因此,在论证方式的使用上切不可单一刻板。这一特点在与谬误相关的中国古代典籍《小取》中表现得尤为突出,因此可以认为,"《小取》所析谬误大多为语用谬误"[①]。此外,由于受到先秦时期特有的政治、文化背景的影响,包括墨家逻辑在内的这一时期的谬误研究,基本上不以语形的或形式逻辑的探讨方式为主,而主要还是从社会之政治的、文化的乃至生活的实践角度来分析谬误相关问题。具体来说,中国古代的谬误思想还是更多地趋向于一种语用学或社会语用学的形态。

在对中国古代谬误理论的语用性质进行简要回顾之后,接下来便是对伍兹谬误思想的相关特征给予展示,用以论证前面提出的那个观点,即与中国古代谬误论相同,伍兹的谬误思想同样具有语用的性质。从而得以将二者的这种契合之处进一步凸显出来。事实上,一方面,在本书前面的章节中,已经将伍兹的谬误思想与以爱默伦的"语用—论辩术"为代表的语用型谬误论,做过平行比较并指出了二者的相似之处。这就在一定程度上说明前者确实具有语用的性质,至少存在着与典型的语用型理论相互融合的潜质。另一方面,以上述理论事实为依据可知,既然伍兹的谬误思想具有语用的特征,而如前所述,这种特征事实上在一种更为潜在和基质的层面暗含了心理和认知的因素。因为"语用"作为一个与语言使用者直接相关的概念,其与心理学和认知科学相关是该概念内涵的应有之意。因此,基于上述两方面原因,在下述内容中主要以阐

---

[①] 武宏志、马永侠:《谬误研究》,陕西人民出版社1996年版,第248页。

释伍兹谬误思想的心理与认知特征为主。

在伍兹的整体谬误思想中，最能体现心理与认知特征的，或者说与心理学和认知科学联系最为紧密的当属认知系统的实践逻辑理论。事实上，实践逻辑隶属于伍兹新近形成的自然化逻辑思想的一部分。在构成自然化逻辑体系的众多子概念中，几乎无一不与心理学和认知科学联系紧密，而这其中最具代表性的应该是认知系统当中的推理主体概念。

伍兹在自然化逻辑的框架体系中着重强调推理主体的概念有着背后特定的理论史背景。西方学界自20世纪70年代以来发起了规模浩大的逻辑实践转向运动。而推理主体在这场延续至今的运动中被严肃地视为逻辑学研究的必备要件。从某种意义上说，如果将伍兹的自然化逻辑继续向上归类的话，它当属非形式逻辑的范畴序列。由此来看，伍兹将自然化逻辑的核心理论范畴设定为与心理和认知紧密相关的推理主体便不足为奇了。此外，从伍兹不同时期之重要文献对推理主体概念的强调中，也能清晰地看出蕴含于这一现象背后的那种对心理和认知因素所给予的重视。在伍兹看来，推理主体或认知主体是自然化逻辑的立身之本。如此一来，"如果不对推理者为何物这一问题进行独立思考，那么，对正确推理的考量就会像没有支点的杠杆那样失之基础"[①]。由此联系到谬误理论，造成该理论在当代的发展如此困难的主要原因似乎是，逻辑学家们未能在本体论的层面对推理与推理者之间的孰先孰后、孰轻孰重之关系进行透彻的探究。此外，伍兹还补充道："对于人类个体来说，也许最重要的事就是认识到，他们在某种程度上是一种认知的生物。他们具有充分的动机并且渴望知道应该相信什么以及如何行事。"[②] 论述至此，通过分析和总结可知，伍兹谬误思想的心理与认知特征主要来源于其对推理主体的强调，而对推理主体的这种看重出于以下三方面原因：第一，源于20世纪70年代以来西方学界之逻辑实践转向大潮的推动和影响；第二，源于20世纪90年代以来的非形式逻区别于形式逻辑的自身理论性质，即淡化后者之形式性和公理化

---

① John Woods, *Errors of Reasoning: Naturalizing the Logic of Inference*, London: College Publications, 2013, p. 13.

② Lorenzo Magnani and Li Ping, eds., *Model-Based Reasoning in Science, Technology, and Medicine*; John Woods, *The Concept of Fallacy is Empty: A Resource-Bound Approach to Error*, Verlag, Berlin: Springer, 2007, p. 75.

的因素，从而凸显逻辑的实践性和主体化之特征；第三，源于2010年代以来正式定型的自然化逻辑的理论需要，亦即进一步去除前期所谓实践型逻辑的那种并不纯粹的逻辑主体化建构，进而呼吁对其给予彻底的自然化、心理化和实践化的研究。

通过上面的内容可以看出，伍兹致力于将心理的和认知的因素植入对推理主体的界说当中。事实上，已经可以将"伍兹谬误思想是否具有心理与认知特征"的议题转换为"它在多大程度上具有心理和认知特征"这一议题。而通过此处以及前面相关章节的分析来看，伍兹的谬误思想在很大程度上具有心理和认知的特征，并且与当代心理学和认知科学联系紧密。甚至可以说，与心理学和认知科学息息相关并紧密围绕主体来研究的理论类型，已经成为当代逻辑学发展乃至创新的一股不可小觑的潮流。因此，伍兹近期的以自然化逻辑为代表的谬误思想具有如此这般的心理或认知形态，也是再自然不过的事情。

综上所述，在对伍兹近期谬误思想的上述特征进行阐明和梳理之后，同时也就证明了其谬误思想与中国古代谬误论确实在心理与认知的层面存在某种契合或相似。

### 三　伍兹于中国逻辑研究的意义

广泛显现于伍兹谬误研究实践中的关于谬误史或逻辑史的"历史考究法"对中国逻辑的探讨具有某种方法论层面的启发和借鉴意义。伍兹持续数十年之久的谬误研究活动，除了在理论内容上为我们展现了体系庞大的谬误及相关知识，而且更为重要，但却往往容易被忽略的是，他还在较为潜在和抽象的层面为我们提供了一种近似于方法论的历史考察的方法，此处简称其为"历史考究法"。一言以蔽之，所谓的历史考究法无外乎就是通过回溯逻辑史上各个时期以及不同形态的谬误理论，同时对它们的基本特征和相互联系做出历史性的动态考察，旨在把握西方谬误理论的整体发展态势及内在规律，以此为契机为伍兹的谬误理论提供尽可能牢固的基础理论支持和一般概念参考。

依据此种观点，从历史的视角以及用历史的方法对谬误问题进行审视与分析是极为重要的。然而长久以来，学界（并非特指谬误或非形式逻辑界，而是泛指一般学术研究界）却或多或少地流行着这样一种认识，即历史事实是一回事，而哲学理论是另外一回事，二者在学术研究中不能混同在一起，彼此之间须保持一种泾渭分明、互不干预的关系。事实上，至少在谬误研究领域中上述观点是错误的。就该领域或学科来说，自亚里士多德的《辩谬篇》草创了谬误理论的原始雏形以来，至今已有两千多年的历史。在如此之久的谬误史长河中，如果孤立地或片段式地考察某一时期的理论，那么必然导致的结果是，对理论之源头或历史传承性的忽略，以及对理论之未来发展走向的盲视或误判。如此一来，将使研究成果之客观性和可信度大打折扣。原因在于，不同历史时期的谬误理论之间具有内在的逻辑关联性，这种逻辑关联非常之隐蔽，以至于如果不完整地研究该领域的整个历史，就无法有效地了解某一具体时期的谬误思想。由此而论，完整地乃至深入地研究谬误理论史对于把握个别时期的谬误理论来说是极为重要的。至少在谬误研究这一领域，"史"的考证和"理"的探索是不可能也不应该决然分开的。而伍兹在其谬误研究实践中所运用的"历史考究法"正是对上述原则的忠实信守。

伍兹在其理论研究实践中对谬误乃至逻辑史的重视程度，或者说对"历史考究法"之应用的具体体现主要表现为三个方面。

首先，伍兹将亚里士多德作为西方谬误理论的鼻祖加以重点关照。在谬误以及逻辑史的研究过程中，伍兹将很大一部分重心放在了对亚里士多德相关理论的探讨上。通过对当代西方较有建树的谬误理论家进行综合研究发现，在他们之中，几乎只有伍兹一人拥有关于亚里士多德逻辑及谬误思想的专门性著作。此外，伍兹于2015年6月20日至30日参加在土耳其伊斯坦布尔大学举办的第五届世界泛逻辑大会。与会期间，伍兹做了名为"亚里士多德对逻辑学的基础性贡献"的报告[1]。由此便知伍兹对亚氏的重视程度，同时也从一个侧面证明了伍兹的谬误理论研究将"历史考究法"摆在了一个非常重要的位置。坦率地说，伍兹的这种关于谬误的历史考察策略在一定程度上是最优的也是较为合理的，其之所以笃定地履行这一策略或方法基于以下理论事实，即谬误论是比逻辑学更为古老的学科，如果将亚里士多德的《辩谬篇》看作谬误学科的理论初创的话，那么迄今为止它已走过了两千多年的历程。谬误论在其两千多年的发展历程中已然积累了大量的研究成果和系统理

---

[1] http：//philosophy.ubc.ca/persons/john-woods/.

论。由此而论，如果对作为谬误研究之开创者的亚里士多德甚至谬误理论史本身不闻不问的话，那么蕴含于其中的精华内容必然会丧失其本应具有的启发、规定以及借鉴意义，进而使当下的新近谬误理论失之根基。伍兹正是看到了这一点，才在其谬误研究实践中一以贯之地运用"历史考究法"这样一种治学方法。

其次，伍兹将汉布林作为反叛标准谬误理论的代表给予积极肯定。如果说亚里士多德以其早于《前分析篇》的《辩谬篇》开启了有史以来关于人类谬误现象的系统性研究，进而可将其视为谬误理论之传统派的开创者，那么，汉布林则是试图以现代逻辑为工具对亚里士多德之传统或标准谬误论进行批判和改造的先驱。显而易见，汉布林及其学术思想本身不可能不被视为西方谬误理论史的一部分，这样一来，伍兹对汉布林谬误思想的深入探讨和高度肯定便再一次证明了前者的谬误研究确实诉诸一种"历史考究"的方法论策略。一般来看，伍兹对汉布林的学术思想是持肯定态度的，并且对《谬误》这部著作赞赏有加，他说："查尔斯·汉布林的《谬误》一书已近不惑之年。在谬误研究领域，有海量的研究项目和大量的研究成果均受该书的影响，并且影响至深。虽然汉布林的这本书并非完美，但在整整40年之后能够与之匹敌的著作仍未出现。"[①] 事实上，伍兹相对于汉布林，绝不仅仅是上述文字所表达出来的崇敬之情。而毫不夸张地说，伍兹在批判旧理论、构建新理论的事业中是汉布林的追随者甚至"信徒"。正如伍兹本人所言，汉布林向谬误研究的糟糕境况发起挑战的做法深深打动了他，进而想让汉布林的这种挑战在其手中继续延续。由此可见，伍兹在其谬误理论的研究实践中对谬误以及逻辑史的相关问题是极尽关照的，而这也正是其"历史考究法"的具体体现。

最后，伍兹本人在关于西方谬误乃至逻辑史的研究方面着力颇重。伍兹对理论史之考察的重视程度，反映在他对一系列相关问题的著书立说上，而这些理论成果又反过来促进了其"历史考究法"的应用，同时也提升了该方法的应用效果。伍兹在近期的学术创作中推出了两部较具影响力的逻辑史或谬误史文献：一部是由赫莫斯科学出版社于2001年出

---

① John Woods, "Whither Consequence", *Informal Logic*, Vol. 31, No. 4, 2011.

版的《亚里士多德的早期逻辑》①，据伍兹个人网站的消息称，此书将于 2014 年由学院出版社再版；另有一篇长文名为"西方逻辑中的谬误史"②，该文被收录在《逻辑史手册》的第十一卷中，该卷名为"逻辑学的核心概念发展史"，于 2012 年由爱思唯尔出版社发行。可以看到，这些新近著作无一不与逻辑或谬误史息息相关，其背后蕴含的意义是不言而喻的。除此以外，接下来的论据同样能够在一定程度上说明问题。在伍兹的个人学术网站上，标注其个人研究兴趣的一栏如是说："［伍兹］最新的学术旨趣包括溯因逻辑、实践推理逻辑、谬误理论、冲突解决策略、法律论证、错误逻辑（logic of error）、哲学方法、小说逻辑以及逻辑史研究。"③ 由此可见，对逻辑史或谬误史的学术旨趣已经被学界公认为是伍兹的治学特征之一，否则也不会如此正式地将其发布在传播面极广的个人官方学术网站上。

事实上，以上这些要么正面，要么侧面，要么直接，要么间接的论据无一不是指向前面多次提及的那个论点，即伍兹在其治学过程中乃是坚定地执行着谬误研究的"历史考究法"这样一种方法论策略。

前面之所以对"历史考究法"进行如此详细且透彻的论述，是为了着重突出以下观点，即广泛显现于伍兹谬误研究实践中的关于谬误史或逻辑史的"历史考究法"，对中国逻辑的探讨具有方法论层面的重要启发和借鉴意义。

若想透彻理解伍兹应用于谬误研究中的"历史考究法"及其对中国逻辑和谬误理论的借鉴意义，那么确实有必要将"中国古代逻辑"与"一般意义上的中国逻辑"之现代化的关系作为论证的切入点。之所以说伍兹的"历史考究法"对一般意义上的中国逻辑具有借鉴意义，是因为当代中国逻辑研究承担着不断向前发展，并且使自身的理论体系全面现代化的任务。若想使中国逻辑全面且根本性地实现理论的现代化，那么对中国古代逻辑进行持续性的理论探究和概念完善就成为不容忽视的一环。原因在于，中国逻辑的不断发展及其全面现代化，必然蕴含着对作

---

① 参见 John Woods, *Aristotle's Earlier Logic*, Oxford: Hermes Science Publishers, 2001。
② 参见 Dov Gabbay, John Woods and Francis Pelletier, eds., *Handbook of the History of Logic*, volume 11: *Logic: A History of its Central Concepts*, Amsterdam: North-Holland, 2012。
③ http://johnwoods.ca.

为其理论之根或概念之源的中国古代逻辑的重视和尊敬。如若不然，就很可能会生生割断当代中国逻辑研究与中国古代之逻辑、哲学、思想、文化以及人文气质的联系。这样一来，在中国逻辑的现代化道路上就必然失去中国本土的人文特色，进而，被如此这般对待的现代化的逻辑自然会呈现出不中不洋，甚至完全西化的理论形态。然而值得庆幸的是，伍兹的"历史考究法"恰恰可以在中国本土逻辑的历史回溯和深入考证方面，帮助我们完成整体中国逻辑所面临的自身不断发展，以及全面现代化的历史任务。换句话说，蕴含于伍兹谬误思想中的"历史考究法"，与当代中国逻辑的自身特点及其面临的历史使命是相契合的，前者在很大程度上可以为后者所用，充当其理论研究的方法论工具。在这一借鉴的过程中，中国逻辑也不必为自身的本土化特征做出牺牲，进而保持一种华夏文明所独具的逻辑理论形态。话到此处，就不得不提及中华人民共和国成立以来，对中国逻辑及其历史研究作出巨大贡献的两位学界前辈，即南开大学的温公颐先生和崔清田先生。通过两位先生对中国逻辑的深入探究和体系建构，由之形成的一个较为普遍的观点是，"西方古典逻辑学、印度因明学以及中国先秦时期的名学是世界逻辑学的主要来源……"[1] 由此推知，中国逻辑就必然含有与其他两类逻辑所不同的，与中国本土之政治、经济和文化息息相关的特征，可以将这种特征作为中国逻辑的特色加以延续乃至发扬光大。明显的例子是，"20世纪在中国出现的名辩与逻辑、因明比较研究，是世界逻辑发展史上一个独特的学术现象，也是中国学者对世界逻辑史的一个贡献"[2]。

综上所述，我们认为，伍兹谬误研究实践中的"历史考究法"对中国逻辑本身具有方法论层面的借鉴和启发意义。

---

[1] 董志铁：《东西方逻辑的三源交汇与比较研究的兴起》，《北京航空航天大学学报》（社会科学版）1999年第26期。

[2] 刘培育：《20世纪名辩与逻辑、因明的比较研究》，《社会科学辑刊》2001年第3期。

# 第六章

# 历史概括:伍兹谬误思想的发展时间线

伍兹谬误思想的起点是 1972 年与沃尔顿合著的《论谬误》一文。从那时算起直至 2019 年,伍兹的学术生涯历时四十余载,并且还在延续。他对当代谬误理论的振兴、发展和壮大作出了积极贡献。此处,就伍兹谬误思想的过去、现在和未来做一般性的回顾、定位与展望,进而描绘一条关于该主题之历史意义、研究现状以及未来走向的发展时间线。

## 第一节　伍兹谬误思想的历史意义与价值

通过对伍兹学术生涯的回顾,可以发现伍兹几乎没有缺席当代谬误研究史上的任何重要事件。由此可见,其在当代的谬误理论研究史上具有重要意义与价值。

首先,汉布林试图振兴当代谬误理论研究的计划,得到了伍兹的积极响应。20 世纪 70 年代初,汉布林发起了对标准方法的批判,其 1970 年的《谬误》一书,如同牛虻般重重叮咬了处于该方法统治下的谬误研究界。书中主张以现代逻辑为工具研究谬误,并创建了谬误分析的形式论辩术。至此,汉布林打开了当代谬误研究的新局面。伍兹前期的形式方法就是对汉布林的某种响应。从这层意义上说,伍兹对当代谬误理论的振兴起到了推波助澜的作用。

其次,以汉布林为拐点,随后发生了若干标志性事件,预示着 20 世纪 70 年代以后的谬误研究将发生巨大改观,伍兹是这些事件的主要参与者或直接发起者。包括:第一,伍兹和沃尔顿合著的《文选》以及《论证:谬误的逻辑》的出版;第二,1987 年《论辩》杂志第

1 卷第 3 期的谬误理论专刊发行,伍兹为专刊特约编辑;第三,1989 年至 1990 年,荷兰人文及社科高级研究所(NIAS)创建了一个专门机构,主要研究违反论辩语境规则的谬误,伍兹与该机构联系紧密;第四,1995 年由汉斯·汉森和罗伯特·平托主编的《谬误:古典与当代读物》①面世,伍兹的两篇重要论文被收录其中,即《可怕的对称》和《诉诸暴力》。

最后,当代谬误研究的新理论、新观念、新方法层出不穷,蔚为壮观。其中,伍兹的前、近期谬误思想占有重要席位。总体来看,包括谬误的认识论理论、谬误的形式论辩术理论、谬误的修辞学理论、谬误的语用—论辩术理论、谬误的批评理论、"伍兹—沃尔顿方法"以及伍兹近期谬误思想基于实践推理与认知经济的理论。此外,德福·加贝也加入谬误研究的队伍中,与伍兹合作出版了谬误研究的系列著作。

上述内容不仅表明当代谬误理论在复兴的道路上更进了一步,同时更应该看到伍兹对这种复兴的"功不可没"。

## 第二节 伍兹谬误思想的当代研究与突破

通过对伍兹的最新研究活动进行归纳与总结,笔者重点指出《理性之谬》不仅是一部关于谬误的著作,同时也是自然化逻辑这一最新研究成果的初次表述载体。自然化逻辑是逻辑学之自然转向的理论基础,伍兹凭借这一最新理论进而突破了自身关于谬误分析的旧有哲学框架。

逻辑的自然转向是对实践转向概念的合理延伸。逻辑的实践转向是对应数学转向来说的。数学转向源自弗雷格,其主要特征是逻辑研究的"去主体化"。弗雷格在 1884 年的《算术的基础:对数之概念的逻辑数学考问》中提出逻辑学三原则,其中第一条便要求"永远将心理的与

---

① 参见 Hans Hansen and Robert pinto, eds., *Fallacies: Classical and Contemporary Reading*, Pennsylvania: Pennsylvania State University Press, 1995。

逻辑的概念、主观的与客观的概念进行清晰区分……"①这正好印证了伍兹的观点："经典逻辑及其主流分支与现实中过着世俗生活的人的推理并不那么相称，这已然不是秘密，没什么可惊奇的。人类推理并非现代正统逻辑所好。"② 然而，伍兹对20世纪70年代以来的逻辑发展走向做出概括，认为逻辑研究领域出现了实践转向。他认为，在逻辑中恢复主体的地位是逻辑实践转向的突出表现。认知逻辑，道义逻辑、时间逻辑、动态逻辑、实践逻辑、非形式逻辑等都在主体的影响下生效。事实上，反映在伍兹新著中的逻辑的自然转向思想是对实践转向概念的合理延伸。如果说实践转向旨在将认知主体这个现代正统逻辑的弃儿重新召回至逻辑学大家庭，并严肃地将其作为逻辑学研究的正式成员，那么，逻辑的自然转向则在此基础上更进一步，将主体置于一个完全自然化现实认知环境中，并对发生于该环境中的各种推理现象给予一种自然的认识论考量。

逻辑自然转向的基础性理论是一种自然化逻辑。由于伍兹的新著篇幅较大，对自然化逻辑的讨论相对分散。所以，将自然化逻辑的界定、理论背景、研究对象以及基本特征等重要方面进行提炼概括，于此处集中展示。首先，伍兹将自然化逻辑界定为一种"经验敏感型逻辑"，它关注的是主体推理时的实际境况。这种逻辑以主体为中心、以目标为导向并且受资源的限制。其次，自然化逻辑的理论背景是自然化认识论。自然化认识论的研究对象诸如直觉知识这样的心理变量，而自然逻辑则借鉴这种方法论上的心理化风格。再次，自然化逻辑的研究对象是第三类推理。第三类推理涉及可废止性推理、自动认知推理、溯因推理以及非单调性后承关系等。这些推理形式超越于演绎有效和归纳强的评价标准。最后，自然化逻辑的基本特征是其实践性以及对认知主体的强调。自然化逻辑的实践特征自不必说，在作为其前身的基于实践推理与认知经济的理论那里就已经较为明显；而对认知主体的强调则是自然化逻辑的突出特点。伍兹认为，一种经验敏感型逻辑要求对推理者的概念进行

---

① Gottlob Frege, *The Foundations of Arithmetic*: *A Logico-Mathematical Enquiry into the Concept of Number*, translated by Austin, second revised ed., Illinois, Evanston: Northwestern University Press, 1980, p. x.

② John Woods, Logic Naturalized, http://www.johnwoods.ca/PrePrints/Logic%20Naturalized.doc..

独立说明，因为"如果不对推理者为何物这一问题进行独立思考，那么，对正确推理的考量就会像没有支点的杠杆那样失之基础"①。

## 第三节 伍兹谬误思想的未来发展与走向

以上是对伍兹谬误思想之历史价值与最新突破的总结性论述。然而，除了回顾过去和认识现在，更为重要的应该是展望未来。

我们对伍兹谬误理论的未来发展与走向持以下观点：在未来，伍兹会将新近发展起来的谬误推理的自然化逻辑理论进一步深化、完善，并沿着这条谬误分析的自然主义道路继续前行。换句话说，作为最新研究突破的"自然化逻辑"会成为伍兹谬误思想的未来增长点。做出这个判断的依据是：首先，伍兹近期曾应邀于中山大学的逻辑与认知研究所做了关于自然化逻辑的学术报告。前面已经对此次报告的具体情况和详细信息做了全面介绍，这里不做赘述。另外，通过不列颠哥伦比亚大学的网站获悉，伍兹已经把《理性之谬》作为哲学系研究生的高阶课程教材列入了2014年的教学大纲。他在大纲中明确指出："该课程的内容涉及'前提—结论型推理'，并且，我们要寻找一些方法，这些方法可以使我们运用一种以主体为中心、以目标为导向并受资源限制的推理逻辑对'前提—结论型推理'进行评估。迄今为止，几乎所有的逻辑系统都是用高度形式化的方式来表征主体及其推理行为。而我们这门课程的出发点就是要以一种经验敏感型的理论对上述逻辑系统加以限制……即把逻辑自然化。"②

可以看到，无论将自然逻辑的思想带到中国高等学府的报告厅，还是将其新著作为哲学专业研究生的高阶课程教材，抑或在教学大纲中极其坚定地发表的那些言论，所有这些事实使我们不得不做出这样的判断——自然化逻辑理论是伍兹谬误研究的重心所在。并且，在其未来的学术生涯中，必将坚持并不断完善这种自然化的逻辑理论。

---

① John Woods, *Errors of Reasoning: Naturalizing the Logic of Inference*, London: College Publications, 2013, p. 13.

② John Woods, Preliminary Syllabus, Second term 2014, Philosophy 520A Logic, http://philosophy.ubc.ca/files/2013/06/PHIL-520A-001-Woods.pdf..

约翰·伍兹的谬误研究生涯从 20 世纪 70 年代初至今已持续四十余年。因此，完全可以将其作为一段鲜活且深刻的理论史加以研究。这也是本书自始至终地运用一种"历史之方法"的根本原因。事实上，若想凭借数千言来勾勒伍兹数十年的理论发展情况并非易事。然而，如果本书可以起到抛砖引玉的作用，那么它的目的也就达到了。毕竟，伍兹的谬误逻辑思想在当代西方学界相对突出，将其尽快且全面地引介进来，具有较高的价值和意义。

# 参考文献

## 一 一手文献

著作

Dov Gabbay, John Woods and Francis Pelletier, eds., *Handbook of the History of Logic*, volume 11: *Logic: A History of its Central Concepts*, Amsterdam: North-Holland, 2012.

Dov Gabbay and John Woods, *Handbook of the History of Logic*, volume 3: *The Rise of Modern Logic: From Leibniz to Frege*, Amsterdam: Elsevier, 2008.

Dov Gabbay, Ralph Johnson, Hans Ohlbach and John Woods, *Handbook of the Logic of Argument and Inference: The Turn towards the Practical*, Amsterdam: North-Holland, 2002.

Dov Gabbay and John Woods, *A Practical Logic of Cognitive Systems*, volume 1: *Agenda Relevance A Study in Formal Pragmatics*, Amsterdam: Elsevier, North-Holland, 2003.

Dov Gabbay and John Woods, *A Practical Logic of Cognitive Systems*, volume 2: *The Reach of Abduction Insight and Trial*, Amsterdam: Elsevier, North-Holland, 2005.

Dov Gabbay and John Woods, *Handbook of the History of Logic*, volume 2: *Mediaeval and Renaissance Logic*, Amsterdam: Elsevier, 2008.

John Woods, Andrew Irvine and Douglas Walton, *Argument: Critical Thinking, Logic and the Fallacies*, 2$^{nd}$ Canadian ed., Englewood Cliffs: Princeton Hall, 2003.

John Woods, *Aristotle's Earlier Logic*, Oxford: Hermes Science Publishers, 2001.

John Woods, *Aristotle's Earlier Logic*, Oxford: Hermes Science Publishers, 2014.

John Woods, Douglas Walton, *Argument: The Logic of Fallacies*, Toronto, New York: McGraw-Hill Ryerson, 1982.

John Woods, *Errors of Reasoning: Naturalizing the Logic of Inference*, London: College Publications, 2013.

John Woods, *Paradox and Paraconsistency: Conflict Resolution in the Abstract Sciences*, Cambridge: Cambridge University Press, 2003.

John Woods, *The Death of Argument: Fallacies in Agent-Based Reasoning*, Dordrecht: Kluwer, 2004.

John Woods and Douglas Walton, *Fallacies: Selected Papers 1972 – 1982*, London: College Publications, 2007.

论文

Anthony Blair, et al., eds., Proceedings of the Windsor Conference, Informal Logic at 25// John Woods, A Resource-Based Approach to Fallacy Theory, Windsor, ON: OSSA, 2003.

Dov Gabbay and John Woods, "The New Logic", *Logic Journal of the IGPL*, Vol. 9, No. 2, 2001.

John Woods and Andrew Irvine, "Aristotle's Early Logic", *Handbook of the History of Logic*, volume 1: *Greek, Indian and Arabic Logic*, Amsterdam: Elsevier, 2008.

John Woods, "Aristotle", *Argumentation*, No. 13, 1999.

John Woods, *Buttercups, GNP's and Quarks: Are Fallacies Theoretical Entities*, *Informal Logic*, Vol. 10, No. 2, 1988.

John Woods, "Cognitive Economics and the Logic of Abduction", *The Review of Symbolic Logic*, Vol. 5, No. 1, 2012.

John Woods and Douglas Walton, "Book Review: With Good Reason by Morris Engel; Logic and Contemporary Rhetoric by Howard Kahane", *Rhetoric Society Quarterly*, Vol. 6, No. 3, 1976.

John Woods and Douglas Walton, "Composition and Division", *Studia Logic: An International Journal for Symbolic Logic*, Vol. 36, No. 4, 1977.

John Woods and Douglas Walton, "Equivocation and Practical Logic", *Ratio*, *Vol.* 21, No. 1, 1979.

John Woods and Douglas Walton, "Petitio Principii", *Synthese*, Vol. 32, No. 1, 1975.

John Woods and Douglas Walton, "Puzzle for Analysis: Find the Fallacy", *Informal Logic*, Vol. 1, No. 2, 1978.

John Woods and Douglas Walton, "Question-Begging and Cumulativeness in Dialectical Games", *Nous*, Vol. 16, No. 4, 1982.

John Woods and Douglas Walton, "What Type of Argument is an Ad Verecundiam", *Informal Logic Newsletter*, Vol. 2, No. 1, 1979.

John Woods and Douglas Walton. "Post Hoc, Ergo Propter Hoc", *The Review of Metaphysics*, Vol. 30, No. 4, 1977.

John Woods and Dov Gabbay, "Advice on Abductive Logic", *Logic Journal of the IGPL*, Vol. 14, No. 2, 2005.

John Woods, Dov Gabbay and Hannes Leitgeb, "Resources-Origins of Nonmonotonicity", *Studia Logica: An International Journal for Symbolic Logic*, Vol. 88, No. 1, 2008.

John Woods and Dov Gabbay, "More on Fallaciousness and Invalidity", *Philosophy and Rhetoric*, Vol. 14, No. 3, 1981.

John Woods, "Epistemology Mathematicized", *Informal Logic*, Vol. 33, No. 2, 2013.

John Woods, "Fearful Symmetry", Hans Hansen and Robert Pinto, eds., *Fallacies: Classical and Contemporary Readings*, University Park, PA: The Pennsylvania State University Press, 1995.

John Woods and Hans Hansen, "Hintikka on Aristotle's Fallacies", *Synthese*, Vol. 113, No. 2, 1997.

John Woods, "How Philosophical is Informal Logic", *Informal Logic*, Vol. 20, No. 2, 2000.

John Woods, "Is Philosophy Progressive?" *Argumentation*, Vol. 2, No. 2, 1988.

John Woods, "Is the Theoretical Unity of the Fallacies Possible?", *Informal Logic*, Vol. 16, No. 2, 1994.

John Woods, "John Locke on Arguments ad", *Inquiry*, Vol. 13, No. 3 & 4, 1994.

John Woods, "Lightening up on the Ad Hominem", *Informal Logic*, Vol. 27, No. 1, 200.

John Woods, Preliminary Syllabus, Second term 2014, Philosophy 520A Logic, http://philosophy.ubc.ca/files/2013/06/PHIL - 520A - 001 - Woods.pdf..

John Woods, "The Necessity of Formalism in Informal Logic", *Argumentation*, No. 2, 1989.

John Woods, "Whither Consequence", *Informal Logic*, Vol. 31, No. 4, 2011.

John Woods and Douglas Walton, "The Fallacy of Ad Ignorantiam", *Dialectica*, Vol. 32, No. 2, 1978.

John Woods and Douglas Walton, "Toward A Theory Of Argument", *Metaphilosophy*, Vol. 8, No. 4, 1977.

John Woods, "Frontiers of Practical Logic", Trans. by Liu Ye-tao, *Journal of Peking University (Philosophy and Social Sciences)*, Vol. 44, No. 1, 2007.

John Woods, Logic Naturalized, http://www.johnwoods.ca/PrePrints/Logic%20Naturalized.doc..

Lorenzo Magnani and Li Ping, eds., *Model-Based Reasoning in Science, Technology, and Medicine*; John Woods, *The Concept of Fallacy is Empty: A Resource-Bound Approach to Error*, Verlag, Berlin: Springer, 2007.

## 二 二手文献

著作

Alfred Sidgwick, *Fallacies: A View of Logic from the Practical Side*, Belghoria Kolkata: Saraswati Press Limited, 2012.

Alfred Sidgwick, *The Application of Logic*, London: Macmillan and Co., Limited, 1910.

Alfred Sidgwick, *The Use of Words in Reasoning*, New York: The Macmillan Company, 1901.

Anthony Blair, *Groundwork in the Theory of Argumentation: Selected Papers of J. Anthony Blair*, Berlin: Springer, 2012.

Anthony Blair and Ralph Johnson, *Informal Logic: The First International Symposium*, Inverness, CA: Edge press, 1980.

Antoine Arnuald and Pierre Nicole, *Logic or the Art of Thinking*, Translated and Edited by Jill Buroker, San Bernardino: Cambridge University Press, 1996.

Aristotle, *On Sophistical Refutations*, Cambridge, Mass.: Harvard University Press, 1928.

Aristotle, *Prior Analytics*, Cambridge, Mass.: Harvard University Press, 1938.

Augustus De Morgan, *Formal Logic: or, The Calculus of Inference, Neceffary and probable*, London: Taylor and Walton, Bookfellers and Publifhers, 1847.

Charles Hamblin, *Fallacies*, London: Methuen & Co. Ltd., 1970.

Christoper Tindale, *Fallacies and Argument Appraisal*, Cambridge: Cambridge University Press, 2007.

David Hume, *An Enquiry Concerning Human Understanding*, edited with an Introduction and Notes by Peter Millican, New York, Oxford: Oxford University Press, 2007.

David Ross, *Aristotle*, 6th ed., London, New York: Routledge, Taylor & Francis Group, 1995.

Douglas Walton, *A Pragmatic Theory of Fallacy*, Tuscaloosa: University of Alabama Press, 2003.

Dov Gabbay and Franz Guenthner, eds., *Handbook of Philosophical Logic*, 2nd ed., Vol. 13, Berlin: Springer, 2005.

Frans van Eemeren ed., *Crucial Concepts in Argumentation Theory*, Amsterdam: Amsterdam University Press, 2001.

Frans van Eemeren, *Fallacies*, Amsterdam: Amsterdam University Press, 2009.

Frans van Eemeren and Rob Grootendorst, *The Pragma-Dialectical Approach to Fallacies*, University Park: Pennsylvania State University

Press, 1995.

Gottlob Frege, *The Foundations of Arithmetic: A Logico-Mathematical Enquiry into the Concept of Number*, translated by Austin, second revised ed., Illinois, Evanston: Northwestern University Press, 1980.

Hans Hansen and Robert pinto, eds., *Fallacies: Classical and Contemporary Reading*, Pennsylvania: Pennsylvania State University Press, 1995.

Heinrich Scholz, Concise History of Logic, Trans. by Leidecker K., New York: Philosophical Library, Inc., 1961.

Horace Joseph, *An Introduction to Logic*, Oxford: Clarendon Press, 1906.

Irvine Copi, Carl Cohen and Kenneth McMahon, *Introduction to Logic*, 14th ed., New Jersey: Princeton Hall, 2010,

Irving Copi and Carl Cohen, *Introduction to Logic*, 8th ed., New York: Macmillan Publishing Company, 1990.

Jaakko Hintikka, *Knowledge and Belief: An introduction to the Logic of the Two Notions*, Ithaca, New York: Cornell University Press, 1962.

James Freeman, *Acceptable Premises: An Epistemic Approach to an Informal Logic Problem*, Cambridge: Cambridge University Press, 2005.

Johan van Benthem, *Logical Dynamics of Information and Interaction*, Cambridge: Cambridge university press, 2011.

John Locke, *An Essay Concerning Human Understanding*, London: printed for T. Tegg and Son, 73, Cheapside; R. Griffin and Co., Glasgow; and Tegg. Wise, and co., Dublin, 1836.

John Mcnamara, *A Border Dispute: The Place of Logic in Psychology*, Massachusetts: MIT Press, 1986.

John Mill, *A System of Logic: Ratiocinative and Inductive*, Toronto, Buffalo: University of Toronto Press, 1981.

John Searle, *The Campus War: a sympathetic: a sympathetic look at the university in agony*, 1st ed., Omaha: World Pub. Co., 1971.

Jonathan Barnes, *The Complete Works of Aristotle, Sophistical Refutations*, Vol.1, 4th ed., Oxford, N.J.: Princeton University Press, 1991.

Joseph Bochenski, *A History of Formal logic*, Notre Dame, Ind.: University of Notre Dame Press, 1961.

Kent Peacock and Andrew Irvine, *Mistakes of Reason: Essays in Honour of John Woods*, Toronto: University of Toronto Press, 2005.

Leo Groarke and Christopher Tindale, *Good Reasoning Masters!: A Constructive Approach to Critical Thinking*, 3$^{rd}$ ed., Oxford: Oxford University Press, 2004.

Lisa Jardine and Michael Silverthorne, eds., *Francis Bacon: The New Organon*, Cambridge: Cambridge University Press, 2000.

MAJER et al., eds., *Games: Unifying Logic, Language, and Philosophy, Logic, Epistemology, and the Unity of Science*, Vol. 15; Dov Gabbay, John Woods, Fallacies as Cognitive Virtues. Berlin: Springer Science, Business Media B. V., 2009.

Maurice Finocchiaro, *Galileo and the Art of Reasoning: Rhetorical Foundations of Logic and Scientific Method*, Boston: Studies in the Philosophy of Science, 1980.

Morris Engel, *With Good Reason: An Introduction to Informal Fallacies*, New York: St. Martins Press, 1976.

Nancy Cavender and Howard Kahane, *Logic and Contemporary Rhetoric: The Use of Reason in Everyday Life*, 8$^{th}$ed., Belmont, CA: Wadsworth, 1997.

Patrick Hurley, *A Concise Introduction to Logic*, 11$^{th}$ ed., Wadsworth: Cengage Learning, 2012.

Ralph Johnson, *Manifest Rational: a Pragmatic Theory of Argument*, London: Lawrence Erlbaum Associates, 2000.

Richard Whately, *Elements of Logic*, Replica of 1875 ed. by Longmans, London: green and co., 2005.

Stephen Toulmin, Richard Rieke and Allan Janik, *An Introduction to Reasoning*, 2$^{nd}$ed., New York: Macmillan Publishing Co., 1984.

Stephen Toulmin, The *Uses of Argument*, Cambridge: Cambridge University Press, 2003.

Susan Haack, *Philosophy of Logics*, Cambridge: Cambridge University Press, 1978.

Ted Honderich, *The Oxford Companion to Philosophy*, New ed., Oxford: Oxford University Press, 2005.

Trudy Govier, *A Practical Study of Argument*, 7$^{th}$ ed., Wadsworth: Cengage Learning, 2010.

William Kneale and Martha Kneale, *The Development of Logic*, Oxford: Oxford University Press, 1962.

W. V. O. Quine, *Methods of Logic*, New York: Holt, Rinehart and Winston, 1966.

W. V. O. Quine, *Ontological Relativity and Other Essays*, New York: Columbia University Press, 1969.

W. V. O. Quine, *Philosophy of Logic*, 2$^{nd}$ ed., Cambridge, Massachusetts: Harvard University Press, 1986.

论文

Andrew Irvine, "Book Review of Paradox and Paraconsistency: Conflict Resolution in the Abstract Sciences", *Studia Logica*, Vol. 85, No. 3, 2007.

Anthony Blair and Ralph Johnson, "Informal Logic: An Overview", *Informal Logic*, Vol. 20, No. 2, 2000.

Anthony Blair and Ralph Johnson, "Informal Logic: The Past Five Years 1978 – 1983", *American Philosophy Quarterly*, Vol. 22, No. 3, 1985.

Anthony Blair and Ralph Johnson, "The Current State of Informal Logic", *Informal logic*, Vol. 9, No. 2, 1987.

Anthony Blair, "Informal Logic and its Early Historical Development", *Studies in logic*, Vol. 4, No. 1, 2011.

Dale Jacquette, "Deductivism in Formal and Informal Logic", *Studies in Logic, Ggrammar and Rhetoric*, Vol. 16, No. 29, 2009.

David Crossley, "Book Review: Hansen H. V., Pinto R. Fallacies: Classical and Contemporary Readings", *Dialogue*, Vol. 37, No. 2, 1998.

David Hitchcock, "Book Review: The Rise of Informal Logic by Ralph Johnson", *Informal Logic*, Vol. 18, No. 2 & 3, 1996.

David Hitchcock, "The Significance of Informal Logic for Philosophy", *Informal Logic*, Vol. 20, No. 2, 2000.

Douglas Walton, "Defeasible Reasoning and Informal Fallacies", *Synthese*, Vol. 179, No. 3, 2011.

Douglas Walton, "Hamblin on the Standard Treatment of fallacies", *Phi-

*losophy and Rhetoric*, Vol. 24, No. 4, 1991.

Douglas Walton, "Rethinking the Fallacy of Hasty Generalization", *Argumentation*, Vol. 13, No. 2, 1999.

Douglas Walton, "The Ad Hominem Argument as an Informal Fallacy", *Argumentation*, Vol. 1, No. 3, 1987.

Douglas Walton, "The Appeal to Ignorance, or Argumentum Ad Ignorantiam", *Argumentation*, Vol. 13, No. 4, 1999.

Douglas Walton, "What is reasoning? What is an argument?" *The Journal of Philosophy*, Vol. 87, No. 8, 1990.

Dov Gabbay and John Woods, "The New Logic", *Logic Journal of the IGPL*, Vol. 9, No. 2, 2001.

Erik Krabbe, "Aristotle's On Sophistical Refutations", *Topoi*, Vol. 31, No. 2, 2012.

Erik Krabbe, "Book Review: Woods J., Walton D. Fallacies: Selected Papers 1972 – 1982", *Argumentation*, Vol. 6, No. 4, 1993.

Francesco Berto, "Review of Errors of Reasoning: Naturalizing the Logic of Inference", by John Woods, *Journal of Logic and Computation*, Vol. 24, No. 1, 2013.

Frans van Eemeren and Rob Grootendorst, "A Transition Stage in the Theory of Fallacies", *Journal of Pragmatics*, Vol. 13, No. 1, 1989.

Frans van Eemeren and Rob Grootendorst, "Relevance Reviewed: The Case of Argumentum Ad Hominem", *Argumentation*, No. 6, 1992.

Frans van Eemeren and Rob Grootendorst, "Fallacies in Pragma-Dialectical Perspective", *Argumentation*, Vol. 1, No. 3, 1987.

Gabriella Pigozzi, "Interview with John Woods", *The Reasoner*, Vol. 3, No. 3, Mar. 2009.

G H V Wright, "Deontic Logic", *Mind*, Vol. 60, No. 237, 1951.

Hans Hansen, "An Informal Logic Bibliography", *Informal Logic*, Vol. 7, No. 3, 1990.

Hans Hansen, "The Straw Thing of Fallacy Theory: The Standard Definition of 'Fallacy'", *Argumentation*, Vol. 16, No. 2, 2002.

Harvey Siegel and John Biro, "The Pragma-Dialectician's Dilemma: Reply to Garssen and van Laar", *Informal Logic*, Vol. 30, No. 4, 2010.

Irving Copi, "The Intentianality of Formal Logic", *Philosophy and Phenomenological Research*, Vol. 11, No. 3, 1951.

Jaakko Hintikka, "The Fallacy of Fallacies", *Argumentation*, No. 1, 1987.

Jaakko Hintikka, "What was Aristotle Doing in His Early Logic, Anyway? A Reply to Woods and Hansen", *Synthese*, Vol. 113, No. 2, 1997.

Jan Albert van Laar, "Argument Schemes from the Point of View of Hamblin's Dialectic", *Informal Logic*, Vol. 31, No. 4, 2011.

Jincheng Zhai, "A New Interpretation of Reasoning Patterns in Mohist Logic", *Studies in Logic*, Vol. 4, No. 3, 2011.

John Nolt, "Informal Logic in China", *Informal Logic*, Vol. 6, No. 3, 1984.

John Pollock, "A Theory of Defeasible Reasoning", *International Journal of Intelligent System*, Vol. 6, No. 1, 1991.

John Pollock, "Defeasible Reasoning", *Cognitive science*, Vol. 11, No. 4, 1987.

Leo Groarke, "Critical Study: Woods and Walton on the Fallacies, 1972 – 1982", *Informal Logic*, Vol. 8, No. 2, 1991.

Martha kneale, "Book Review: Hamblin C. Fallacies", *The Philosophical Quarterly*, Vol. 21, No. 83, 1971.

Matthieu Fontaine, "Review of Errors of Reasoning: Naturalizing the Logic of Inference", *Journal of Applied Logic*, Vol. 12, No. 2, 2014.

Maurice Finocchiaro, "Fallacies and the Evaluation of Reasoning", *American philosophy quarterly*, Vol. 18, No. 1, 1981.

Maurice Finocchiaro, "Review of Errors of Reasoning: Naturalizing the Logic of Inference", by John Woods, *Argumentation*, Vol. 28, No. 2, 2014.

Maurice Finocchiaro, "The Port-Royal Logic's Theory of Argument", *Argumentation*, Vol. 11, No. 4, November 1997.

Morris Engel, "Wittgenstein's Theory of Fallacy", *Informal Logic*, Vol. 8, No. 2, 1987.

Pascal Engel, "Review Essay: The Psychologists Return", *Synthese*,

Vol. 115, No. 3, 1998.

Penelope Maddy, "A Naturalistic Look at Logic", *Proceedings and Addresses of the American Philosophical Association*, Vol. 76, No. 2, 2002.

Ralph Johnson, "Making Sense of 'Informal Logic'", *Informal Logic*, Vol. 26, No. 3, 2006.

Ralph Johnson, "The Blaze of Her Splendors: Suggestions about Revitalizing Fallacy Theory", *Argumentation*, Vol. 1, No. 3, 1987.

Ralph Johnson, "The Coherence of Hamblin's Fallacies", *Informal Logic*, Vol. 31, No. 4, 2011.

Trudy Govier, "Who Says There Are No Fallacies?", *Informal Logic*, Vol. 5, No. 1, 1983.

### 三 中文译著

[古希腊] 亚里士多德：《工具论》，余纪元等译，中国人民大学出版社 2003 年版。

[美] 欧文·柯匹、卡尔·科恩：《逻辑学导论》第 11 版，张建军等译，中国人民大学出版社 2007 年版。

[英] 苏珊·哈克：《逻辑哲学》，罗毅译，商务印书馆 2003 年版。

[英] 威廉·涅尔、玛莎·涅尔：《逻辑学的发展》，张家龙等译，商务印书馆 1985 年版。

### 四 中文著作

蔡曙山：《语言、逻辑与认知》，清华大学出版社 2007 年版。

陈波：《逻辑哲学导论》，中国人民大学出版社 2000 年版。

董志铁：《名辩艺术与思维逻辑》，中国广播电视出版社 2007 年版。

杜国平：《真的历程——金岳霖理论体系研究》，中国社会科学出版社 2003 年版。

宋文坚主编：《逻辑学》，人民出版社 1998 年版。

王建芳：《语义悖论与情境语义学——情境语义学解悖论方案研究》，中国社会科学出版社 2009 年版。

王路：《亚里士多德的逻辑学说》，中国社会科学出版社 1991 年版。

武宏志：《论证型式》，中国社会科学出版 2013 年版。

武宏志、马永侠：《谬误研究》，陕西人民出版社1996年版。
熊明辉：《逻辑学导论》，复旦大学出版社2011年版。
翟锦程：《先秦名学研究》，天津古籍出版社2005年版。
张家龙主编：《逻辑学思想史》，湖南教育出版社2004年版。
张家龙：《逻辑史论》，中国社会科学出版社2016年版。
张清宇主编：《逻辑哲学九章》，江苏人民出版社2004年版。
郑文辉：《欧美逻辑学说史》，中山大学出版社1994年版。
周礼全主编：《逻辑：正确思维和有效交际的理论》，人民出版社1994年版。
周云之、刘培育：《先秦逻辑史》，中国社会科学出版社1984年版。
邹崇理：《逻辑、语言和信息》，人民出版社2002年版。

### 五 中文期刊

蔡曙山：《认知科学框架下心理学、逻辑学的交叉融合与发展》，《中国社会科学》2009年第3期。
陈波：《从〈哲学逻辑手册〉（第二版）看当代逻辑的发展趋势》，《学术界》2004年第108期。
陈慕泽：《逻辑的非形式转向》，《河池学院学报》2006年第1期。
董志铁：《东西方逻辑的三源交汇与比较研究的兴起》，《北京航空航天大学学报》（社会科学版）1999年第26期。
杜国平：《应用逻辑研究进展》，《哲学动态》2010年第1期。
谷振诣：《"论辩术"与希腊逻辑的传统》，《求是学刊》2000年第6期。
黄华新：《国内谬误理论研究》，《哲学动态》1989年第4期。
晋荣东：《论非形式逻辑的现代性特征》，《延安大学学报》（社会科学版）2006年第3期。
刘邦凡：《论我国谬误分析与谬误学研究》，《北方论丛》2001年第4期。
刘培育：《20世纪名辩与逻辑、因明的比较研究》，《社会科学辑刊》2001年第3期。
任晓明：《归纳概率逻辑的研究进展》，《哲学动态》2004年第5期。
阮松：《非形式逻辑的兴起及其哲学意蕴》，《哲学动态》1991年第

7 期。

史天彪：《论逻辑的自然转向及其理论史意义》，《逻辑学研究》2017 年第 10 期。

史天彪：《约翰·洛克的谬误思想及其当代解读》，《世界哲学》2018 年第 3 期。

史天彪：《约翰·伍兹谬误思想研究：1972—2014》，《逻辑学研究》2014 年第 3 期。

史天彪：《约翰·伍兹自然化逻辑研究》，《安徽大学学报》（哲学社会科学版）2015 年第 5 期。

王路：《亚里士多德关于谬误的理论》，《哲学研究》1983 年第 6 期。

王左立：《非形式逻辑——一个新的逻辑学分支》，《逻辑与语言学习》1990 年第 1 期。

武宏志：《基于实践推理和认知经济的谬误理论》，《延安大学学报》（社会科学版）2009 年第 1 期。

武宏志：《逻辑实践转向中的非形式逻辑》，《重庆工学院学报》（社会科学版）2008 年第 10 期。

熊明辉：《基于论证评价的谬误分类》，《河南社会科学》2013 年第 5 期。

杨武金：《从现代逻辑观点看中国古代的有效推理》，《逻辑学研究》2011 年第 3 期。

翟锦程：《从"逻辑史手册"看逻辑史研究与逻辑学发展的新趋势》，《东南大学学报》（哲学社会科学版）2007 年第 4 期。

张家龙：《从现代逻辑观点看亚里士多德的三段论》，《哲学研究》1988 年第 5 期。

张建军：《走向一种层级分明的"大逻辑观"——"逻辑观"两大论争的回顾与反思》，《学术月刊》2011 年第 11 期。

张晓芒：《批判性思维及其精神》，《重庆工商大学学报》（自然科学版）2007 年第 6 期。

邹崇理：《论类型逻辑语法的多种表述》，《哲学研究》2009 年第 11 期。

## 六 中文论文

李永成:《沃尔顿谬误理论探析》,博士学位论文,南开大学,2007年。

杨宁芳:《图尔敏论证逻辑思想研究》,博士学位论文,南开大学,2008年。

# 索　引

## A

阿尔诺　32，39－41，47，49，53，55，60－67，71，84，202，225

爱默伦　6，9，12，23，26，43，68，92，94，96，97，108，115，117，129，132，137－139，144，147，148，215－217，221，224，225，227，231－233，254，267

## B

辩谬篇　3，29，33－38，44，68，75，78，79，81，84，86，122，123，168，223，239，270，271

标准谬误论　4，68－70，72－79，81－83，87，88，90，94，112－114，120，131，132，144，271

波尔—罗亚尔逻辑　40，41

博格　10，139－141，144

布莱尔　12，26，59，100－102，104－112，146，147，228

## D

第三类推理　5，7，12，13，17，67，109，179，180，189－192，194－198，200，209，218，219，222，229，276

## F

发生学　200，240，251－253，256

非单调性　179，180，191，195－197，209，219，276

非形式逻辑　2，4－6，10－12，20－23，26，30，43，57－67，81，87－90，92，93，95－97，99－112，115，119，121，131，139－144，146，148，158，175，181，203－206，228，255，268，276

弗雷格　37，73，186，203，207，

214，233－236，275

## G

概称推理 177，180，194
概念—列表错位说 166－169，188，189，249，250
戈薇尔 11，104，145，167
哥德尔 244
格罗顿道斯特 6
格罗克 10，11，142－144
工具论 33
归纳强度 132，196，209，218，219，222
归纳推理 50，52，53，58，64，66，67，109，180，189，191，192，194，195，209，218，219

## H

哈曼 242
汉布林 1，2，4，6，8，9，11，23，32，68，69，72－88，90，91，93－96，106，107，109－118，129，130，137，138，141，144－146，216，231，246，247，271，274
赫尔利 77，120－122，124－128
怀特莱 1，3，4，9，19，32，39，43－50，53，62，63，68－70，77，84，94，109，138，225

## J

计算机科学 22，55，164，175，184，205，206，222，224，230，247
嘉贝 2，5，13，14，21－23，25，30，150，173，174，176，178，182，190，205，207，234，237，243，245，252，254
结论保有 190，191，194，195，200，241，242，249
结论临摹 190，191，194－197，200，241，242
近期思想 23，148，150，178，180，246，250，251

## K

康德 39，53，55，153，233
柯比 4，9，32，47，68－73，77，78，81，83，94，109，120－122，124，125，127，128，135，138，139，170，171，225
可错性 162，164
可废止性 180，191－195，197，198，209，219，222，276
克莱布 11，137，145－147，254
奎因 184，186，210，211，243，265

# 索 引

## L

雷斯切 59

理性之谬 15-17, 24, 29, 178-183, 195, 218, 227, 240-242, 245, 248, 250, 254, 275, 277

逻辑观 11, 16, 24, 28, 30, 38, 40, 49, 61, 90, 97, 112, 145, 149, 155-157, 172, 174, 182, 183, 188, 191, 210, 215-220, 222, 224, 248, 249, 251, 265

逻辑学 1, 2, 4, 20, 22, 24, 25, 29, 33, 34, 41, 43, 47, 48, 55, 56, 60, 69, 73, 75-79, 84, 86, 87, 99, 100, 102, 114, 119, 120, 122, 124, 125, 135, 138, 149, 153, 156, 158, 166, 170, 173, 175, 179, 182, 186, 187, 189, 191, 192, 194, 200-215, 219, 221-224, 226, 227, 232-239, 242, 243, 246, 249-251, 255, 259, 260, 264-266, 268-270, 272, 273, 275-277

洛克 1, 3, 39, 40, 42, 43, 48, 53, 55, 134, 135, 202, 225

谬误观 2, 3, 7, 12-15, 19, 21, 22, 24, 26, 30, 38, 43, 44, 57, 58, 64, 84, 90, 112, 157, 168, 169, 172, 174, 188, 189, 217, 232, 245, 248-251

谬误理论 3-12, 16-18, 20-30, 32-34, 36-45, 47-50, 53, 54, 58, 63, 67, 68, 70, 75, 79, 81-86, 88-90, 92-94, 96, 104-115, 117-119, 122, 123, 130, 133, 137-142, 144-146, 158, 167, 172, 175, 182, 200, 204, 215-218, 221, 223-225, 227, 228, 230-233, 240, 246, 247, 255, 257, 258, 262, 263, 266-272, 274, 275, 277

谬误十八帮 168, 169, 171, 172, 189, 257

## M

穆勒 1, 3, 32, 39, 47-53, 55, 57, 58, 74, 84, 163, 202, 225

## N

尼古拉 32, 39-41, 47, 49, 53, 55, 60-67, 71, 202, 225

## P

培根 1, 3, 32, 39, 40, 43, 47-

49，53，54，56，57，84，225

佩雷尔曼 6

贫乏资源调节策略 164，165，170，171，252－255

## Q

前期思想 3，11，20，93－97，106－108，112，118，128，129，148，247，250

亲主体的逻辑 157，238

## R

人工智能 22，57，132，175，193，204－206，222，224，242，248

认知经济 2，5－7，13，14，21－24，56－58，96，148－150，155，157，162－165，167，169，171－173，179，184，189，215，221，245，249－255，275，276

认知科学 18，28，29，55，57，141，149，150，175，181，183，184，203，205，208，212，218，222，224，230，236，246，247，267－269

认知资源 13，57，58，154，155，157，160，163－165，167，170，171，177，181，186，195，212，222，228，240，243，245，251，252，254－256

容主体的逻辑 237，238

## S

塞尔 99

三段论 9，29，46，65，66，68，75，76，90，94，109，113，120，122，129，138，139，144，152，153，156，176，186，206，223，231，233，234，246，262，264，265

实践逻辑 2，13，15，21－24，57，66，101，149－161，163－166，169，171－178，180－186，188－191，200，201，205，206，208，212，214，215，217，221，222，224，235，236，247，251，254，268，276

实践推理 3，13－15，21，22，24，56，57，85，96，102，121，122，144，148－157，161，163－165，168，170，172，173，175，177，197，204，205，209，214，221，222，226，248，256，272，275，276

实践转向 2，13，21－23，28，151，158，159，174－176，183，200，201，205－209，212－214，221，233－239，246，247，268，275，276

数学逻辑　174，175，186，187，200，201，203－208，213，233－236，239，247，265，266

数学转向　28，29，114，115，186，187，200，201，203－207，212，214，221，233－239，265，266，275

四假象说　40，54

溯因逻辑　85，179，196，272

溯因推理　2，15，26，176－178，183，194，276

## T

图尔敏　6，24，120－122，185，203

推理主体　24，150，157－165，167－169，173，186，188，199，203，205，207，209，213，224，227－229，234，235，254，256，266，268，269

## W

沃尔顿　2，4－6，8－12，20，21，23，30，31，43，58，69，92，94－97，101，102，104，107，109－111，117，119，129－147，192，193，216，217，224，225，227，231－233，240－251，274，275

沃森选择任务　209

伍兹　1－38，43，53，55－58，63－69，81－83，85－97，101－113，115－119，122，128－158，160－169，171，173－182，184，186－192，194－200，203，205－213，215－218，220－228，230－258，260，262－278

## X

心理学　29，43，56，57，84，107，164，175，181，183，184，189，190，195，202，203，206，208－212，214，215，218，219，235，236，242，247，267－269

辛提卡　8，31，59，129，133，136，146，208

新论辩术　6，23，92，94，96，216，217，225，227

新逻辑　14，22，37，173－176，183，190，243

形式论辩术　4，8，69，79－81，83，94，106，130，137，141，146，205，274，275

寻常与规范的聚合　190，191，196－200

## Y

亚里士多德　1，3，6，9，25，29，32－39，41，43－47，49，

53，56，62，65，68，69，71，73，75，77－79，81，83－87，94－96，122－128，132，134，139，144，152，153，156，167－170，176，201，203－207，213，219，223，225，227，233，234，236，239，243，251，257，262，270，271

亚里士多德的早期逻辑 29，33，86，206，243，251，272

演绎推理 50，52，64，66，67，109，154，180，189，191，192，194，209，218，219

演绎有效性 100，132，196，209，218，219，222

因果响应模型 190，191，196，197，199，200

应用逻辑 28，39，53，58－67，110，264

语言的逻辑观 24，155，156，182

约翰逊 12，26，59，60，81，97，100－112，146，147，228

约瑟夫 76，123，127，128

## Z

智能体的逻辑观 24，155－157，182

中国逻辑 25，220，257－259，262，263，269，272，273

主体回归 207

主体认知系统 240，241，251，252，255，256

自然化逻辑 2，5－7，24，26，28，67，148－150，153，155，157，159，172－176，178－192，194，196，198－201，203，209－215，217－219，221，222，224－230，233，235－242，245－257，266，268，269，275－277

自然化认识论 211，276

自然转向 13，24，28，56，149，189，200，201，207，209－215，217－219，221，233，235－239，243，246，250，275，276

# 后　　记

　　逻辑，就像一张无形的智性大网，将人类的一举一动、一思一想包拢于其中。逻辑之网的"牢固编织"，在于推理论证的"有效联结"。实际上，一个个有效联结在一起的推理，就相当于一根根交织叠搭在一起的网线。然而，网线总会在某些情况下因质地的不良而断裂，就如同推理总会在一定程度上因演绎的不周而无效。而推理一旦无效，则谬误必然发生。因此，如果要对逻辑之网给予周到和细致的养护，就必然要对各类谬误进行科学且系统的研究。所以说，谬误研究在逻辑学的学科体系中占据重要地位。

　　基于上述理念，我选择成为逻辑之网的修补匠。修补工作的阶段性成果，便是我的博士学位论文《约翰·伍兹谬误思想研究》。论文以加拿大学者约翰·伍兹（John Woods）的谬误思想为研究对象，对它的过去、现在和未来进行了脉络梳理。以此为基础，又将伍兹的思想与当代谬误理论的重要流派进行比较，从而阐明了谬误研究领域的最新发展趋势。得益于这种纵横呼应的研究方法，论文得出了一些创新性观点。

　　凭借微弱的闪光点，论文于2015年6月在南开大学哲学院顺利通过答辩，并评为逻辑学专业的优秀博士学位论文。这里要感谢南开大学哲学院的翟锦程教授。作为我的导师，他对这篇论文给予了悉心指导。此外，还要感谢伍兹教授本人在论文撰写期间所提供的建议和资料。博士毕业后，我进入中国社会科学院哲学研究所的博士后流动站，继续从事与谬误理论相关的逻辑学研究工作。在站期间，合作导师杜国平教授对我的研究旨趣和治学思路产生了积极影响，进而为论文的后续研究提供了重要的灵感来源。随着后续研究的日渐深入和完善，越来越觉得这篇论文有必要以专著的形式公开发表。这样一来，不仅能与学界分享我的学术观点，而且还能以此为基础接收更为广泛和多样的启发、建议乃至批评。

某天，我带着将博士学位论文出版的想法在网站上浏览相关信息。说来也巧，《中国社会科学博士论文文库》（以下简称"博士论文文库"）的征稿启事突然映入眼帘。真是应了"无巧不成书"那句话。于是，我就怀着"成书"的愿望，投了博士学位论文的稿子。不久之后，我接到了书稿录用通知，并与《博士论文文库》的主办方进行了接洽。从"论文文稿"向"专著书稿"的升华主要经历了以下环节，包括前期的修改与丰富、中期的编辑与校对，以及最终的定稿与审核等。在这些环节中，要感谢本书的责任编辑，即中国社会科学出版社的郝玉明女士。郝女士对待编校工作是勤恳认真、一丝不苟的，这给我留下了深刻印象。正是得益于这种敬业的态度，才使得《约翰·伍兹谬误思想研究》这部专著最终能够以较高的质量出版问世。此外，还要感谢中国社会科学出版社，以及贵社参与拙作编辑事务中的所有工作人员。没有他们的同心协力，就没有此刻读者手中的这本书。

时光荏苒，就在博士学位论文即将出版之际，我已经结束了中国社会科学院哲学研究所的博士后科研工作，来到了华北科技学院的马克思主义学院从事教学与研究工作。至今犹记得《博士论文文库》征稿启事里的一句话："中国社会科学出版社自1988年出版《博士论文文库》以来，至今已出版近300种，该文库的第一批作者中很多人已成为相关学术领域的学科带头人。"就着这句话，我想说，虽然不敢奢望日后成为所在学科领域的带头人，但是我相信，借由《博士论文文库》的激励，以后的学术研究道路将会走得更加笃定。

史天彪<br>
华北科技学院马克思主义学院<br>
2021年12月19日